全国技工院校“十二五”系列规划教材

中国机械工业教育协会推荐教材

Photoshop 平面设计实例教程

（任务驱动模式）

主　编　凌韧方

副主编　梁丽伟　王冬梅　杨芳宇

参　编　崔丽萍　祝凤武　李　翠　路　玲

姬翠萍　李占云　边新红　王永达

机械工业出版社

本教材结合计算机教学的特点，采用任务驱动编写模式，将知识要点贯穿于不同的任务中，使理论讲解与任务实施相结合，力求提高学生对知识的理解和应用能力。

本教材详细介绍了 Photoshop CS5 中文版的基本功能和常用工具的操作方法，重点对图层、通道、蒙版、路径、选区、文字、滤镜及各种填充方法等知识作了系统讲解。任务后附有针对 Adobe 认证考试的试题，便于读者自学自测。

本教材可供技工院校、职业技术学校、职业高中的师生使用，也可作为计算机专业学生的自学和培训教材。

图书在版编目（CIP）数据

Photoshop 平面设计实例教程：任务驱动模式/凌韧方主编. —北京：机械工业出版社，2013.2（2021.7 重印）

全国技工院校“十二五”系列规划教材

ISBN 978-7-111-40834-5

Ⅰ.①P… Ⅱ.①凌… Ⅲ.①平面设计—图像处理软件—技工学校—教材 Ⅳ.①TP391.41

中国版本图书馆 CIP 数据核字（2012）第 305765 号

机械工业出版社（北京市百万庄大街 22 号 邮政编码 100037）
策划编辑：郎 峰 责任编辑：郎 峰 宋亚东
版式设计：赵颖喆 责任校对：姜 婷
封面设计：张 静 责任印制：郜 敏
北京盛通商印快线网络科技有限公司印刷
2021 年 7 月第 1 版第 6 次印刷
184mm×260mm · 16.25 印张 · 402 千字
标准书号：ISBN 978-7-111-40834-5
定价：33.00 元

凡购本书，如有缺页、倒页、脱页，由本社发行部调换

电话服务
服务咨询热线：010－88379833
读者购书热线：010－88379649

网络服务
机工官网：www.cmpbook.com
机工官博：weibo.com/cmp1952
教育服务网：www.cmpedu.com
金书网：www.golden-book.com

全国技工院校“十二五”系列规划教材
编审委员会

序

“十二五”期间，加速转变生产方式，调整产业结构，将是我国国民经济和社会发展的重中之重。而要完成这种转变和调整，就必须有一大批高素质的技能型人才作为后盾。根据《国家中长期人才发展规划纲要（2010—2020年）》的要求，至2020年，我国高技能人才占技能劳动者的比例将由2008年的24.4%上升到28%（目前一些经济发达国家的这个比例已达到40%）。可以预见，作为高技能人才培养重要组成部分的高级技工教育，在未来的10年必将会迎来一个高速发展的黄金期。近几年来，各职业院校都在积极开展高级工培养的试点工作，并取得了较好的效果。但由于起步较晚，课程体系、教学模式都还有待完善与提高，教材建设也相对滞后，至今还没有一套适合高级技工教育快速发展需要的成体系、高质量的教材。即使一些专业（工种）有高级工教材也不是很完善，或是内容陈旧、实用性不强，或是形式单一、无法突出高技能人才培养的特色，更没有形成合理的体系。因此，开发一套体系完整、特色鲜明、适合理论实践一体化教学、反映企业最新技术与工艺的高级工教材，就成为高级技工教育亟待解决的课题。

鉴于高级技工教材短缺的现状，机械工业出版社与中国机械工业教育协会从2010年10月开始，组织相关人员，采用走访、问卷调查、座谈等方式，对全国有代表性的机电行业企业、部分省市的职业院校进行了历时6个月的深入调研。对目前企业对高级工的知识、技能要求，各学校高级工教育教学现状、教学和课程改革情况以及对教材的需求等有了比较清晰的认识。在此基础上，他们紧紧依托行业优势，以为企业输送满足其岗位需求的合格人才为最终目标，组织了行业和技能教育方面的专家精心规划了教材书目，对编写内容、编写模式等进行了深入探讨，形成了本系列教材的基本编写框架。为保证教材的编写质量、编写队伍的专业性和权威性，2011年5月，他们面向全国技工院校公开征稿，共收到来自全国22个省（直辖市）的110多所学校的600多份申报材料。在组织专家对作者及教材编写大纲进行了严格的评审后，决定首批启动编写机械加工制造类专业、电工电子类专业、汽车检测与维修专业、计算机技术相关专业教材以及部分公共基础课教材等，共计80余种。

本系列教材的编写指导思想明确，坚持以达到国家职业技能鉴定标准和就业能力为目标，以各专业的工作内容为主线，以工作任务为引领，由浅入深，循序渐进，精简理论，突出核心技能与实操能力，使理论与实践融为一体，充分体现“教、学、做合一”的教学思想，致力于构建符合当前教学改革方向的，以培养应用型、技术型、创新型人才为目标的教材体系。

本系列教材重点突出了如下三个特色：一是“新”字当头，即体系新、模式新、内容新。体系新是把教材以学科体系为主转变为以专业技术体系为主；模式新是把教材传统章节模式转变为以工作过程的项目为主；内容新是教材充分反映了新材料、新工艺、新技术、新方法。二是注重科学性。教材从体系、模式到内容符合教学规律，符合国内外制造技术水平实际情况。在具体任务和实例的选取上，突出先进性、实用性和典型性，便于组织教学，以提高学生的学习效率。三是体现普适性。由于当前高级工生源既有中职毕业生，又有高中生，各自学制也不同，还要考虑到在职人群，教材内容安排上尽量照顾到了不同的求学者，适用面比较广泛。

此外，本系列教材还配备了电子教学课件，以及相应的习题集，实验、实习教程，现场操作视频等，初步实现教材的立体化。

我相信，本系列教材的出版，对深化职业技术教育改革，提高高级工培养的质量，都会起到积极的作用。在此，我谨向各位作者和所在单位及为这套教材出力的学者表示衷心的感谢。

原机械工业部教育司副司长

中国机械工业教育协会高级顾问

郝广发

前 言

根据全国技工院校“十二五”系列规划教材建设工作会议的要求和布置，我们组织了多位长期从事 Photoshop 教学的专家与教师，针对我国职业教育的教学特点和实际，编写了本教材。

本教材采用任务驱动模式，将理论讲解与任务实施有机地结合起来。每个单元下设有若干项任务，每个任务均有明确的任务描述、任务分析、相关知识、任务实施、问题及防治、扩展知识等内容，重点突出，条理清晰。为拓宽学生的知识面并提高其学习兴趣，辅以“想一想”“教你一招”等小栏目。为便于学生检查和测评，在任务后设有“检查评议”，并附有针对 Adobe 认证考试的试题。

本教材的创作团队有着严谨的学术作风、扎实的理论基础和丰富的专业知识，有多年的计算机教学经验，了解 Photoshop 教学的特点和模式。本教材由凌韧方任主编，梁丽伟、王冬梅、杨芳宇任副主编，参加编写的人员有崔丽萍、祝凤武、李翠、路玲、姬翠萍、李占云、边新红、王永达。

由于作者的水平有限，加之时间仓促，书中难免有疏漏和不足之处，希望读者批评指正。如果您有意见和建议，请发送电子邮件（505592858@ qq. com），我们会尽快予以答复。

编　者

目 录

单元1 Photoshop CS5 初探

1

任务1 设计制作生日贺卡

知识目标：

1. 了解图像文件的基本操作：打开、编辑和保存。
2. 掌握基本操作的各种方法。

技能目标：

1. 了解基本操作的具体步骤。
2. 掌握文件的打开、编辑和保存方法。

任务描述

每个生灵的诞生都给这个多彩的世界增添了一抹亮色，而你是最亮丽的一笔，祝你生日快乐！本次任务就是学习并掌握生日贺卡（见图1-1-1）的制作方法。

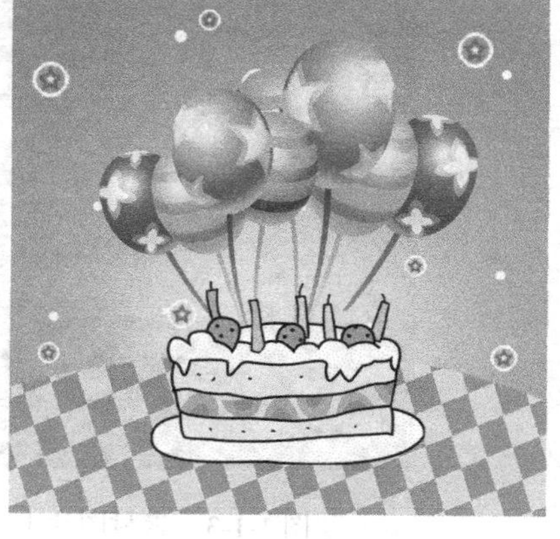

图1-1-1 生日贺卡完成效果

任务分析

完成本任务需要掌握“拷贝”命令、“粘贴”命令、“魔棒”工具、“椭圆选框”工具的应用方法。其中，“魔棒”工具用来修改制作贺卡用到的素材，“椭圆选框”工具用来制作背景。

操作步骤：“编辑”→“拷贝”，“编辑”→“粘贴”。

相关知识

“新建”对话框中的背景“内容”选项中有“白色”、“背景色”和“透明”三个选项。

1）当选择“白色”时，创建的就是一个白色背景的文件。

2）当选择“背景色”时，会创建一个与工具箱中背景色相同的图像文件。

3）当选择“透明”选项时，创建的将是一个背景为透明效果的文件。

任务实施

1）执行“文件”/“新建”命令，打开“新建”对话框，进行如图1-1-2所示的设置，完成后单击“确定”按钮。

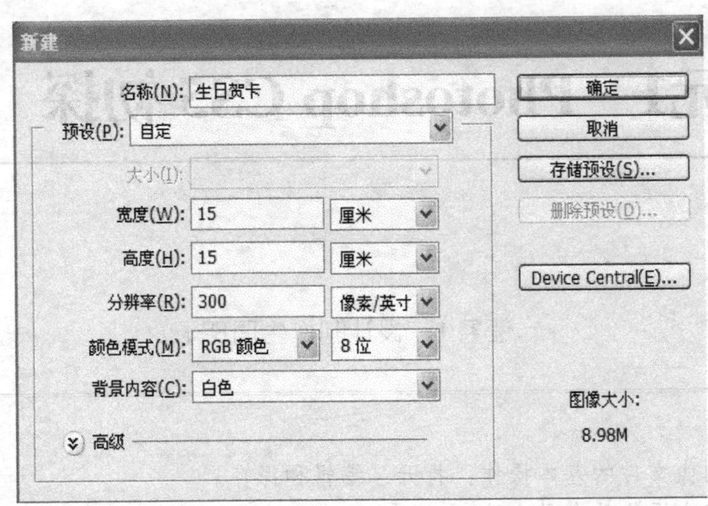

图 1-1-2　“新建”对话框

2）打开“素材库”\“单元 1”\“素材图片 1”，如图 1-1-3 所示。

教你一招　在使用“文件”/“打开”命令打开图片时，可以使用快捷键“Ctrl + O”；复制图像时可以用快捷键“Ctrl + C”，粘贴图像时可以用快捷键“Ctrl + V”。

3）打开“素材库”\“单元 1”\“素材图片 2”，如图 1-1-4 所示。

图 1-1-3　素材图片 1

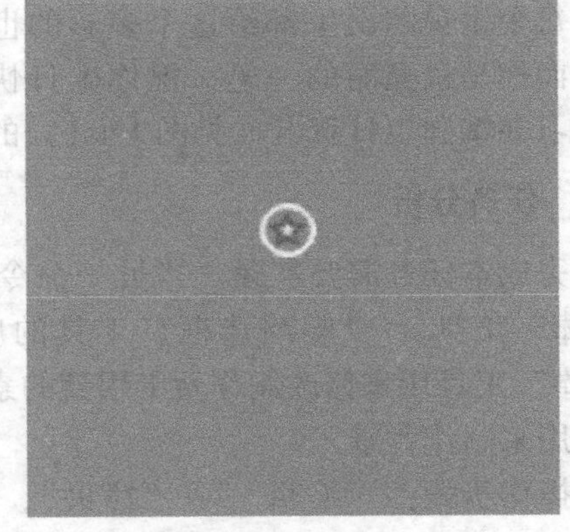

图 1-1-4　素材图片 2

4）选择工具箱中的“魔棒”工具，设置“魔棒”属性，如图 1-1-5 所示。

图 1-1-5　“魔棒”属性效果图

5）用“魔棒”工具单击背景处（见图 1-1-6），执行“选择”/“反向”命令（见图 1-1-7），然后执行“编辑”/“拷贝”命令。

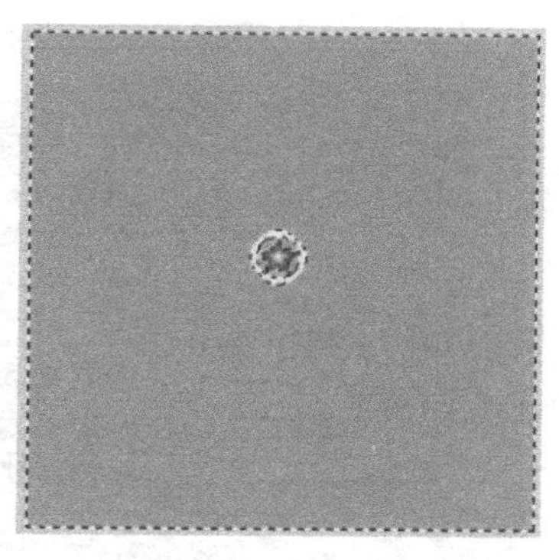
图 1-1-6 “魔棒”选区

图 1-1-7 “反向”选区

6）在生日贺卡文件中新建图层，并命名为“星星”（见图 1-1-8），然后执行“编辑”/“粘贴”命令，粘贴多个并调整其位置及大小，如图 1-1-9 所示。

图 1-1-8 新建“星星”图层

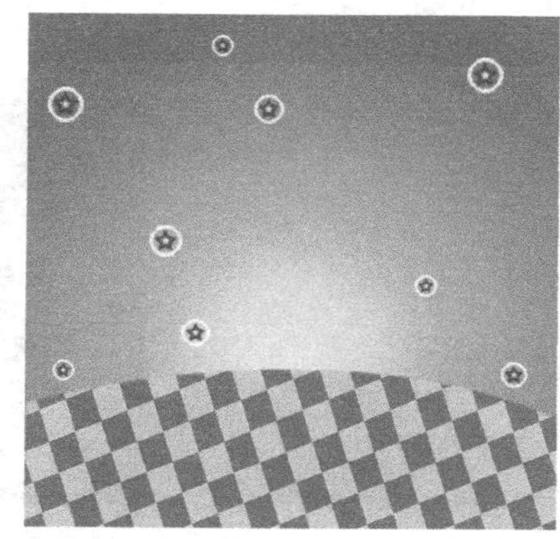
图 1-1-9 添加“星星”效果图

7）新建图层，命名为“白色圆点”（见图 1-1-10），然后选择工具箱中的“椭圆” 工具，在页面中绘制白色小圆点，复制多个并调整其位置及大小，如图 1-1-11 所示。

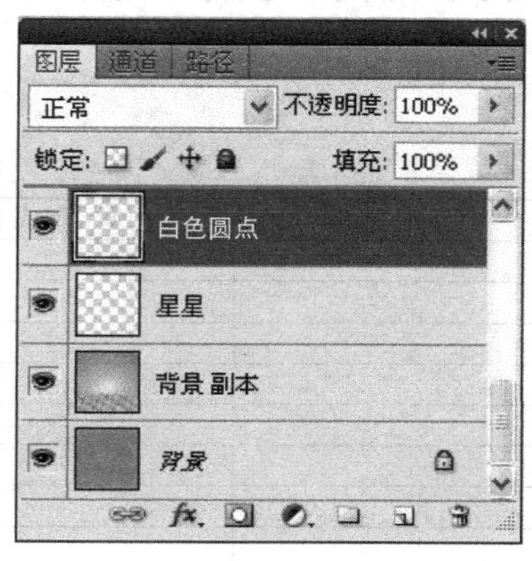

图 1-1-10 新建“白色圆点”图层

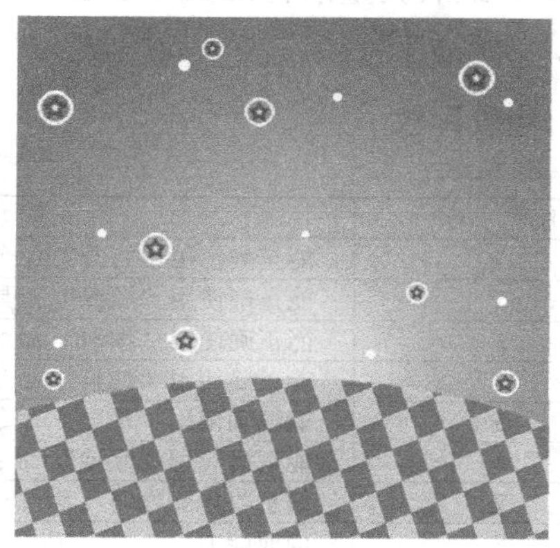
图 1-1-11 白色圆点效果图

8）打开“素材库”\“单元 1”\“素材图片 3”和“素材图片 4”，如图 1-1-12 和图

1-1-13 所示。

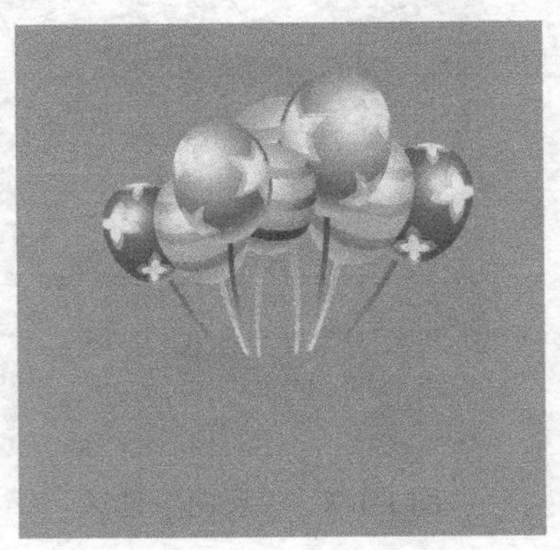
图 1-1-12　素材图片 3

图 1-1-13　素材图片 4

9）同样是利用“魔棒”工具把气球和生日蛋糕粘贴到生日贺卡文件中，如图 1-1-14 所示。

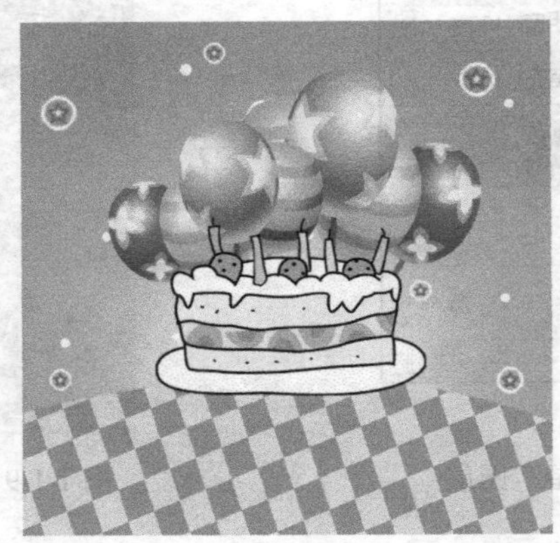
图 1-1-14　添加气球效果图

10）最后调整素材的大小及位置，最终效果如图 1-1-1 所示。执行“文件”/“存储”命令，储存文件。

检查评议

序　号	能力目标及评价项目	评 价 成 绩
1	能正确使用“打开”命令	
2	能正确使用“魔棒”工具	
3	能正确使用“编辑”命令	
4	能正确使用“拷贝”命令	
5	能正确使用“粘贴”命令	
6	能正确应用“变换”命令	
7	信息收集能力	
8	沟通能力	
9	团队合作能力	
10	综合评价	

问题及防治

要使用“魔棒”工具，可单击工具箱中的“魔棒”图标，但应注意以下规则：

1）在使用“魔棒”工具时，应该使用“新建”命令选取。

2）选择图中的素材时要修改容差参数，当要选择连续图形时，要把“连续”命令选中，如不需要则不需要选中。

扩展知识

在制作选区时，除了可以用矩形选框和椭圆选框外，为了表现更好的效果，还可以用“钢笔”工具，因为“钢笔”工具可以选择和绘制任意形态的图像，每一次单击鼠标时都会出现一个连接该点与上一次单击所得点的路径线段。打开“素材库”\“单元1”\“素材图片5”（见图1-1-15），利用“钢笔”工具绘制图1-1-16所示的路径并转换为选区，删除所选部分，然后利用“魔棒”工具选中几个区域，依次填充不同的颜色，最后效果如图1-1-17所示。

图1-1-15 素材图片5

图1-1-16 绘制选区

图1-1-17 最后效果图

考证要点

ACCD：全称“Adobe China Certified Designer”——Adobe中国认证设计师，包括Photoshop、Illustrator、Pagemaker/InDesign、Acrobat四种软件，其功能分别为像素、矢量、排版、看图。获取四项中任何一本证书则为“Adobe认证产品专家（ACPE）”。通过Adobe某一软件产品的认证考试者，即可获得针对该产品的“Adobe认证产品专家（ACPE）”称号。一年之内通过Adobe软件产品认证考试组合，即可获得相应的Adobe中国认证设计师（ACCD）证书和称号。

1. 下列（　　）是Photoshop图像最基本的组成单元。

A. 节点　　B. 色彩空间　　C. 像素　　D. 路径

2. 图像分辨率的单位是（　　）。

A. dpi　　B. ppi　　C. lpi　　D. pixel

3. （　　）形成的选区可以被用来定义画笔的形状。

A. “矩形”选框工具　　B. “椭圆”选框工具　　C. “套索”工具　　D. “魔棒”工具

4. 打开任意一幅图像，并通过状态栏更改图像的显示比例。

5. Photoshop的默认文件格式都有哪些？试说说它们各自的特点。

任务2　设计制作金色大地效果

知识目标：

1. 了解选区的创建、调整和描边的基本知识。
2. 掌握选区的创建、调整和描边的基本操作方法。

技能目标：

1. 了解选区的创建、调整和描边操作的具体步骤。
2. 掌握选区的创建、调整和描边等操作并能熟练应用。

任务描述

秋天是多彩的，秋天也是快乐的，金黄色的秋天不只是落日黄昏，枯藤老树，也是金色的成熟与丰收的喜悦。本次任务就是学习掌握制作金色大地效果，如图1-2-1所示。

图1-2-1　金色大地效果

任务分析

完成本任务需要掌握创建和调整选区的方法。创建选区时会用到“矩形选框”工具和“椭圆选框”工具。其中，为选区改变描边宽度和颜色的操作步骤为“编辑”→“描边”→“描边”对话框。

相关知识

本任务案例中的相关工具：“钢笔”工具是基本的形状绘制工具，可用来绘制直线或曲线，并可在绘制形状的过程中对形状进行简单的编辑；使用“自由钢笔”工具，在图像窗口单击可确定路径的起点；按住鼠标左键不放并拖动，可绘制任意形状的曲线，松开鼠标即结束绘制；使用“渐变”工具可以快速制作渐变图案。所谓渐变图案，实质上就是在图像的某一区域填入的具有多种过渡颜色的混合色，这个混合色可以是前景色到背景色的过渡，也可以是背景色到前景色的过渡，或其他颜色间的相互过渡。

任务实施

1）执行“文件”/“新建”命令，打开“新建”对话框，进行如图1-2-2所示的设置，完成后单击“确定”按钮。

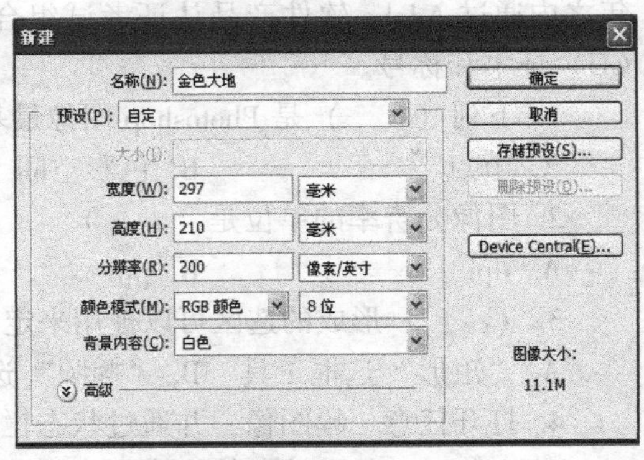

图1-2-2　“新建”对话框

2）单击“创建新图层”按钮，创建一个新

图层（见图 1-2-3），并选择“矩形选框”工具绘制矩形，如图 1-2-4 所示。

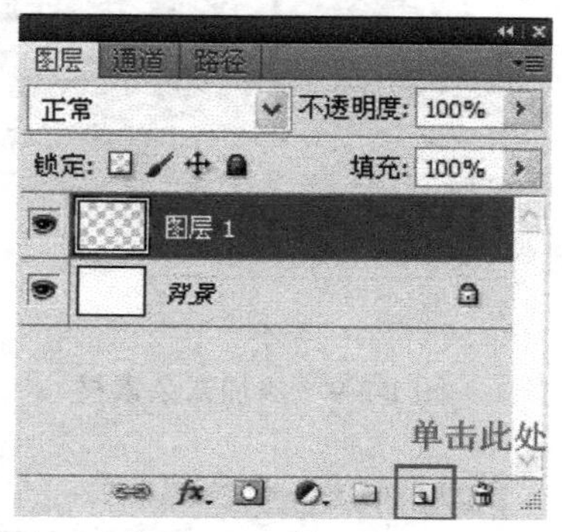

图 1-2-3 创建新图层

图 1-2-4 绘制矩形

3）选择“渐变”工具为矩形填充渐变效果，设置渐变属性（见图 1-2-5），然后将渐变起始颜色的 RGB 设置为 252，239，135，将渐变终止颜色的 RGB 设置为 254，159，10，如图 1-2-6 所示。

4）填充渐变效果图，如图 1-2-7 所示。

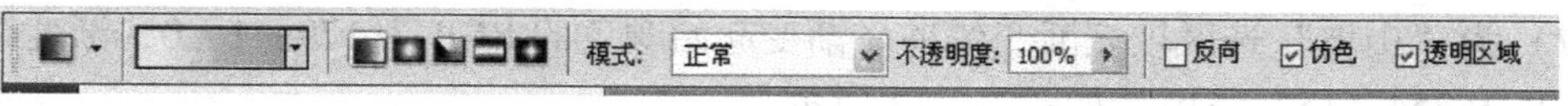

图 1-2-5 设置渐变属性

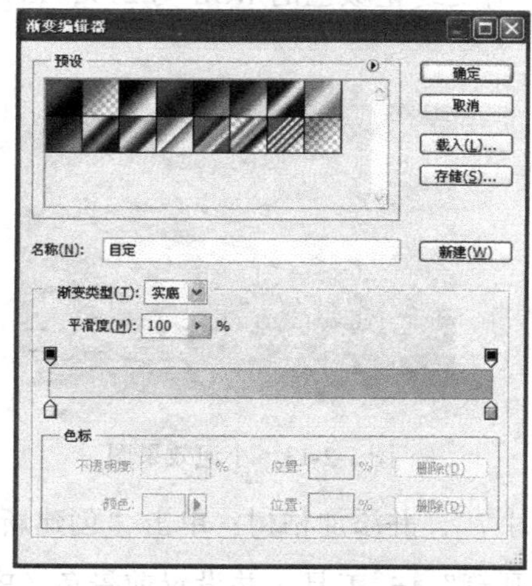

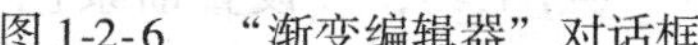

图 1-2-6 “渐变编辑器”对话框

图 1-2-7 填充渐变效果图

5）打开“素材库”\“单元 1”\“素材图片 6”，如图 1-2-8 所示。利用“魔棒”工具把云朵复制到矩形图层上，如图 1-2-9 所示。

6）单击“创建新图层”按钮，创建一个新图层，命名为“山坡”。绘制山坡的路径（见图 1-2-10）并转换为选区，如图 1-2-11 所示。

图 1-2-8　素材图片 6

图 1-2-9　添加云朵素材

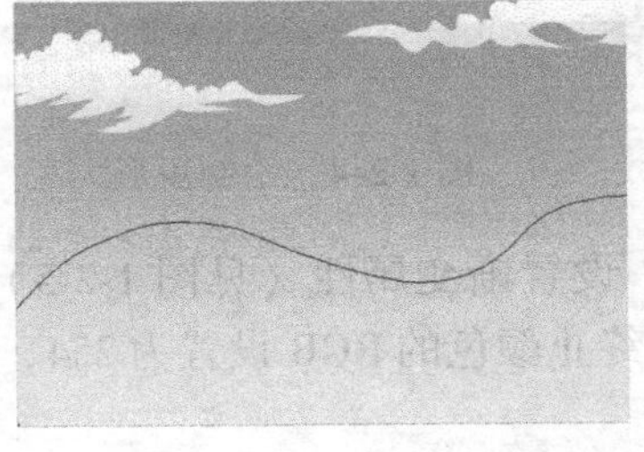
图 1-2-10　绘制山坡路径

图 1-2-11　转换为选区

7）为“山坡”选区填充渐变效果（渐变起始颜色的 RGB 为 179，1，0，渐变终止颜色的 RGB 为 254，152，51），如图 1-2-12 所示。

8）单击“创建新图层”按钮，创建一个新图层，命名为“小河”。绘制矩形并填充渐变效果（渐变起始颜色的 RGB 为 252，239，135，渐变终止颜色的 RGB 为 219，133，0），如图 1-2-13 所示。

图 1-2-12　添加渐变效果

图 1-2-13　小河效果图

9）打开“素材库”\“单元 1”\“素材图片 7”，并添加枯树；单击“创建新图层”按钮，创建一个新图层，命名为“小草”。选择“画笔”工具，并设置前景色（RGB 为 241，138，28）和背景色（RGB 为 248，158，61）。然后选择画笔选项，并按图 1-2-14 所示进行设置。最后使用“画笔”工具在文档中画出一丛草地，如图 1-2-15 所示。

10）图层面板操作。单击“创建新图层”按钮，创建一个新图层，命名为“小草阴影”，再次选择“画笔”工具，并设置前景色（RGB 为 241，138，28）和背景色（RGB 为 248，158，61）。然后选择“画笔”选项，并按图 1-2-16 所示进行设置。最后，使用“画笔”工具在文档中画出一条阴影，如图 1-2-17 所示。

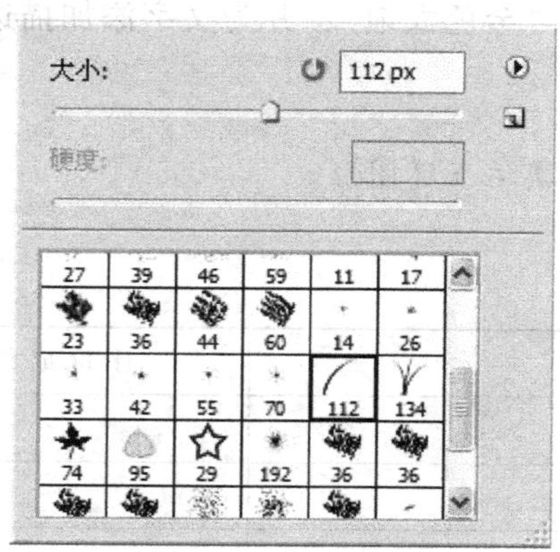

图 1-2-14　设置画笔属性（一）

图 1-2-15　添加小草效果

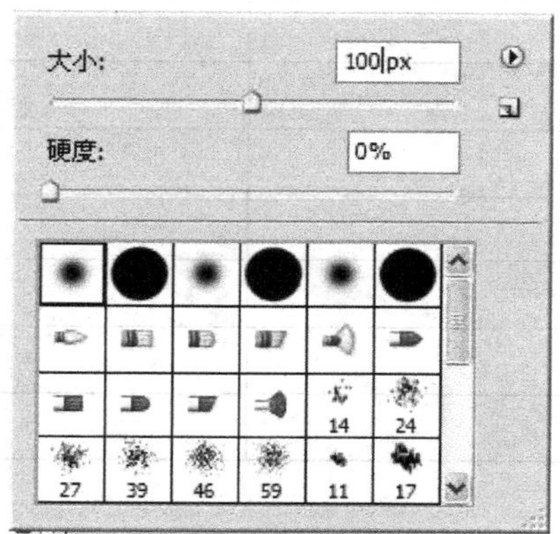

图 1-2-16　设置画笔属性（二）

图 1-2-17　小草阴影效果

11）单击“创建新图层”按钮，创建一个新图层，命名为“树叶”。选择“画笔”工具，并设置前景色（RGB 为 241，138，28）和背景色（RGB 为 248，158，61）。然后选择“画笔”选项，并按图 1-2-18 所示进行设置。最后，使用“画笔”工具在文档中画出一些树叶，如图 1-2-19 所示。

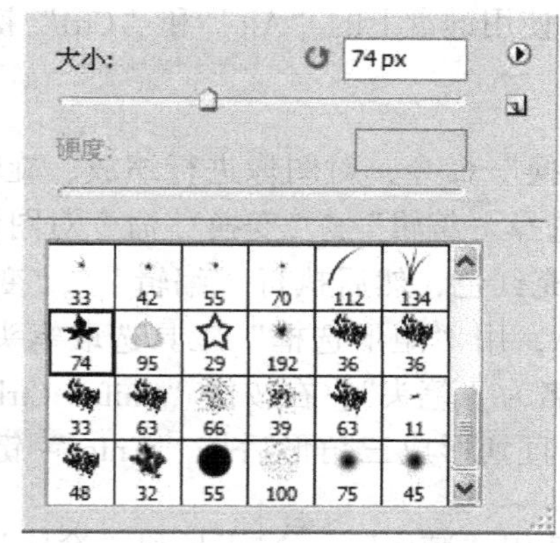

图 1-2-18　设置画笔属性（三）

图 1-2-19　添加树叶效果

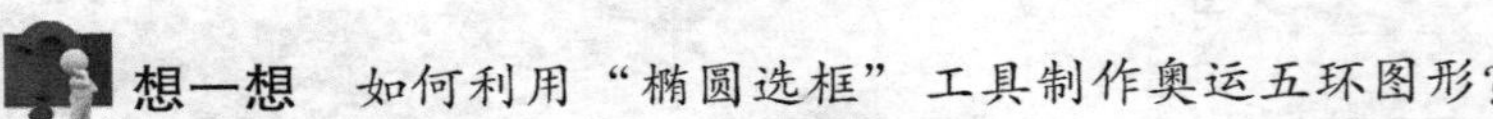

12）最后使用“文字”工具在页面中输入文字“金色大地”，并为文字添加描边效果，如图 1-2-1 所示。

想一想 如何利用“椭圆选框”工具制作奥运五环图形？

检查评议

序　号	能力目标及评价项目	评价成绩
1	能正确使用“钢笔”工具	
2	能正确使用“画笔”工具	
3	能正确使用“文字”工具	
4	能正确使用“变换”命令	
5	能正确设置前景色	
6	能正确填充前景色	
7	能正确应用“渐变”工具	
8	信息收集能力	
9	沟通能力	
10	团队合作能力	
11	综合评价	

问题及防治

使用“钢笔”工具时，应注意以下规则：

1）在页面中单击，如果是直线，可以单击第 2 个键；如果是曲线，在单击时应拖动鼠标。

2）绘制完路径后，可以选择“钢笔”工具下的“添加锚点”和“删除锚点”命令来改变锚点的数量。

3）如果要调节锚点的位置或弯曲度，可以配合使用键盘上的“Alt”和“Ctrl”键。

扩展知识

当需要对选区进行变换时，可以使用“自由变换”命令，对图像进行缩放、旋转、倾斜和透视变换操作，快捷键为“Ctrl + T”，还可以选择“编辑”/“变换”命令对图像进行扭曲操作。例如，绘制如图 1-2-20 所示的矩形并填充红色，然后执行“编辑”/“变换”/“变形”命令，使铅笔下面变成弧形（见图 1-2-21），用“矩形选框”工具选取笔头部分，使用快捷键“Ctrl + J”复制选区为单独的图层，命名为“笔头”，在按住“Shift + Ctrl + Alt”组合键的同时，将笔头右上方的控制点向内拖动，直到形成三角形后按“Enter”键确认，并填充浅黄色。利用上面的步骤制作出笔芯，最后使用“减淡”工具和“涂抹”工具制作铅笔的高光及铅笔被削过的样子，如图 1-2-22 所示。

图 1-2-20 绘制矩形　　图 1-2-21 变形效果图　　图 1-2-22 铅笔效果图

考证要点

1. 下列哪种存储格式能够保留图层信息（　　）?

A. TIFF　　B. EPS　　C. Photoshop　　D. JFPG

2. 除了“魔棒”工具之外，下列哪些命令或工具依赖“容差”（Tolerance）设定（　　）?

A. 选择 > 选取相似　　B. 选择 > 扩大选取

C. 选择 > 修改 > 扩边　　D. 选择 > 修改 > 收缩

3. 按住下列哪个键可保证“椭圆选框”工具绘出的是正圆形（　　）?

A. Shift

B. Alt（Windows）/Option（Macintosh）

C. Ctrl（Windows）/Command（Macintosh）

D. Alt（Windows）/Command（Macintosh）

4. 如何创建新选区？如何对选区进行加、减与相交操作？

5. 利用所学知识绘制卡通小熊猫。

单元2 工具箱的使用

2

任务1 设计制作青春纪念册

知识目标：

1. 认识并了解工具箱中的“选区”工具。
2. 掌握工具箱中“选区”工具的使用方法。

技能目标：

1. 了解各种“选区”工具的使用方法。
2. 掌握“选区”工具的参数设置方法。

任务描述

青春是诗、是酒、是音乐、是花蕊、是激情。青春是美好的，走进青春，你就走进了人生最美好的花季；走进青春，你就走进了世间最迷人的驿站。可是青春又是短暂的，当我们渴望长大时，她早已悄悄地溜走了，给我们留下的是难忘的回忆。本次任务就是学习并掌握青春纪念册（见图2-1-1）的制作方法。

图 2-1-1 青春纪念册完成效果

任务分析

完成本任务需要掌握“选区”工具的使用方法。其中，主要学习“矩形选框”工具和“椭圆选框”工具的用法，以及属性栏中的“新选区”（单击它可以创建新的选区）、“添加到选区”（单击它创建新选区，也可在原选区上添加新的选区）、“从选区减去”（单击它可创建新选区，也可在原选区的基础上减去不需要的选区）、“与选区交叉”（单击它可创建新的选区，也可创建与原选区相交的选区）等的用法。

操作步骤：“新建”→“矩形选框”工具→“创建新图层”按钮→“将路径转换为选区”→“描边”→“添加图层样式”→“自定形状”工具→“渐变”工具→“文字”工具。

相关知识

1. “钢笔”工具

“钢笔”工具是基本的形状绘制工具，可用来绘制直线或曲线，并可在绘制形状的过程中对形状进行简单的编辑。使用“钢笔”工具时，在某点单击，可绘制该点与上一点的连接直线；在某点单击并拖动，可绘制该点与上一点之间的曲线；将光标移至起点，当光标形状改变时，单击可封闭形状。在默认情况下，只有在封闭了当前形状后，才可绘制另一个形状。

2. “渐变”工具

利用前景色到背景色进行渐变，产生随机渐变效果。

3. “文字”工具

单击鼠标出现光标时，可输入文字，设置文字效果。选中文字即可在属性栏里设置文字的字体、大小和颜色。利用“编辑”菜单下的“变换”/“旋转”命令可改变文字的方向。

任务实施

1）执行“文件”/“新建”命令，打开“新建”对话框，进行如图2-1-2所示的设置，完成后单击“确定”按钮。

2）选择工具箱中的“矩形选框”工具，绘制和页面同样大小的矩形，并设置前景色（见图2-1-3），设置颜色为黄色（RGB为242，218，9），并为矩形填充前景色。

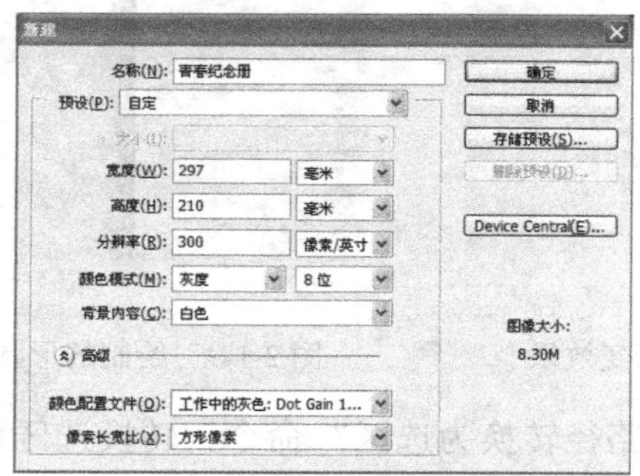

图2-1-2 “新建”对话框

图2-1-3 设置前景色

教你一招 在使用前景色为图形填充颜色时，快捷键为“Alt + Delete”；当使用背景色为图形填充颜色时，快捷键为“Ctrl + Delete”。

3）使用快捷键“Alt + Delete”为矩形添加前景色，使用快捷键“Ctrl + D”将选区取消，效果如图2-1-4所示。

4）单击“创建新图层”按钮，创建一个新图层，命名为“左花边”（见图2-1-5），然后选择工具箱中的“椭圆选框”工具，并选中添加到选区按钮。

5）在页面中绘制如图2-1-6所示的形状，并设置填充前景色（RGB为251，128，29），使用快捷键“Ctrl + D”将选区取消。

图 2-1-4　填充前景色效果图

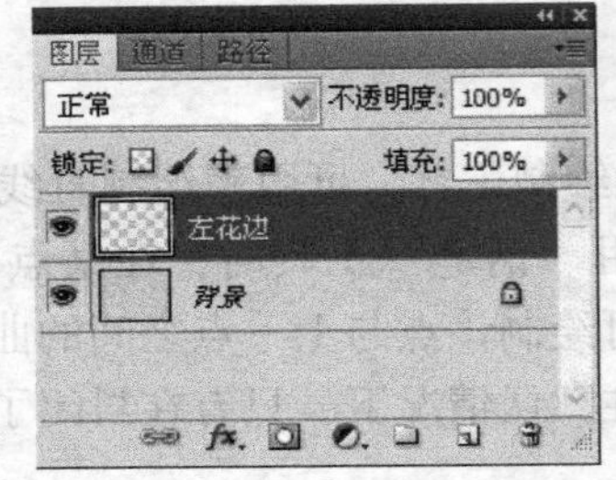

图 2-1-5　创建新图层

图 2-1-6　左花边效果图

6）单击“创建新图层”按钮，创建一个新图层，并命名为“右花边”。在页面中绘制如图 2-1-7 所示的形状，并设置前景色（RGB 为 251，128，29），使用快捷键“Ctrl + D”将选区取消。

7）单击“创建新图层”按钮，创建一个新图层，并命名为“中缝”。在图层中绘制矩形，选择工具箱中的“渐变”工具，类型选择为线性渐变，并用鼠标从左到右为图形填充渐变效果，如图 2-1-8 所示。

8）单击“创建新图层”按钮，创建一个新图层，并命名为“黑线”，选择工具箱中的“钢笔”工具，绘制如图 2-1-9 所示的形状。

图 2-1-7　右花边效果图

图 2-1-8　填充渐变效果

图 2-1-9　绘制的形状

9）执行“窗口”/“路径”命令，单击“将路径转换为选区”命令，转换选区效果如图 2-1-10 所示。

10）执行“编辑”/“描边”命令，设置宽度为 10px，颜色为黑色，位置为居中；图层面板操作中，单击“创建新图层”按钮，创建一个新图层，并命名为“夹子”，绘制矩形并填充黑色，如图 2-1-11 所示。

图 2-1-10　转换选区效果

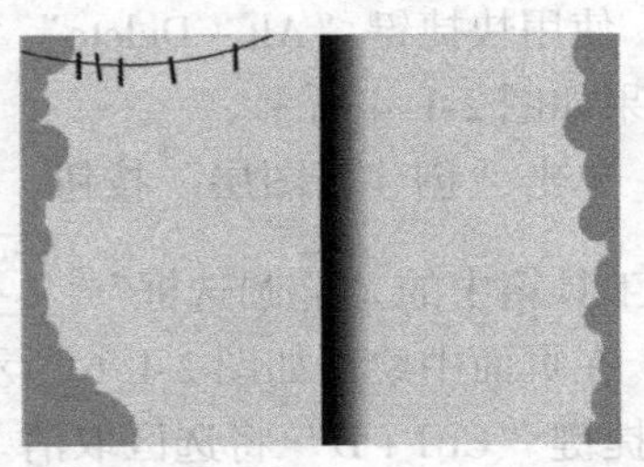
图 2-1-11　夹子效果图

11）打开“素材库”\“单元2”\“素材图片1”“素材图片2”“素材图片3”，如图2-1-12～图2-1-14所示。

图2-1-12 素材图片1

图2-1-13 素材图片2

图2-1-14 素材图片3

12）添加素材并调整其大小及位置，效果如图2-1-15所示。

13）单击“创建新图层”按钮，创建一个新图层，并命名为“椭圆”，选择工具箱中的“椭圆”工具绘制椭圆，复制并填充径向渐变，如图2-1-16所示。利用同样的方法制作其他的圆形，如图2-1-17所示。

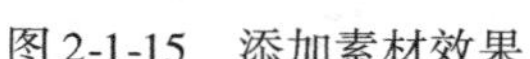

图2-1-15 添加素材效果

图2-1-16 添加椭圆效果

图2-1-17 制作其他圆效果

14）单击“创建新图层”按钮，创建一个新图层，并命名为“背景花样”，选择工具箱中的“椭圆”工具，绘制如图2-1-18所示的图形。

15）单击“创建新图层”按钮，创建一个新图层，并命名为“背景图片”，打开“素材库”\“单元2”\“素材图片4”，并复制到背景花样图层的上面（见图2-1-19），选中背景花样图层的选区，然后在背景图片上执行“选择”/“反向”命令，得到最后效果按“Delete”键，如图2-1-20所示。

图2-1-18 背景花样效果

图2-1-19 添加背景图片

图2-1-20 制作背景图片

16）选择背景图片图层（见图2-1-21），单击“添加图层样式”按钮，打开“图层样式”对话框（见图2-1-22），从中选中“斜面和浮雕”复选框，设置参数后单击“确定”

按钮。

17）选择工具箱中矩形工具组下的自定“形状” 工具，在页面中绘制如图 2-1-23 所示的形状，并建立选区。创建新图层，命名为“小花”，为选区填充前景色，删除形状图层。

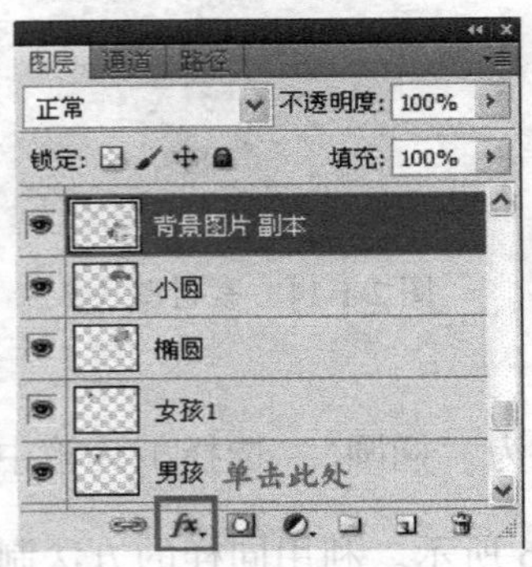

图 2-1-21　选择图层

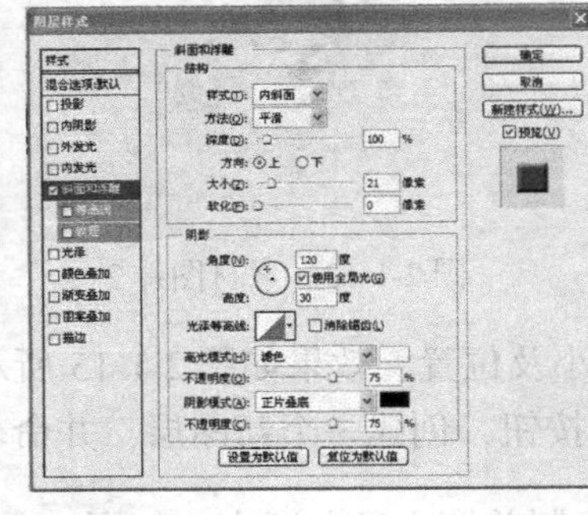
图 2-1-22　“图层样式”对话框

图 2-1-23　制作小花

18）选择工具箱中的“渐变” 工具，设置渐变参数（见图 2-1-24），在图形中从左至右拖曳鼠标，把小花复制多个，调整其大小及位置，效果如图 2-1-25 所示。

19）单击“创建新图层”按钮，创建一个新图层，并命名为“圆点”，选择工具箱中的“椭圆” 工具，同时按住“Shift”键绘制圆，复制多个，并设置图层的透明度为 60%，效果如图 2-1-26 所示。

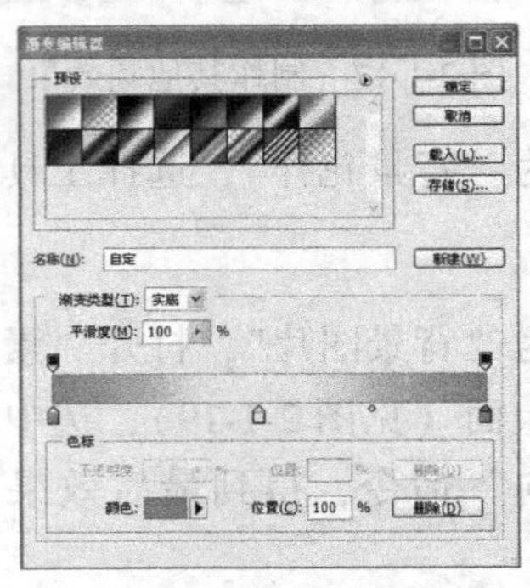
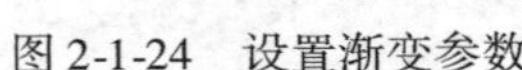
图 2-1-24　设置渐变参数

图 2-1-25　小花效果

图 2-1-26　添加圆点效果

20）选择工具箱中的“文字” 工具，在页面中单击添加文字“我的青春我做主”，并为其添加投影效果，如图 2-1-1 所示。

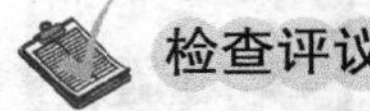

检查评议

序　号	能力目标及评价项目	评 价 成 绩
1	能正确使用“椭圆”工具	
2	能正确使用“渐变”工具	
3	能正确使用“钢笔”工具	

（续）

序 号	能力目标及评价项目	评价成绩
4	能正确使用“文字”工具	
5	能正确设置前景色	
6	能正确填充前景色	
7	能正确应用“图层样式”命令	
8	信息收集能力	
9	沟通能力	
10	团队合作能力	
11	综合评价	

问题及防治

要使用描边命令，执行“编辑”/“描边”和“填充”命令，然后在打开的该命令参数选项设置对话框中设置所需的效果参数即可，但应注意以下规则：

1）在设置参数时可以改变描边选项。

① 宽度：用于设置描边的宽度，值越大，描边越粗。

② 颜色：用于设置描边的颜色，单击其右侧的色块，可打开“拾色器”对话框进行设置。

③ 位置：用于设置描边的位置。其中，“内部”表示对选区边框以内进行描边；“居中”表示以选区的边框为中心进行描边；“居外”表示对选区边框以外进行描边。

④ 混合：用于设置填充颜色的混合模式和不透明度。

2）选择“编辑”/“填充”菜单，用填充命令在选区内填充前景色、背景色和图案。

扩展知识

我们除了可以为选区填充单一颜色之外，还可以使用“渐变”工具为选区填充渐变色。渐变色的颜色条上（见图2-1-24），菱形方块主要用来控制颜色间的面积分布。如果要编辑更多的渐变色，将光标放置在渐变色控制条的下边缘，当光标变为小手形状时单击即可添加色标，还可以双击添加的色标，在弹出的“拾色器”对话框中编辑色标的颜色，从而改变整个渐变色控制条的颜色。首先绘制蓝色渐变背景，然后用“椭圆选框”工具绘制白云，用“钢笔”工具绘制向日葵的茎以及叶子的形状（见图2-1-27），最后利用钢笔工具绘制叶子，效果如图2-1-28所示。

图2-1-27 背景及花叶效果

图2-1-28 最后效果

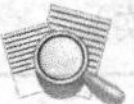

考证要点

1. 下面哪些方法可调出所选工具的选项调板（　　）？

A. 双击该工具　　　　　　　　　　B. 单击该工具后按“Enter”键

C. 按键盘上的“M”键　　　　　　　D. 在“窗口”菜单中选择“显示”选项

2. 下面对“颜色”调板描述正确的是（　　）。

A. 只能以 RGB 色彩模式调配颜色

B. 只能以 CMYK 色彩模式调配颜色

C. 只能以 Lab 色彩模式调配颜色

D. 可以以 RGB、CMYK、Lab、灰度、HSB 五种模式进行颜色的调配

3. 下面哪些格式的文件可通过“文件/置入”命令导入到 Photoshop 中（　　）？

A. Freehand 文档　　B. Illustrator 文件　　C. PageMaker 文件　　D. PDF 文件

4. 自己制作一幅简单风景画，包括树木、花朵、白云等。

5. 自己任意找到几张图片做成一本相册。

任务2　设计制作七彩光盘

知识目标：

1. 了解“渐变”工具的用途。
2. 掌握“渐变”工具的种类。

技能目标：

1. 了解“渐变”工具的基本操作。
2. 掌握“渐变”工具的使用方法。

任务描述

有谁不为这色彩斑斓、有着金属光泽的光盘感叹，还等什么？赶快来学习一下吧。本次任务就是学习掌握制作七彩光盘，如图 2-2-1 所示。

任务分析

完成本任务需要掌握“标尺”“参考线”“椭圆选框”“渐变”“扩展”“描边”“投影”功能。其中，“渐变”功能是指使用“渐变”工具快速地在图像的某一区域制作多种过渡颜色的混合色，即渐变图案。

操作步骤：“标尺”→“参考线”→“椭圆选框”→“渐变”→“扩展”→“描边”→“投影”。

图 2-2-1　七彩光盘完成效果

相关知识

利用“渐变”工具可以创建多种颜色间的逐渐混合色，这个混合色可以是前景色到背

景色的过渡，也可以是背景色到前景色的过渡，或其他颜色间的相互过渡。

"渐变"工具栏 中有五种渐变方式，分别是：

（1）线性渐变　以直线从起点渐变到终点。

（2）径向渐变　以圆形图案从起点渐变到终点。

（3）角度渐变　以逆时针扫过的方式围绕起点渐变。

（4）对称渐变　使用对称线性渐变在起点的两侧渐变。

（5）菱形渐变　以菱形图案从起点向外渐变，终点定义菱形的一个角。

任务实施

1）执行"文件"/"新建"命令，按图2-2-2所示设置，完成后单击"确定"按钮。

2）执行"视图"/"标尺"（或按"Ctrl + R"组合键）命令，效果如图2-2-3所示。

教你一招　如果标尺上显示的刻度不是理想的单位，则可以在标尺上单击鼠标右键，再在"像素""英寸""厘米""毫米""点""派卡""百分比"之间进行选择。

3）执行"视图"/"新建参考线"命令，分别在垂直和水平方向选200px，如图2-2-4所示。

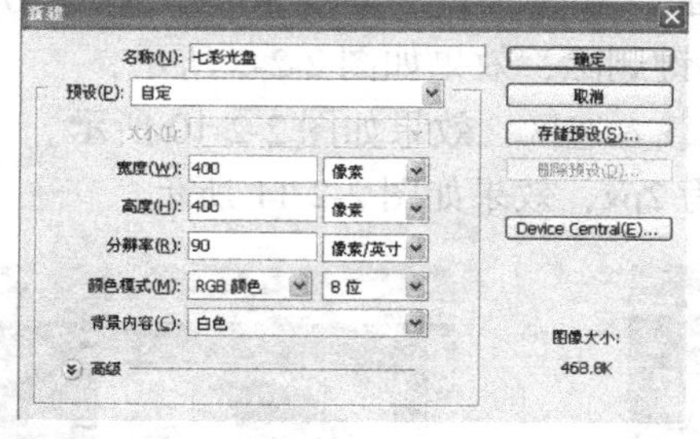

图2-2-2　"新建"对话框

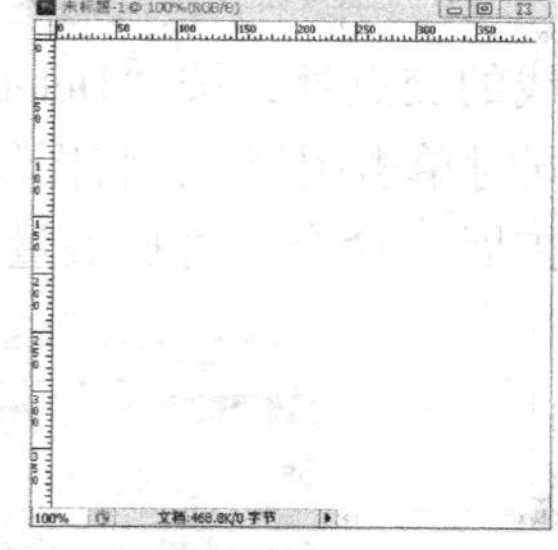

图2-2-3　显示标尺效果

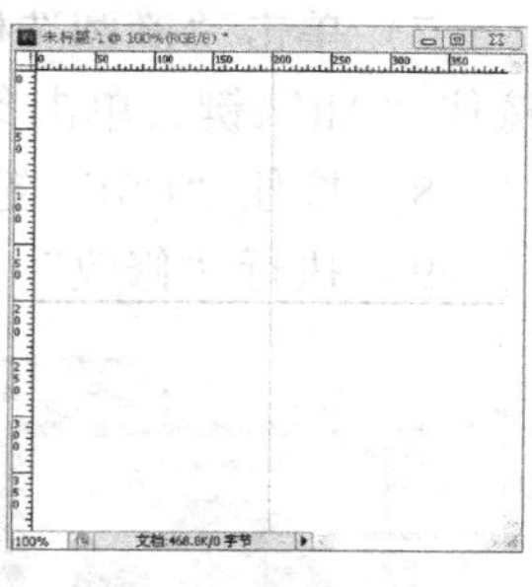

图2-2-4　建立参考线

4）单击"图层"面板中的"创建新图层"按钮，新建图层1，如图2-2-5所示。

5）在工具箱中单击"椭圆选框"工具，并将工具属性栏中的"样式"设为高度350px，宽度350px。按住"Alt"键，单击参考线的交点处，画一正圆，如图2-2-6所示。

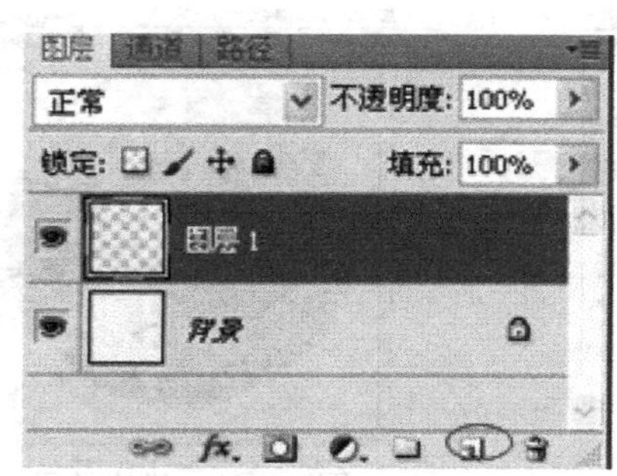

图2-2-5　新建图层1

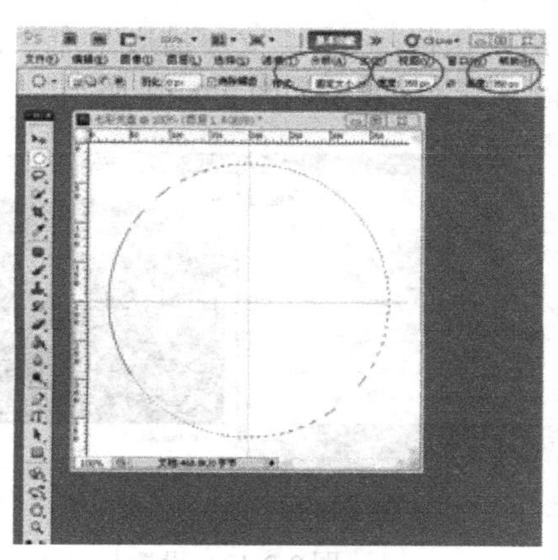

图2-2-6　画正圆

6）单击工具箱中的“渐变”工具，并将工具属性栏中的“渐变图案”选为“色谱”，将“渐变类型”设为“角度渐变”（见图2-2-7），然后在参考线的交点处，从内向外拖动鼠标即可，按“Ctrl + D”组合键取消选区，效果如图2-2-8所示。

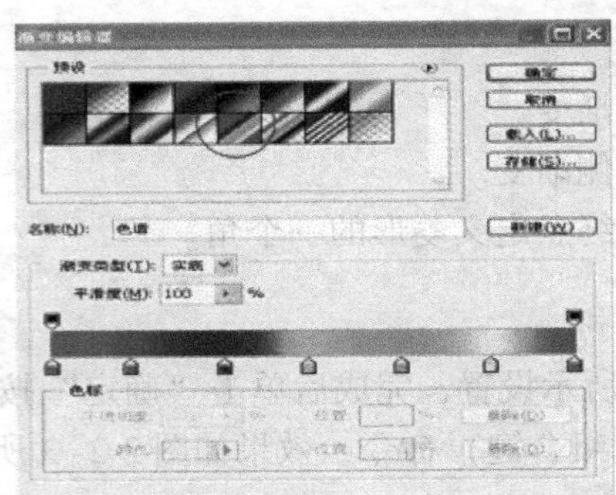
图2-2-7　选择渐变类型

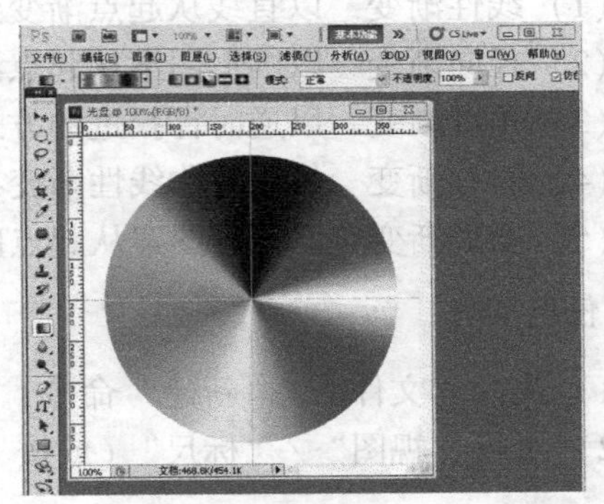
图2-2-8　渐变效果图

教你一招　若想改变其中某个色标的颜色，只需双击即可；若要删除某个色标，只需将该色标拖出对话框即可。

7）单击“椭圆选框”工具，并将工具属性栏中的“样式”设为高度80px，宽度80px。按住“Alt”键，单击参考线的交点处，按“Delete”键删除，效果如图2-2-9所示，

8）按住“Ctrl”键的同时单击图层1，将图层1载入选区，效果如图2-2-10所示。

9）执行“修改”/“扩展”命令，将扩展量设为2px，效果如图2-2-11所示。

图2-2-9　删除小圆的效果图

图2-2-10　载入图层1

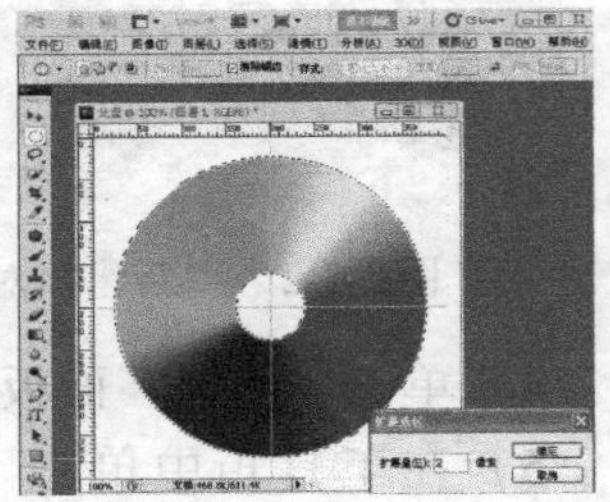
图2-2-11　设置扩展量

10）执行“编辑”/“描边”命令，描2px居外的灰边（RGB为200，200，200，如图2-2-12所示），效果如图2-2-13所示。

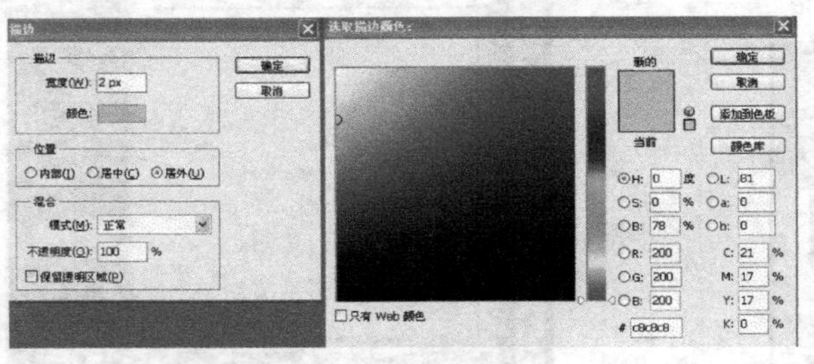
图2-2-12　设置灰边选项

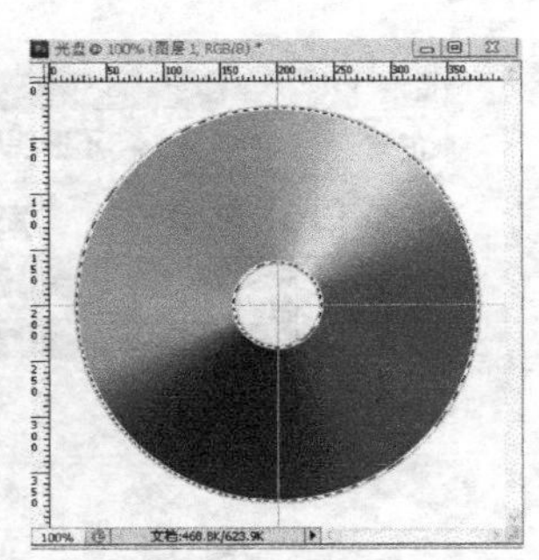
图2-2-13　描边效果

11）单击图层面板中的“添加图层样式”按钮（见图2-2-14），将样式选为“投影”（见图2-2-15），效果如图2-2-16所示。

12）按“Ctrl＋H”组合键隐藏参考线，储存为“七彩光盘.psd”，效果如图2-2-1所示。

图2-2-14　添加图层样式

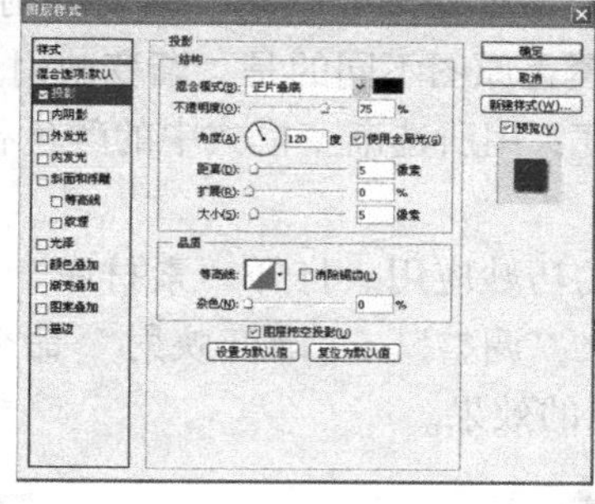

图2-2-15　选择投影

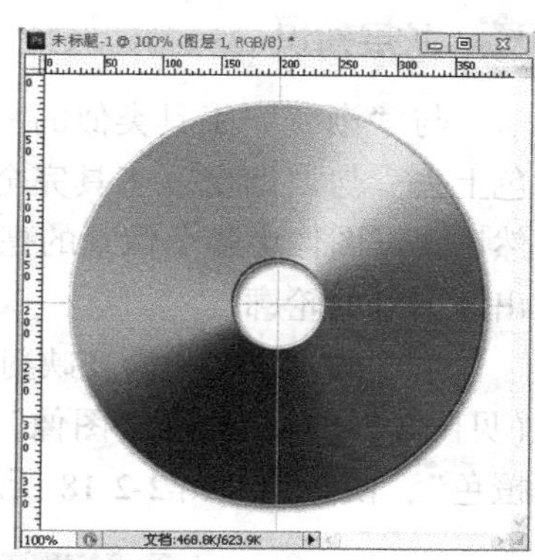

图2-2-16　七彩光盘

想一想　如何利用“渐变”工具做出绸缎的效果？

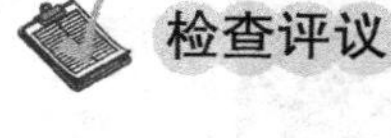

检查评议

序　号	能力目标及评价项目	评价成绩
1	能正确使用“标尺”	
2	能正确使用“参考线”	
3	能正确使用“椭圆选框”工具	
4	能正确使用“创建新图层”按钮	
5	能正确使用“渐变”工具	
6	能正确使用“描边”命令	
7	能正确使用“扩展”命令	
8	能正确使用“投影”样式	
9	信息收集能力	
10	沟通能力	
11	团队合作能力	
12	综合评价	

问题及防治

要使用“渐变”工具，在工具箱中单击即可，但要注意以下规则：

1）不能用于位图、索引颜色的图像。

2）若选中“渐变”工具的工具属性栏中的“反向”，可以将渐变图案反向。此项默认选中。

3）若选中“渐变”工具的属性栏中的“仿色”，可使渐变层的色彩过渡得更柔和、更平滑。此项默认选中。

4）若选中“渐变”工具的属性栏中的“透明区域”，渐变中为透明的设置将不起作用。

如果在创建选区的情况下填充渐变色，则渐变工具将作用于选区，否则作用于整个图像。

扩展知识

与“渐变”工具类似的一个菜单是渐变映射。渐变映射是将不同亮度映射到不同的颜色上去。与“渐变”工具完全覆盖原图不同的是，渐变映射是先对所处理的图像进行分析，然后根据图像中各个像素的亮度，用所选渐变模式中的颜色替代，这样从结果中往往能够看出原图像的轮廓。

下面的例子便是渐变映射的巧妙应用。打开“素材库”\“单元2”\“素材图片5”(见图2-2-17)，执行“图像”/“调整”/“渐变映射”命令，选择其中一种，如“紫色、橙色”，便得到如图2-2-18所示的效果。

图2-2-17　素材图片5

图2-2-18　渐变映射效果图

考证要点

1. 在Photoshop中，下列关于渐变填充工具的描述中，正确的有（　　）。

A. 如果在不创建选区的情况下填充渐变色，“渐变”工具将作用于整个图像

B. 不能将设定好的渐变色储存为一个渐变色文件

C. 可以任意定义和编辑渐变色，不管是两色、三色还是多色

D. 在Photoshop CS5中共有五种渐变类型

2. 下列哪一项不是Photoshop CS5新加的渐变类型（　　）？

A. 中灰深密度　　B. 日出　　C. 发光球体　　D. 透明彩虹

3. 下列删除色标的方法，正确的有（　　）。

A. 双击色标　　B. 选中色标，单击“删除”按钮

C. 选中色标，往上拖　　D. 选中色标，往下拖

4. 自己做一张渐变光盘。

5. 做一张渐变图案，自己设置图片的色标颜色及透明度。

任务3 设计制作流星雨

知识目标：

1. 了解“画笔”工具的用途。
2. 掌握“画笔”工具的属性设置方法。

技能目标：

1. 了解“画笔”工具的绘画技巧。
2. 掌握“画笔”工具的综合使用方法。

任务描述

“陪你去看流星雨，落在这地球上……”一首优美的歌曲，让人陶醉。我们可以制作出这样美的意境吗？当然了。这就需要“画笔”工具了。流星雨的完成效果如图2-3-1所示。

图2-3-1 流星雨的完成效果

任务分析

完成本任务需要掌握“渐变”工具、“画笔”工具的使用方法。其中，“画笔”工具是一种绘画工具，可以设置出各种各样的画笔样式，绘制出多姿多彩的图形。

操作步骤：“新建”命令→前景色/背景色的设置→“渐变”工具→插入素材图片→“画笔”工具。

相关知识

使用“画笔”工具可以创建多种颜色间的逐渐混合色，这种混合色可以是前景色到背景色的过渡，也可以是背景色到前景色的过渡，或其他颜色间的相互过渡，如图2-3-2所示。

图2-3-2 “画笔”工具

（1）画笔　可在“画笔”下拉菜单中选择所需的笔刷样式、设置合适的笔刷大小。

（2）模式　在该下拉列表中可以选择所需的混合模式。

（3）不透明度　通过拖动滑块或直接输入数值可以设置画笔颜色的不透明度。该数值越小，不透明度越低。

（4）流量　用于设置画笔的流动速率。该数值越小，所绘线条越细。

（5）喷枪　单击该按钮，可使“画笔”工具具有喷涂功能。

（6）切换画笔调板　单击该按钮，可打开“画笔调板”。

任务实施

1）执行“文件”/“新建”命令，进行如图2-3-3所示的设置，完成后单击“确定”按钮。

2）将前景色设为黑色（RGB为0，0，0），背景色设为蓝色（RGB为89，120，202），设为前景色到背景色的直线渐变，效果如图2-3-4所示。

3）执行“文件”/“打开”命令，打开“素材库”\“单元2”\“素材图片6”，将其移动到“一起去看流星雨.psd”上去，效果如图2-3-5所示。

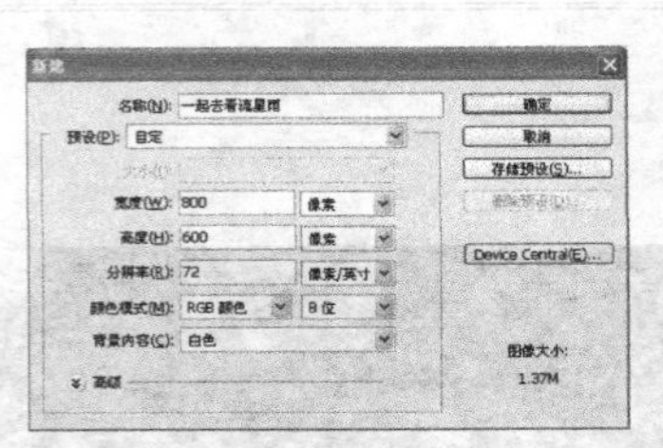

图2-3-3　“新建”对话框

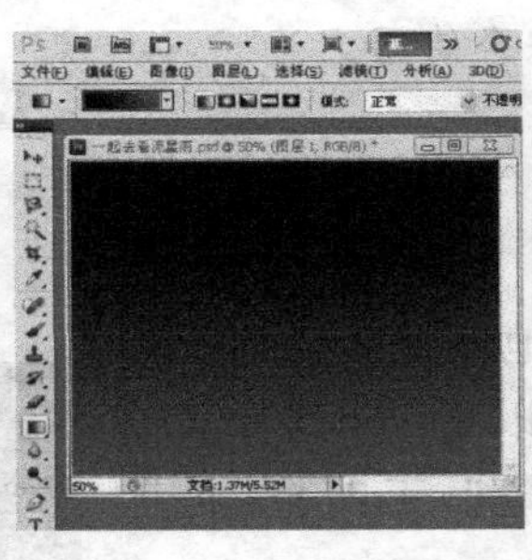

图2-3-4　渐变效果

图2-3-5　加上人物的效果

4）将背景图层置为当前图层，单击“图层”面板中的“创建新图层”按钮，新建普通图层2，如图2-3-6所示。

教你一招　如果想在某个图层的上方新建图层，就要将这个图层置为当前图层。

5）将前景色设为白色（RGB为255，255，255），在工具箱中单击“画笔”工具，再次单击画笔工具属性栏中的黑三角按钮，在弹出的右上角的黑三角按钮中选择“特殊效果画笔”，在“笔刷”面板中选择“dot scattered”笔刷，如图2-3-7所示。

图2-3-6　新建图层2

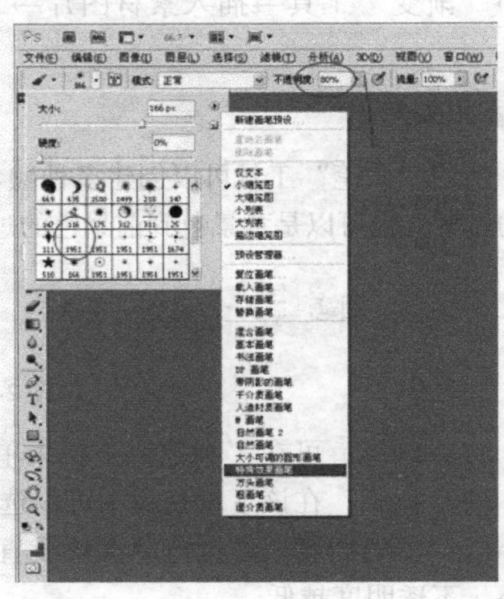

图2-3-7　选择画笔

6）单击“画笔”工具属性栏中的，打开“画笔”面板，单击左侧的“画笔笔尖形状”选项，将画笔“大小”设为“20px”，“间距”设为“1000%”，如图2-3-8所示。

7）再次单击左侧的“散布”选项，将画笔“数量”设为“1”，“形状动态”“颜色动态”“平滑”选项默认，如图2-3-9所示。

8）不断变换笔刷的不透明度，在图层2上用画笔进行涂抹，效果如图2-3-10所示。

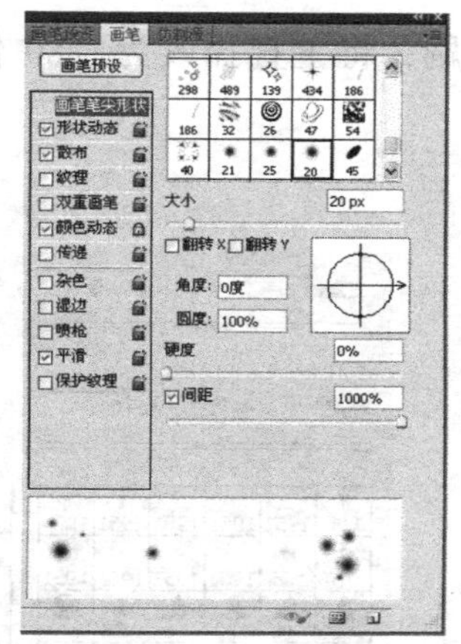

图2-3-8 画笔笔尖形状的设置

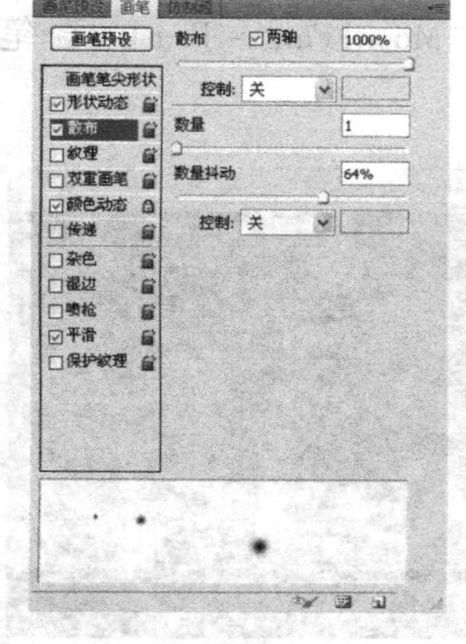

图2-3-9 散布设置

图2-3-10 星星的效果

9）在图层2的上方，新建普通图层3。在“笔刷”面板中选择“rainlighter”笔刷，如图2-3-11所示。

教你一招 如果没有需要的笔刷，可以从网上下载，然后再单击“编辑”/“预设管理器”来载入画笔。

10）单击“画笔”工具属性栏中的，打开“画笔”面板，选择“twinkle1”笔刷，如图2-3-11所示。再单击左侧的“画笔笔尖形状”选项，将画笔的“角度”设为“-29度”，只保留“颜色动态”默认，如图2-3-12所示。

11）在图层3上进行涂抹，效果如图2-3-13所示。

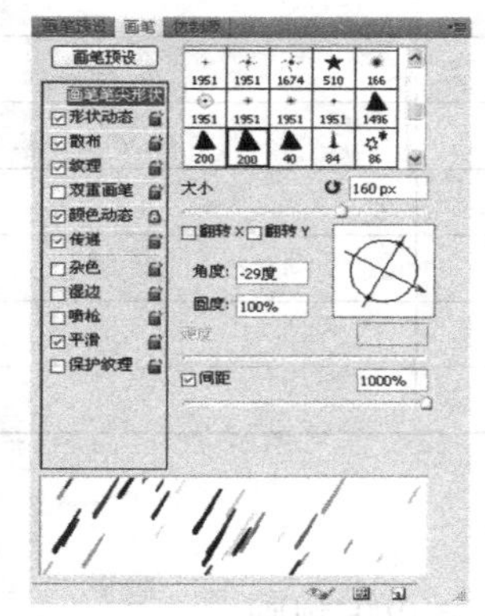

图2-3-11 笔刷的形状与大小

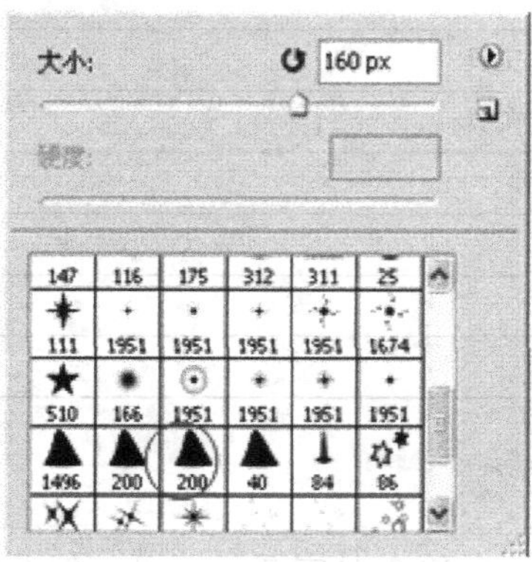

图2-3-12 设置画笔笔尖形状

图2-3-13 画流星雨

12）在图层 3 的上方新建普通图层 4。

13）在“笔刷”面板中选择“twinkle1”笔刷，打开“画笔”面板，将“角度”设为“60 度”，再根据流星雨调整笔刷的大小和不透明度（见图 2-3-14），做出发光的流星雨，效果如图 2-3-15 所示。

教你一招 可以先根据流星雨从大到小或从小到大的顺序，来设置发光的星星的大小，然后再根据流星雨的明暗程度调整星星的不透明度。

14）打开“画笔”面板，选择“Moon1Fanl－Brushes”笔刷，将主直径改为“80 像素”，如图 2-3-16 所示。

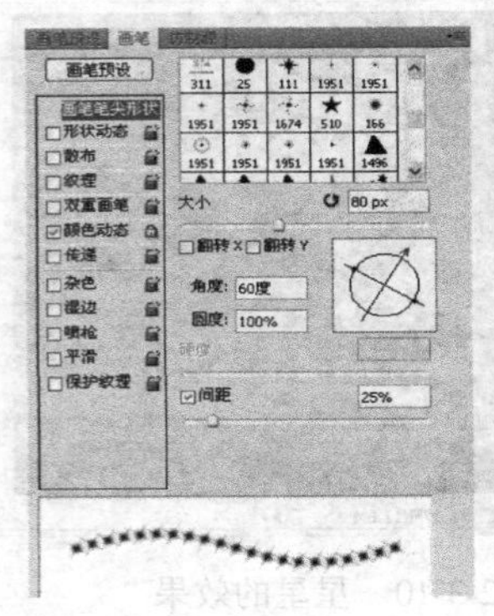

图 2-3-14 设置画笔笔尖

图 2-3-15 做发光的流星雨

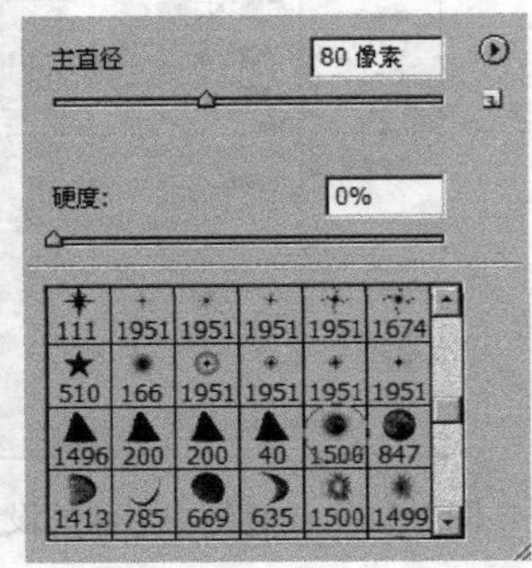

图 2-3-16 设置月亮笔刷

15）在图层 5 上进行涂抹，完成后储存为“一起去看流星雨 . psd”，效果如图 2-3-1 所示。

检查评议

序 号	能力目标及评价项目	评 价 成 绩
1	能正确使用“移动“工具	
2	能正确使用前景色	
3	能正确使用背景色	
4	能正确使用“渐变”工具	
5	能正确使用“画笔”工具	
6	信息收集能力	
7	沟通能力	
8	团队合作能力	
9	综合评价	

问题及防治

要使用“渐变”工具，在工具箱中单击对应图标即可，但要注意以下规则：

1）不能用于位图、双色调的图像。

2）使用“画笔”工具进行涂抹时，使用的为前景色。

3）在“画笔”面板中要先选择所用的笔尖形状，再对其他项进行设置。

4）若本版本中不存在所需要的笔刷，可以从网上下载后再进行安装。

扩展知识

“混合器画笔”工具是Photoshop CS5新增的一个工具，可以通过控制鼠标来更换画笔的姿态，比如让较扁的画笔转动一个角度，在绘画时可通过捻动笔杆调节各个方向涂抹时的笔触效果，还可以设置颜色的混合、潮湿度等，即使没有绘画基础的人，也可以轻松地绘出漂亮的画来。下面的例子是为女孩加上彩色丝带。打开“素材库”\“单元2”\“素材图片7”（见图2-3-17），选择“混合器画笔”工具，打开画笔预设调板，选择笔尖为“圆角”，并将“形状”改为“圆点”，适当调整笔尖大小。然后新建一个图层，分别用前景色和背景色进行绘制，将其混合为“潮湿，浅混合”。这样一来，就将两种颜色混合在一起了，这样就可以删除图层1。最后用“钢笔”工具描出多条开放路径，再右击选择“描边路径”为“混合器画笔”工具。还可以变换前景色和背景色，重新将另外两种颜色混合，以画出更多颜色的丝带，最终效果如图2-3-18所示。

图2-3-17 素材图片7

图2-3-18 增加丝带的效果

考证要点

1. 在Photoshop中，使用“画笔”工具绘图时，在按住下列哪个键的同时拖动鼠标可以绘制直线（　　）？

A. Ctrl　　B. Shift　　C. Alt　　D. Tab

2. 使用“画笔”工具时，默认使用哪种颜色（　　）？

A. 黑色　　B. 白色　　C. 前景色　　D. 背景色

3. “间距”的设置在下列哪个选项卡中（　　）？

A. 画笔笔尖形状　　B. 形状动态　　C. 散布　　D. 其他动态

4. 自己找一张人物图片，将人物衣服的颜色用“颜色替换”工具变成其他颜色。

5. 利用“画笔”工具绘出一幅漂亮的图画。

任务4　设计制作双胞胎效果

知识目标：

1. 了解“仿制图章”工具的基本功能。
2. 掌握“仿制图章”工具的属性设置方法。

技能目标：

1. 了解“仿制图章”工具的使用技巧。
2. 掌握用“仿制图章”工具复制图像的方法。

任务描述

看到这一对可爱的小宝宝（见图2-4-1），你会想到这就是同一个人吗？没错。Photoshop中的“仿制图章”工具很强大，利用两张照片，转瞬之间，一对人人喜爱的双胞胎就降临了。还等什么？快来试试吧！

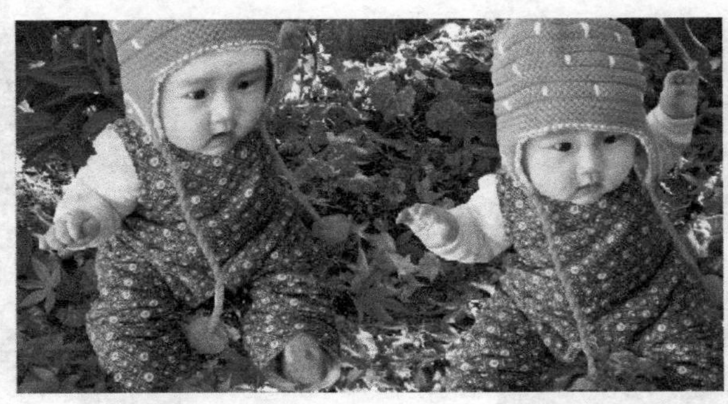

图2-4-1　双胞胎效果

任务分析

完成本任务需要掌握“参考线”“矩形选框”“仿制图章”工具的使用方法。其中，“仿制图章”工具是用来进行图像合成的。

操作步骤：打开素材图片→设置参考线→用“矩形选框”工具设置选区→用“仿制图章”工具取样点→用“仿制图章”工具中的画笔涂抹。

相关知识

使用“仿制图章”工具可以将一幅图像的一部分或全部复制到同一图像中或另一幅图像中。

当“对齐”复选框被选中时，表示只取一次样点，在目标图像上复制时，无论中间是否停顿，都会随着前面复制的同一幅图像继续复制；当“对齐”复选框被取消时，在目标图像上复制时，只要一松开鼠标，就会从最初的取样点开始重新复制图像。

任务实施

1）打开“素材库”\“单元2”\“素材图片8”和“素材图片9”，如图2-4-2和图

2-4-3 所示。

图 2-4-2 素材图片 8

图 2-4-3 素材图片 9

2）设置参考线。单击“视图”，在下拉菜单中选择“新参考线”。设置参考线是为了找准位置进行图章复制，效果如图 2-4-4 所示。

教你一招 在用“仿制图章”工具之前，最好设上参考点。设置参考点是为了用“仿制图章”工具时，不把多余的背景也复制进去。参考线的多少和位置可以根据实际情况来设置。

3）在素材图片 8 上也根据素材图片 9 的尺寸进行相应的参考线的设置，如图 2-4-5 所示。

图 2-4-4 设置参考线的取样图片

图 2-4-5 设置相应参考线的目标图片

4）选择“矩形选框”工具，设置好要取样的选区，如图 2-4-6 所示。

5）选择“仿制图章”工具，并设置好合适的笔刷大小，如图 2-4-7 所示。

图 2-4-6 设置选区的取样图片

图 2-4-7 设置“仿制图章”工具

6）按住“Alt”键的同时，在素材图片9的头顶位置开始取样点，然后在素材图片8的相应位置进行涂抹，如图2-4-8所示。注意：中间根据需要可以变换笔刷的大小。

教你一招 可以在素材图片8上新建一个透明图层，这样，将素材图片9复制过来时，可以很方便地用“橡皮”工具进行修改。

7）涂抹完成后，效果如图2-4-9所示。

8）按住“Ctrl + H”组合键隐藏参考线，储存为“双胞胎.psd”，效果如图2-4-1所示。

图2-4-8 用“仿制图章”工具涂抹

图2-4-9 涂抹后的效果图

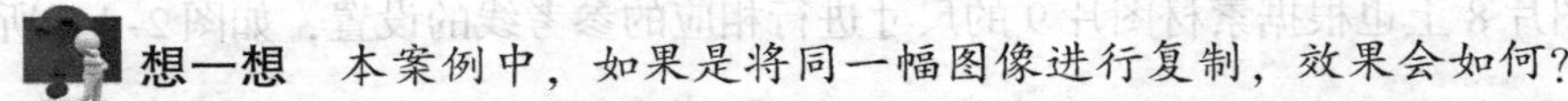

想一想 本案例中，如果是将同一幅图像进行复制，效果会如何？

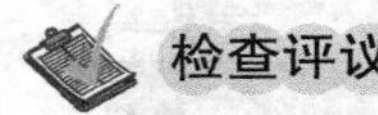

检查评议

序号	能力目标及评价项目	评价成绩
1	能正确使用“参考线”	
2	能正确使用“矩形选框”工具	
3	能正确使用“仿制图章”工具	
4	信息收集能力	
5	沟通能力	
6	团队合作能力	
7	综合评价	

问题及防治

当要使用“仿制图章”工具时，可在图章工具组中选择“仿制图章”工具，然后在打开的该命令参数选项设置对话框中设置所需的效果参数即可，但应注意以下规则：

1）尽量选择两张背景相同（至少类似）、人物的穿戴相同、动作类似而且能容纳两个人物的图片。

2）设置参考线时，尽量在关键点上设置。

3）在取样图像上设置矩形选区时，要正好把整个人物圈起来。

4）用“仿制图章”工具取样点时，画笔直径要尽量小。

5）在目标图像上进行涂抹时，可以根据需要来变换画笔的大小。

扩展知识

在“图章”工具这一组中，还有一个与“仿制图章”类似的工具，它就是“图案图章”工具。“图案图章”工具的作用与“仿制图章”工具基本相同，都可以利用图案进行绘画。该工具选项栏的画笔、模式和不透明度等参数的设置和“仿制图章”工具完全一样。不同的是，“图案图章”工具复制的是预先定义的图案，这些图案可以从图案库中选择或者自己创建。值得注意的是，倘若自己创建图案，则不能设置选区，否则便不可用。

如下面的例子，为照片加上相框，“图案图章”工具便发挥了不可替代的作用。打开“素材库”\“单元2”\“素材图片10”，如图2-4-10所示。先执行“图像”/“图像大小”命令，将宽度定为1cm，勾选所有复选框，以保证等比例缩小。再执行“编辑”/“定义图案”命令，以作备用。打开“素材库”\“单元2”\“素材图片11”，如图2-4-11所示。然后新建图层1，再用“矩形选框”工具画一个和图片同样大小的选区，再减去一个小一点的选区，便有了相框的大小。选择“图案图章”工具，在“图案”列表框中选择刚刚定义好的图案，选择画笔进行多次涂抹，即可得到如图2-4-12所示的效果。

图2-4-10　素材图片10

图2-4-11　素材图片11

图2-4-12　加上相框的效果

考证要点

1. 如何使用“仿制图章”工具在图像中取样（　　）？

A. 在取样的位置单击并拖拉鼠标

B. 按住“Shift”键的同时单击取样位置来选择多个取样像素

C. 按住“Alt”键的同时单击取样位置

D. 按住“Ctrl”键的同时单击取样位置

2. 下列哪种工具选项可以将图案填充到选区内（　　）？

A. “画笔”工具　　B. “图案图章”工具

C. “矩形选框”工具　　D. “渐变”工具

3. 下列哪种工具可以将日期涂抹掉（　　）？

A. “仿制图章”工具　　B. “图案图章”工具

C. “修补”工具　　D. “红眼”工具

4. 自己找两张背景类似的图片，用“仿制图章”工具做出双胞胎的效果。

5. 自己找一张带有日期或是需要修整的照片，用“仿制图章”工具对其进行修补。

任务5　修饰照片

知识目标：

1. 了解修补图像与去除红眼的原理。
2. 掌握“画笔”工具与“红眼”工具的属性。

技能目标：

1. 了解“修补”工具与“红眼”工具的设置技巧。
2. 掌握修补图像与去除红眼的方法。

任务描述

绿草红花的背景上，可爱的小猫映入眼帘，只是美中不足的是，猫咪的眼睛是红色，远处的足球也有点碍眼。如何修补红眼与足球呢？本次任务就是学习掌握修补与红眼工具来美化照片。效果如图2-5-1所示。

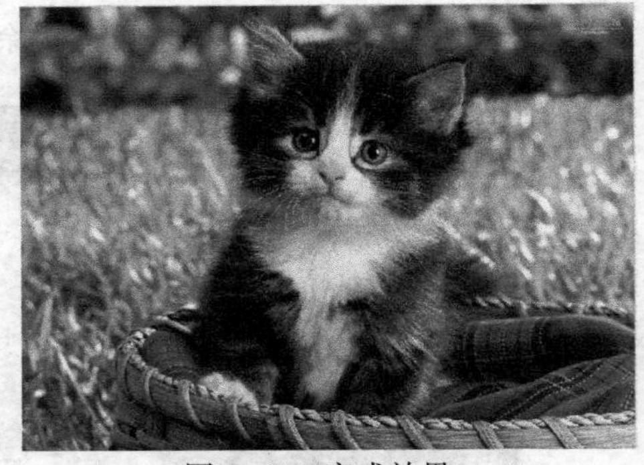

图2-5-1　完成效果

任务分析

完成本任务需要应用“红眼”工具、“修补”工具完成照片的美化工作。

操作步骤：打开素材文件→去红眼→修补图像。

相关知识

1. “红眼”工具

使用“红眼”工具可以很轻松地去除使用闪光灯拍摄人物或动物照片时产生的红眼。“红眼”工具如图2-5-2所示。

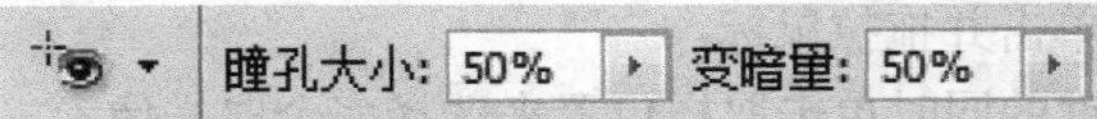

图2-5-2　“红眼”工具

（1）瞳孔大小　增大或减小受“红眼”工具影响的区域。

（2）变暗量　设置矫正的暗度。

2. “修补”工具

使用“修补”工具可以修复图像。“修补”工具如图2-5-3所示。

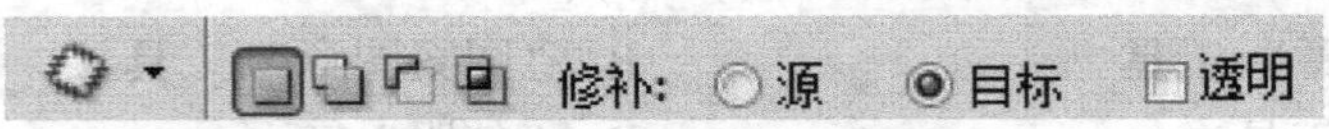

修补: ○源 ◉目标 □透明

图2-5-3　“修补”工具

“修补”工具的原理、作用和效果与“修复画笔”工具类似。用“修补”工具画一个选区，并拖动这个选区到需要的图像上进行修补，或者移动选区内的图像对需要修补的其他地方进行修补。

“修补”工具的基本属性有：

（1）源　从目标修改源。选中该单选按钮，拖动选区到目标选区，则源选区中的图像被目标选区的图像覆盖。

（2）目标　从源修改目标。选中该单选按钮，拖动选区到目标区，则源选区中的图像将目标选区的图像覆盖。

（3）透明　选中该复选框，则源选区和目标选区的图像以透明的模式进行修复。

任务实施

1）打开“素材库”\“单元2”\“素材图片12”，如图2-5-4所示。

2）从工具箱中选择“红眼”工具，将“瞳孔大小”和“变暗量”均设为“50%”，一般默认就可以，如图2-5-5所示。

图2-5-4　素材图片12

图2-5-5　设置“红眼”工具

3）单击红眼位置，将红眼去除，效果如图2-5-6所示。

教你一招　也可以将鼠标在红眼位置拖出一个柜形框。

4）从工具箱中，选择“修补”工具，并对工具属性进行设置，如图2-5-7所示。

图2-5-6　去除红眼的效果

图2-5-7　设置“修补”工具

5）用“修补”工具将足球制成选区，作为源图像区域，如图2-5-8所示。

图 2-5-8　用“修补”工具制作选区

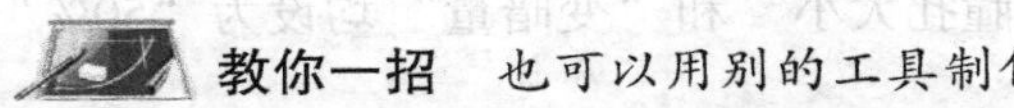

教你一招　也可以用别的工具制作选区。

6）在选区内单击并拖动鼠标，将选区移至草地，松开鼠标后，源图像（足球）就被目标选区（草地）覆盖，效果如图 2-5-1 所示。

想一想　本任务中，第 6 步应用图层样式时，选中“源”单选按钮与选中“目标”单选按钮有什么不同？单击“使用图案”会不会有变化？

检查评议

序　号	能力目标及评价项目	评价成绩
1	能正确使用“打开文件”命令	
2	能正确使用“红眼”工具	
3	能正确使用“修补”工具	
4	信息收集能力	
5	沟通能力	
6	团队合作能力	
7	综合评价	

问题及防治

1）使用“红眼”工具时，要选择合适的“瞳孔大小”和“变暗量”。

2）使用“修补”工具时，若选区为空，则不管所选是“源”还是“目标”或是“使用图案”，均无法使用。

扩展知识

在“修补”工具与“红眼”工具这一组工具中，还有两个实用且操作简便的工具，它们就是“污点修复画笔”工具和“修复画笔”工具。

（1）“修复画笔”工具　使用该工具可以清除图像中的杂质、污点等。“修复画笔”工具和“仿制图章”工具相似，也是在图像中按住“Alt”键进行取点，然后复制到其他部位，或直接用图案进行填充。但不同的是，“修复画笔”工具在取点时，会将取样点图像自然融入复制的图像位置，并保持其文理、亮度和层次，使被修复的图像和周围的图像完美结合。

（2）“污点修复画笔”工具　可以快速移去照片中的污点和其他不理想部分。与“修复画笔”工具不同的是，“污点修复画笔”工具可自动从所修复区域的周围取样，而不用户自己定义参考点。

如下面的例子，为人物去斑。打开“素材库”\“单元2”\“素材图片13”，如图2-5-9所示。可以用“污点修复画笔”工具或“修复画笔”工具，只需要设置合适的大小，即笔尖大小刚好比斑大一点，能盖住即可完美修掉，还可以根据需要适当调整不透明度，最终效果如图2-5-10所示。

图2-5-9　素材图片13

图2-5-10　去斑后的脸

考证要点

1. 下列工具不需要用户自己定义参考点的是（　　）。

A. “修复画笔”工具　　B. “仿制图章”工具

C. “修补”工具　　D. “污点修复画笔”工具

2. 如果想让源选区被目标选框覆盖，则必须选中哪个单选按钮（　　）？

A. 源　　B. 目标　　C. 透明　　D. 使用图案

3. 下列工具不能进行不透明度设置的有（　　）。

A. “仿制图章”工具　　B. “图案图章”工具

C. “修补”工具　　D. “修复画笔”工具

4. 自己找一张带红眼照片，将红眼去掉。

5. 将照片中的足球修补成2个。提示：打开素材，选择“修补”工具，并在工具属性栏中以“修补选项”为目标，用鼠标移动到合适位置即可，效果如图2-5-11所示。

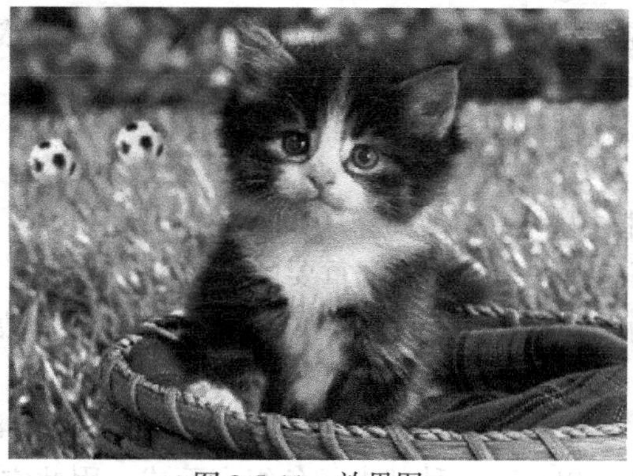

图2-5-11　效果图

单元3 图像色调与色彩的调整

3

任务1 设计制作夕阳西下效果

知识目标：

1. 了解图像的常用颜色模式。
2. 了解“色阶”“曲线”“亮度/对比度”“变化”等调整命令的用法。

技能目标：

1. 掌握图像颜色模式的转换方法。
2. 会使用本任务中讲解的相关命令调整图像。

任务描述

暮色暗淡，残阳如血，水天相接处那镶着金边的落日此时正圆，光芒四射，刺人眼膜，如梦似幻。平静的水面泛着粼粼金光，展示着最后一抹辉煌。本任务是制作美轮美奂的夕阳西下效果，如图3-1-1所示。

图3-1-1 夕阳西下效果

任务分析

本任务素材为一幅日出画面，将其制作成夕阳西下的效果。通过创建并调整图层的方式来施加调色命令，既能实现色彩调整的效果，又不会破坏图像的原貌。多个色彩调整层可以综合产生调整效果，彼此间又可以独立修改。

操作步骤：“通道混合器”→“色阶”→“曲线”→“自然饱和度”→“亮度/对比度”。

相关知识

1. 转换图像的颜色模式

在Photoshop中，颜色模式是一个非常重要的概念，它决定了用来显示和打印所处理图像颜色的方法。只有了解了不同的颜色模式才能精确地描述、修改和处理色调。下面来看看几种主要的颜色模式：

（1）RGB模式　它是Photoshop默认的图像编辑模式，它将自然界的光线视为由红（Red）、绿（Green）、蓝（Blue）三种基本颜色组合而成，因此它是24（8×3）位（像素）

的三通道图像模式。R、G、B 三种颜色都有 0～255 的亮度值，通过对这三种颜色的亮度值进行调节，可以组合出 16777216 种颜色，即通常所说的 16 兆色。

在 Photoshop 中除非有特殊要求需使用特定的颜色模式，其他情况下 RGB 都是首选，它能准确地表述屏幕上颜色的组成部分。在这种模式下可以使用所有的 Photoshop 工具和命令，而其他模式则会受到限制。

（2）CMYK 模式　它是一种基于印刷处理的颜色模式。由于印刷机采用青（Cyan）、洋红（Magenta）、黄（Yellow）和黑（Black）四种油墨来组合出一幅彩色图像，因此 CMYK 模式就由这四种用于打印分色的颜色组成。它是 32（8×4）位（像素）的四通道图像模式。它的色域（颜色范围）要比 RGB 模式小，只有制作要用印刷色打印的图像时，才使用该模式。此外，在 CMYK 模式下，有许多滤镜都不能使用。

（3）HSB 模式　HSB 模式是基于人类感觉颜色的方式建立起来的。人的眼睛能分辨出来的是颜色种类、饱和度和强度，而不是 RGB 模式中各基色所占的比例。

在这种模式下，H 代表色相，S 代表饱和度，B 代表亮度。色相以 0～360°的角度来表示，它类似一个颜色轮，颜色沿着圆周进行规律性的变化。饱和度和亮度的取值为 0～100%，其值越大，颜色越饱和，亮度越高。

（4）Lab 模式　它是一种独立于设备而存在的颜色模式，不受任何硬件性能的影响。由于可表现的颜色范围最大，因此在 Photoshop 中，Lab 模式是从一种颜色模式转变到另一种颜色模式的中间形式，是 24（8×3）位（像素）的三通道图像模式。

在 Lab 模式中，L 代表了亮度分量，它的取值为 0～100；a 代表了由绿色到红色的光谱变化；b 代表了由蓝色到黄色的光谱变化。颜色分量 a 和 b 的取值范围均为 +127～－128。

（5）位图模式　它是一种单色模式，只有纯黑和纯白两种颜色，适合制作艺术效果或用于创作单色图形。在位图模式中，每个像素只拥有一位信息（0 或 1），因此它所占用的磁盘空间最小。彩色图像转换为该模式后，色相和饱和度信息都会被删除，只保留亮度信息。只有在灰度和双色调模式下才能够转换成位图模式。

（6）灰度模式　灰度图像不包含颜色信息，使用 256 级的灰色来模拟颜色的层次。在灰度模式中，每一个像素都是介于黑色和白色间的 256 种灰度值的一种。彩色图像在转换为该模式时，色彩信息都会被删除。在 8 位图像中，最多有 256 级灰度。在 16 位和 32 位图像中，灰度级数要大得多。

（7）双色调模式　它也是一种为打印而制定的色彩模式，主要用于输出适合专业印刷的图像，是 8 位（像素）的灰度、单通道图像。在 Photoshop 中，可以创建单色调、双色调、三色调和四色调图像。单色调图像是用一种单一的、非黑色油墨打印的灰度图像。双色调、三色调和四色调图像是分别用两种、三种和四种油墨打印的灰度图像。在这些类型的图像中，彩色油墨用于重现淡色的灰度而不是重现不同的颜色。

（8）索引模式　使用 256 种或更少的颜色替代全彩图像中上百万种颜色的过程叫做索引。索引模式采用一个颜色表存放并索引图像中的颜色。如果原图像中的一种颜色没有出现在查照表中，程序会选取已有颜色中最相近的颜色或使用已有颜色模拟该种颜色。它只支持单通道图像（8 位），因此，可通过限制调色板来减小文件，同时保持视觉上的品质不变。

2. 相关调整命令

（1）“色阶”命令　“色阶”对话框如图 3-1-2 所示。输入色阶的作用是增加图像的对比度。输入色阶上有三个滑块，分别是黑、灰和白，它们的作用分别是增加亮部对比度、增加暗部对比度和改变图像的灰度分布。输入色阶能够降低图像的对比度，黑色滑块用来降低暗部对比度，而白色滑块用来降低亮部对比度。可以结合输入色阶和输出色阶对图像进行调整。“色阶”对话框中的三个吸管分别是黑色吸管、白色吸管和灰色吸管，分别用来设置图像的黑场、白场和灰场，以调整图像色偏。

（2）“曲线”命令　Photoshop 将图像的暗调、中间调和高光通过一条线段表达。如图 3-1-3 所示，线段左下角的端点代表暗调，右上角的端点代表高光，中间的过渡部分代表中间调。在曲线上确立一个点后，输入和输出就指示着目前所选中的点。其中的输入表示变化前的色阶值，输出则表示变化后的色阶值，可以直接输入数字进行精确的调整定位。如果曲线上升，则能够加亮图像；如果曲线下降，将会减暗图像。使用该命令调整图像时，暗调和高光部分变化的幅度小，中间调变化的幅度大。

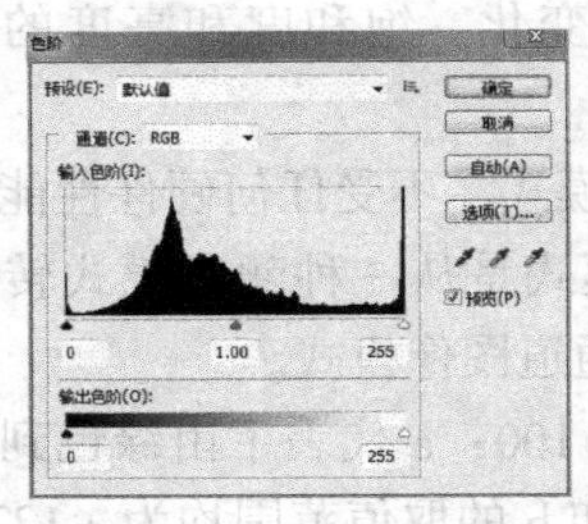

图 3-1-2　“色阶”对话框

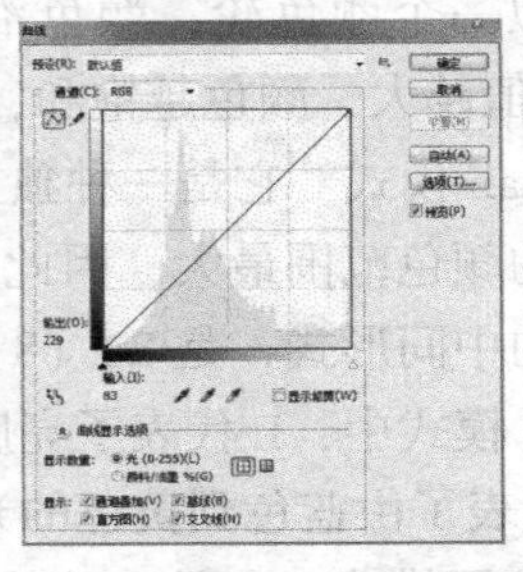

图 3-1-3　“曲线”对话框

（3）“亮度/对比度”命令　该命令的界面直观且操作简便，如图 3-1-4 所示。但其缺点是在调整时亮部和暗部都是按等比例变化的，比如提高暗部亮度的同时，亮部也跟着增加，高光细节就丢失了。如果调整局部亮度这种方法不适用。

（4）“变化”命令　“变化”命令是一种较为直观的调整工具，用于可视地调整图像或选区的色彩平衡、对比度和饱和度，对不需要精确色彩调整的平均色调图像最有用。它使用较为通俗的文字来提供操作指导，因此初学者较为喜欢。打开“素材库”\“单元 3”\“素材图片 2”，如图 3-1-5 所示。在“变化”对话框中，单击相应名字的图片即可改变原图像的色调和亮度。越偏向精细则每次改变的幅度越小，如图 3-1-6 所示。事实上，在实际使用中很少用此方法来改变图像色调，更多地用其判断哪种色调最适合图像。

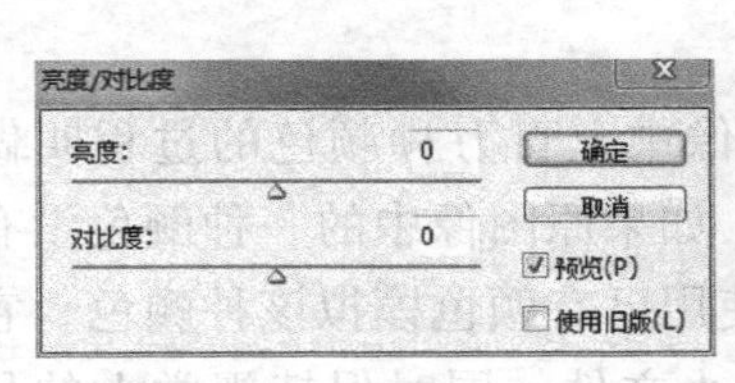

图 3-1-4　“亮度/对比度”对话框

图 3-1-5　素材图片 2

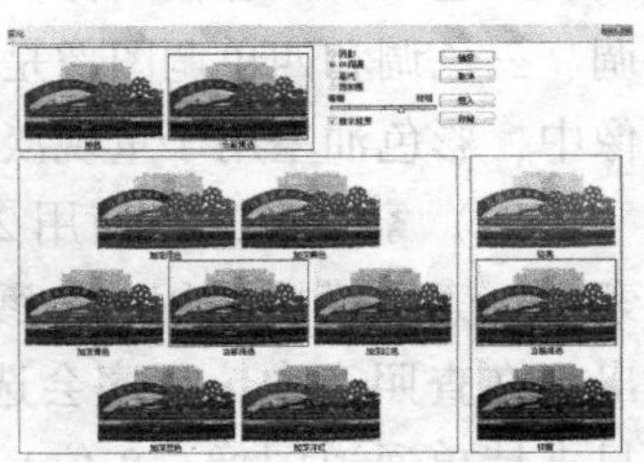

图 3-1-6　“变化”对话框

任务实施

1）执行“文件”/“打开”命令，或在工作区双击鼠标，打开“素材库”\“单元3”\“素材图片1”，如图3-1-7所示。

2）执行“图层”/“新建调整图层”/“通道混合器”命令，在“调整”面板的“输出通道”列表中选择“红”，设定“红色”值为“+120%”（见图3-1-8），使图像整体色调变红，效果如图3-1-9所示。

图3-1-7　素材图片1

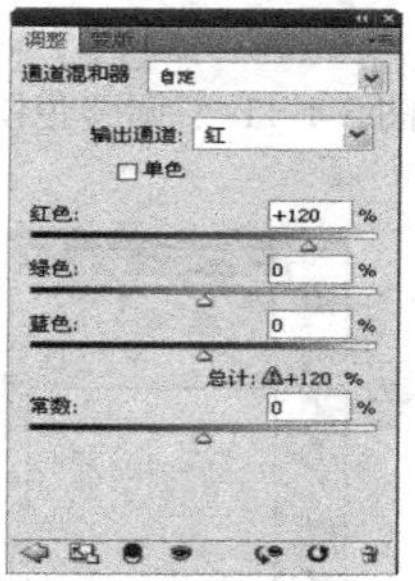

图3-1-8　“调整”面板

教你一招　这一步也可以单击图层面板下方的“新建调整图层”按钮，在弹出的菜单中选择“通道混合器”，如图3-1-10所示。创建其他调整图层也可以使用此方法，方便又快捷。

图3-1-9　通道混合器调整效果

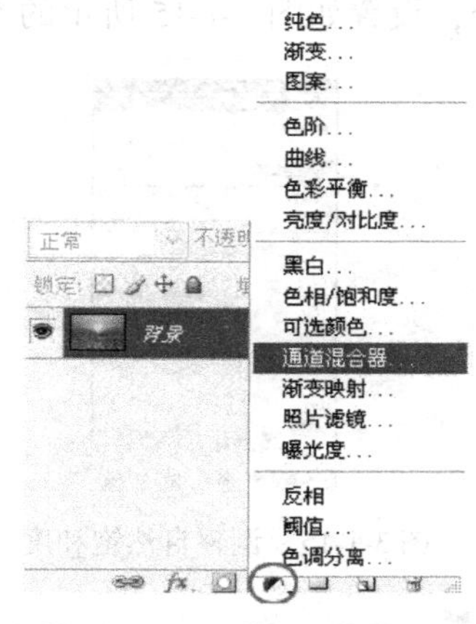

图3-1-10　在图层面板里选择“通道混合器”

3）此时的图像亮度过高，不符合夕阳的特点，再执行“图层”/“新建调整图层”/“色阶”命令，设置“输入色阶”（RGB为6，0.70，255），如图3-1-11所示。此时的图像偏暗了，效果如图3-1-12所示。

4）接下来使用“图层”/“新建调整图层”/“曲线”命令，将曲线调节为如图3-1-13所示的效果，进一步调整图像的色调。这时可看到整幅图像更暗了，比较接近于夕阳的景象，调整之后的效果如图3-1-14所示。

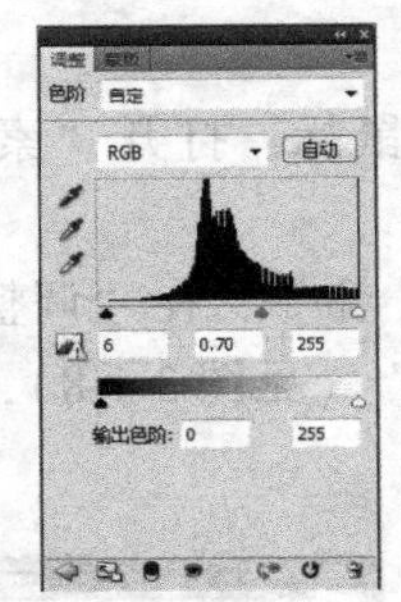

图 3-1-11　调整色阶

图 3-1-12　色阶调整效果

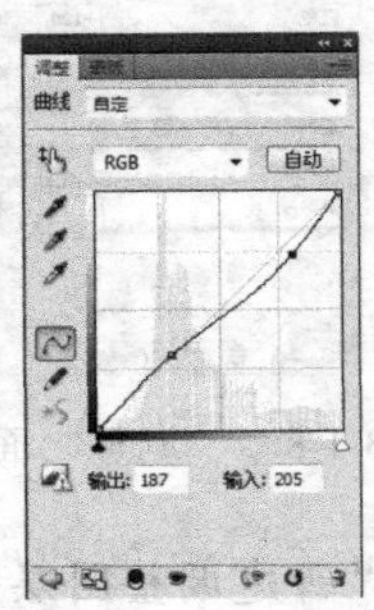

图 3-1-13　调整曲线

图 3-1-14　曲线调整效果

5）此时图像中的夕阳景色还不够自然，执行“图层”/“新建调整图层”/“自然饱和度”命令，设置如图 3-1-15 所示的参数，图像变得自然而饱和，效果如图 3-1-16 所示。

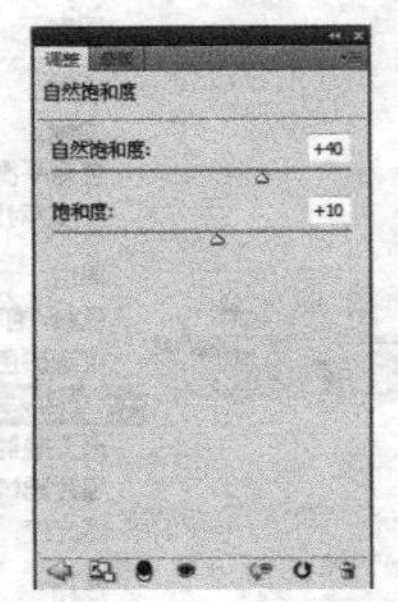

图 3-1-15　调整自然饱和度

图 3-1-16　自然饱和度调整效果

教你一招　“自然饱和度”命令在调节图像饱和度的同时会保护已经饱和的像素，增加不饱和像素的饱和度，这样不但能够增加图像某一部分的色彩，而且还能使整幅图像饱和度正常。

6）最后，执行“图层”/“新建调整图层”/“亮度/对比度”命令，对图像做细微调整，设置如图 3-1-17 所示的参数，使水波更加明亮，制作夕阳西照下波光粼粼的效果。

7）完成制作，将作品保存为“夕阳西下”。

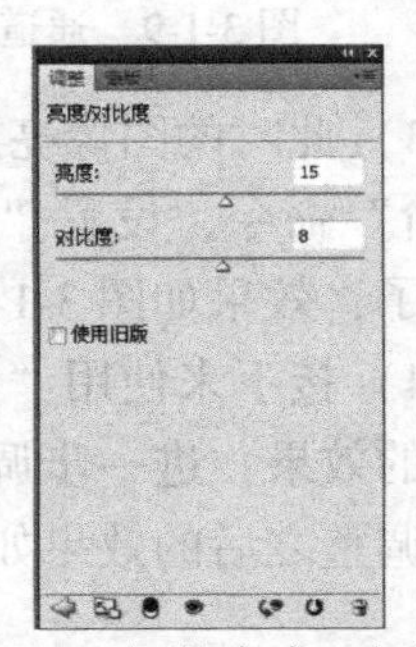

图 3-1-17　调整亮度/对比度

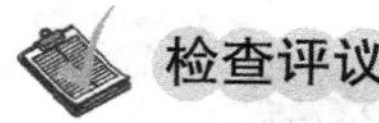

检查评议

序　号	能力目标及评价项目	评 价 成 绩
1	能正确理解常用色彩模式的意义	
2	能合理使用常用色彩模式	
3	掌握创建调整图层的方法	
4	能正确使用“色阶”命令进行相应调整	
5	能正确设置“曲线”调整层	
6	能正确设置“自然饱和度”调整层	
7	能正确应用“亮度/对比度”的调整方法	
8	能了解“通道混合器”的调整方法	
9	信息收集能力	
10	团队合作能力	
11	综合评价	

问题及防治

1）图像颜色模式转换的限制：要将图像转换为双色调模式，首先应将其转换为灰度模式，然后再由灰度模式转换为双色调模式；要将图像转换为位图模式，首先应将其转换为灰度模式，然后再由灰度模式转换为位图模式。

2）通常情况下，在进行比较正式的色彩调整工作之前，需要先矫正显示器的色彩。如果没有矫正，图像在有些显示器上看起来会和印刷品相差很多。

3）色彩调整命令只对当前图层或当前图层的选区中的图像起作用，其他图层中的图像不受影响。

4）调整图像的明暗和对比度时，要注意数值的设置，如果数值太大将会出现色斑，会破坏图像的整体效果。

扩展知识

“通道混合器”调整

“通道混合器”是一条关于色彩调整的命令。该命令可以调整某一个通道中的颜色成分。“通道混合器”命令只在图像色彩模式为RGB、CMYK时才起作用，在图像色彩模式为Lab或其他模式时，不能进行操作。

使用“通道混合器”命令可以完成如下操作：

1）实现富有创意的颜色调整，这是用其他颜色调整工具不易实现的。

2）从每个颜色通道中选择不同的百分比创建高品质的灰度图像。

3）创建高品质的棕褐色色调及其他彩色图像。

打开“素材库”\“单元3”\“素材图片3”，如图3-1-18所示。这是一幅春意盎然的照片，先后执行“通道混合器”“可选颜色”“亮度/对比度”命令，将其调整为浓浓金秋的景象，效果如图3-1-19所示。怎么样？很神奇吧！自己赶快动手试试吧！

图3-1-18　春意盎然

图3-1-19　浓浓金秋

考证要点

1. 下列哪种色彩模式的色域最广（　　）?

A. RGB 模式　　B. CMYK 模式　　C. Lab 模式　　D. HSB 模式

2. 下列哪种工具可以调节图像的饱和度（　　）?

A. “海绵”工具　　B. “减淡”工具　　C. “加深”工具　　D. 任何一种绘画工具

3. “色阶”对话框中输入色阶的水平轴，表示的是（　　）。

A. 色相　　B. 亮度　　C. 饱和度　　D. 像素数量

4. 将自己在春天拍摄的照片调成秋天的色调。

任务2　设计制作水果 Party

知识目标：

1. 了解图像色彩调整相关命令的含义。
2. 了解“色相/饱和度”命令与“自然饱和度”命令的区别。

技能目标：

1. 掌握图像色彩调整命令的设置方法。
2. 会使用色彩调整命令制作特殊颜色效果的图像。

任务描述

收获的季节，到处瓜果飘香。水果乐园里要举办一个热闹的 Party。帅气的橙子哥，漂亮的苹果妹，还有调皮的樱桃双胞胎，配上可口的浓情巧克力……多么热闹啊，那就赶快来参加吧！水果 Party 完成效果如图 3-2-1 所示。

图3-2-1　水果 Party 完成效果

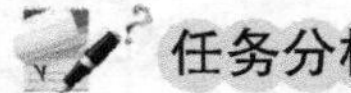

任务分析

本任务使用几幅水果素材和卡通人物素材，将人物面部表情合成到水果上，制作出几个鲜活的水果小人形象，最后配以诱人的浓情巧克力背景，完成热闹的水果 Party 的制作。

操作步骤：“色彩平衡”→“色相/饱和度”→“曲线”→“自然饱和度”→图像变换→设置图层样式。

相关知识

1. “色彩平衡” 命令

色彩平衡是图像处理工作中的一个重要环节，通过对图像进行色彩平衡处理，可以矫正图像色偏、过饱和或不饱和的情况。

“色彩平衡” 命令可以用来控制图像的颜色分布，使图像整体达到色彩平衡。该命令在调整图像的颜色时，根据颜色的补色原理，要减少某个颜色，就应增加这个颜色的补色。

“色彩平衡” 命令计算速度快，适合调整较大的图像文件。它的功能较少，但操作直观方便。

如图 3-2-2 所示，在 “色彩平衡” 对话框中，将图像笼统地分为阴影、中间调和高光三个色调，每个色调可以进行独立的色彩调整。从三个色彩平衡滑杆中，印证了色彩原理中的反转色：红对青，绿对洋红，蓝对黄。属于反转色的两种颜色不可能同时增加或减少。

“色彩平衡” 对话框的最下方有一个 “保持明度” 选项，它的作用是在三基色（红色、绿色、蓝色）增加时降低亮度，在三基色减少时提高亮度，从而抵消在三基色增加或减少时带来的亮度改变。打开 “素材库” \ “单元 3” \ “素材图片 4”，如图 3-2-3 所示。这是一幅正常拍摄的照片，在对其进行不同的色彩平衡设置后，可以轻松实现暖黄、冷蓝、莹绿等影楼风格特效，如图 3-2-4 ~ 图 3-2-6 所示。

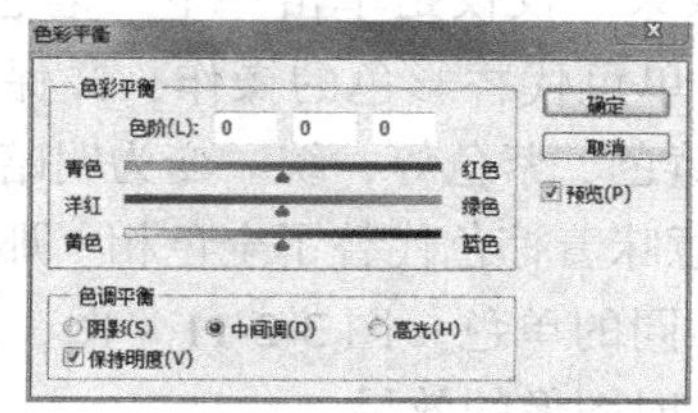

图 3-2-2　“色彩平衡” 对话框

图 3-2-3　素材图片 4

图 3-2-4　暖黄风格

图 3-2-5　冷蓝风格

图 3-2-6　莹绿风格

2. “色相/饱和度” 命令

在前面的任务中，已经接触过 “色相/饱和度” 命令。它主要用来改变图像的色相，比如将红色变为蓝色，将绿色变为紫色等。下面以 “素材库” \ “单元 3” \ “素材图片 5” 为例来说明它的用法。

在 “色相/饱和度” 对话框中有三个滑杆，分别用于调整色相、饱和度和明度。滑杆下方有两个色相色谱，其中上方的色谱是固定的，下方的色谱会随着色相滑杆的移动而改变。

这两个色谱的状态其实就是在显示色相改变的结果。在改变色相前，红色对应红色，绿色对应绿色。但在拖动“色相”滑杆，改变了“色相”值之后，两个色谱中的颜色就不再是对应的了。这体现了图像中相应颜色区域的改变效果，如图3-2-7和图3-2-8所示。

饱和度表示图像颜色的纯度，用于控制色彩的浓淡程度。改变饱和度的同时，下方的色谱也会跟着改变，调至最低的时候，图像就变为灰度图像了。对灰度图像改变色相是没有作用的。图3-2-9和图3-2-10表示饱和度取最大和最小值时，图像的色彩状态。

图3-2-7　色相（+180）

图3-2-8　色相（-100）

图3-2-9　饱和度值最大

图3-2-10　饱和度值最小

明度也就是亮度，如果将明度调至最低会得到黑色，调至最高会得到白色。对黑色和白色改变色相或饱和度都没有效果。具体效果大家可自己动手实验，这里就不再示范了。

在“色相/饱和度”对话框右下角有一个“着色”选项，它的作用是将画面改为同一种颜色的效果。在许多数码婚纱摄影中常用到这样的效果。仅仅是单击一下“着色”选项，然后拉动“色相”滑杆改变颜色而已。着色是一种用单色代替彩色的操作，并保留原先的像素明暗度，也就是将原先图像中明暗不同的红色、黄色、紫色等，统一变为明暗不同的单一色。注意观察位于下方的色谱，当其变为棕色时，意味着棕色代替了全色相，那么图像现在应该整体呈现棕色。拉动“色相”滑杆可以选择不同的单色。图3-2-11～图3-2-13所示为在勾选“着色”项后，色相值分别为0、120和240时图像的效果。

图3-2-11　色相值为0

图3-2-12　色相值为120

图3-2-13　色相值为240

任务实施

1）执行“文件”/“打开”命令或在工作区双击鼠标，打开“素材库”\“单元3”\“素材图片6”和“素材图片7”。

2）在“素材图片6”中，使用“选择”工具选取一个小人，将其移动到素材图片7中，放在“苹果”图层上面，变换其大小及角度，使其与苹果吻合，如图3-2-14所示。

3）使用“魔棒”工具或“快速选择”工具，选择小人头像中五官之外的部分（见图3-2-15），并将这些部分删除，再使用“橡皮擦”工具细致地擦除，得到图3-2-16所示的效果。

图 3-2-14　变换小人

图 3-2-15　快速选择

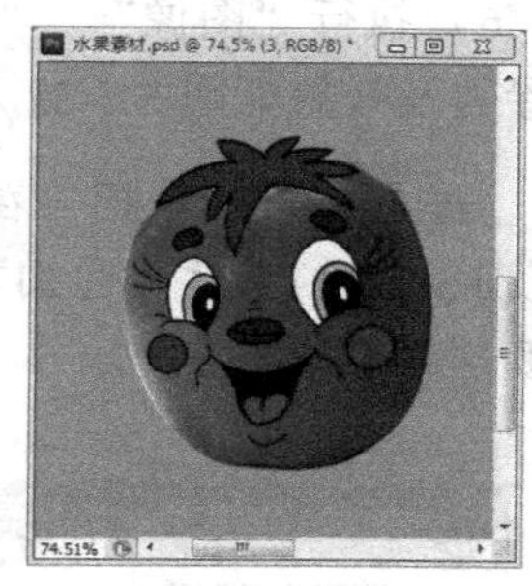

图 3-2-16　清除图像

教你一招　在“图层”面板中将小人图层改名为“苹果妹”，并将其复制，这样可以保留辛苦选择的小人五官，一旦后面的调色失败，可以使用该副本重新调色。将副本层隐藏，在“苹果妹”图层中进行下面的调色操作。此时的“图层”面板如图 3-2-17 所示。

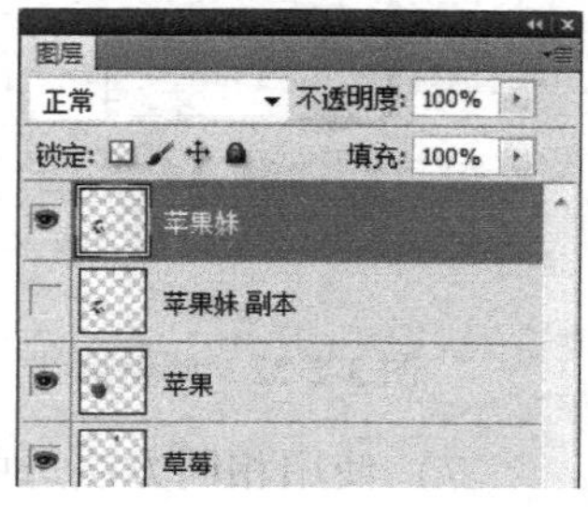

图 3-2-17　复制图层

想一想　“魔棒”工具与“快速选择”工具有何异同？

4）执行“图像”/“调整”/“色彩平衡”命令，设置参数及效果如图 3-2-18 和图 3-2-19 所示。

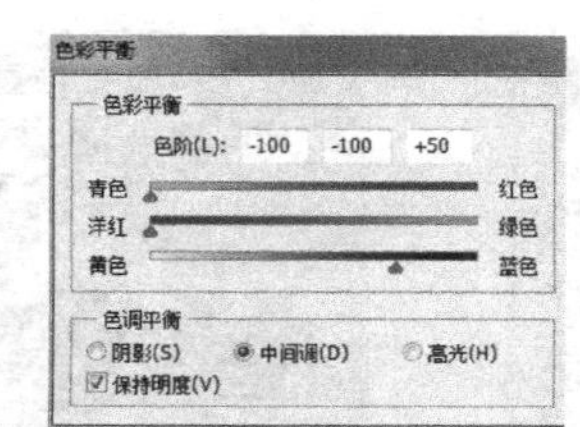

图 3-2-18　设置色彩平衡参数

图 3-2-19　色彩平衡调整效果

5）执行“图像”/“调整”/“色相/饱和度”命令，设置参数及效果如图 3-2-20 和图 3-2-21 所示。

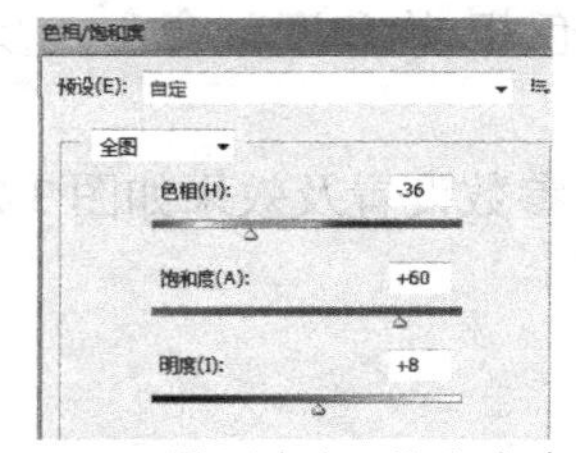

图 3-2-20　设置色相/饱和度参数

图 3-2-21　色相/饱和度调整效果

6）执行“图像”/“调整”/“曲线”命令，稍稍提亮图像，使苹果妹更具个性。设置参数及效果如图3-2-22和图3-2-23所示。

教你一招 在“图层”面板中将有关苹果小人的三个图层同时选中并链接起来（见图3-2-24），这样它们可以做为一个整体同时移动和变换。本任务中后面的每个水果小人也要这样做哦！

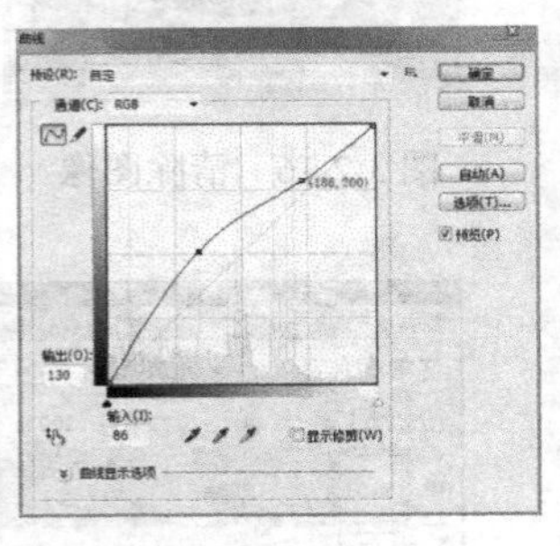

图3-2-22 调整曲线

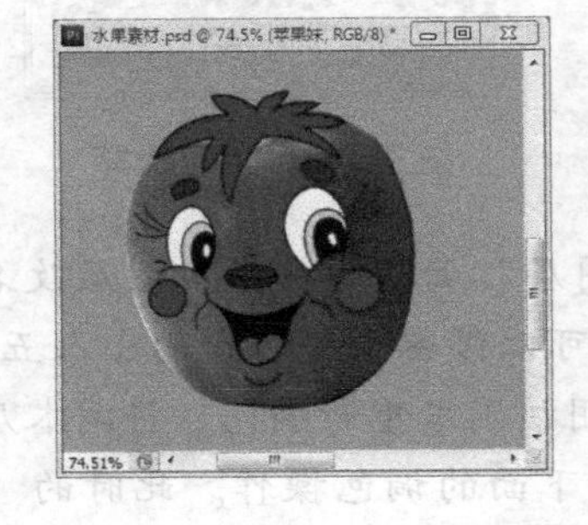

图3-2-23 曲线调整效果

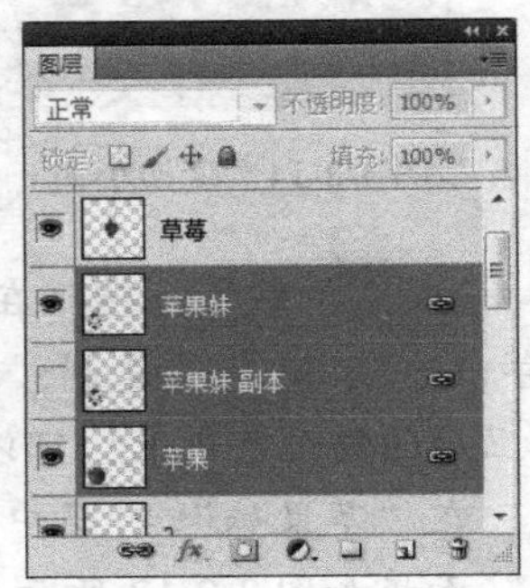

图3-2-24 链接图层

7）使用相同方法选中另一个小人，拖动到“橙子”图层上，变换大小及角度，清除五官之外的部分，效果如图3-2-25所示。

8）执行“图像”/“调整”/“色彩平衡”命令，效果如图3-2-26所示。这样，一个棕色眼睛的橙子哥就呈现在我们面前。

9）执行“图像”/“调整”/“自然饱和度”命令，使小人五官颜色更自然，效果如图3-2-27所示。

图3-2-25 清除图像

图3-2-26 调整色彩平衡（一）

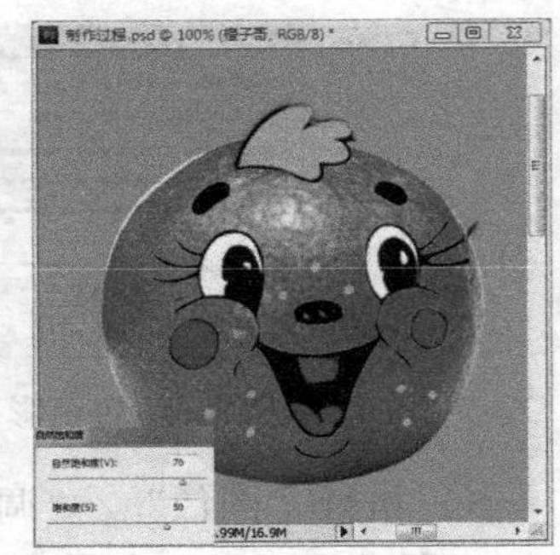

图3-2-27 调整自然饱和度

10）在“素材图片6”文件中再选中一个小人，将其拖动至另一个“橙子”图层上，保留五官，擦除其他图像。执行“图像”/“调整”/“色相/饱和度”命令，参数设置及效果如图3-2-28所示。

11）执行“图像”/“调整”/“色彩平衡”命令，参数设置及效果如图3-2-29所示。

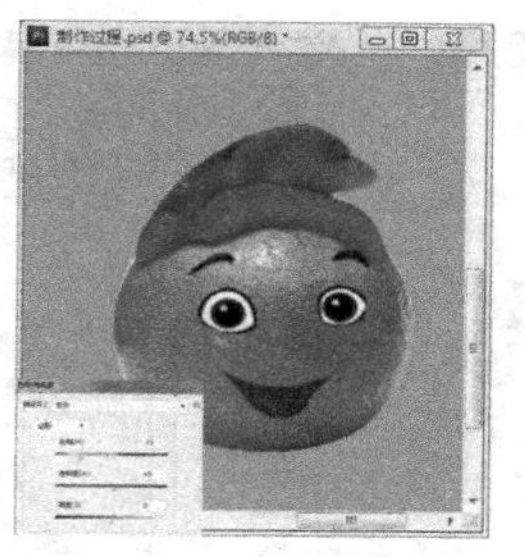
图 3-2-28 调整色相/饱和度

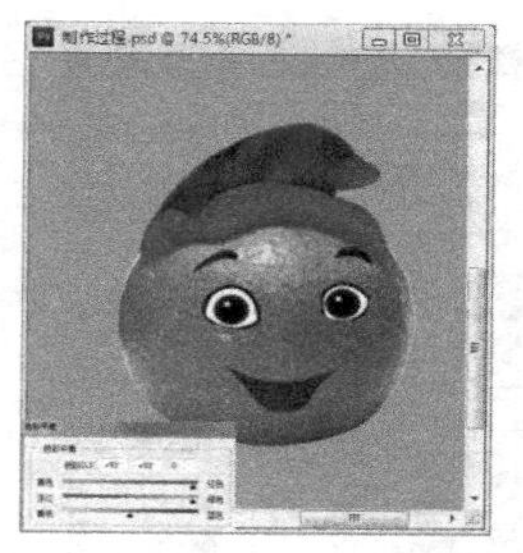
图 3-2-29 调整色彩平衡（二）

12）第四个出场的是樱桃双胞胎。选中一个小人头像，拖至“樱桃”图层上，设置图层混合模式为“叠加”，如图 3-2-30 所示。执行“图像”/“调整”/“亮度对比度”命令，将头像复制一份，与另一只樱桃合成，一对调皮的双胞胎就形成了。参数设置及效果如图 3-2-31所示。

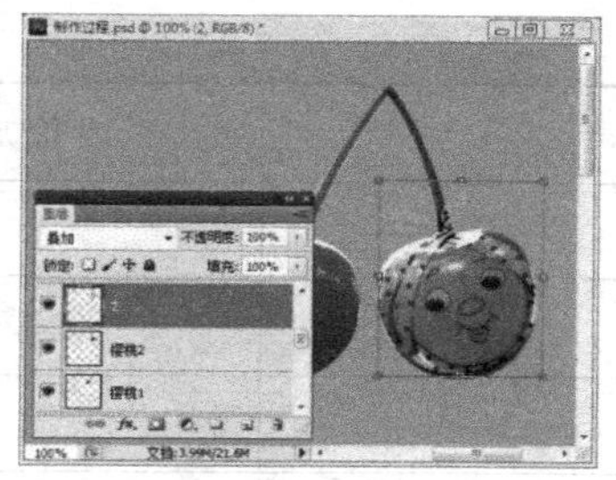
图 3-2-30 设置图层混合模式

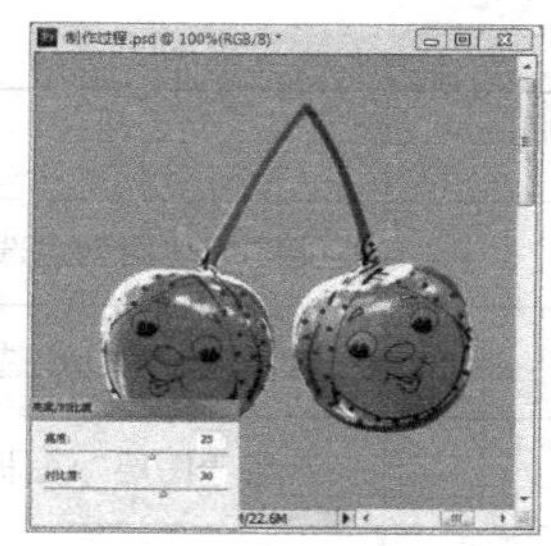
图 3-2-31 樱桃双胞胎

13）最后再制作一个草莓小人，制作过程就不赘述了，请大家自由发挥，完成效果示例如图 3-2-32 所示。好啦！参加 Party 的各位成员已经到齐了。

14）下面来布置 Party 会场吧。打开“素材库”\“单元3”\“素材图片 8”，这是一幅浓情巧克力图像，如图 3-2-33 所示。把各位水果小人拖移至背景中，变换大小、移动位置、交换图层次序，直到满意为止，合成效果如图 3-2-34 所示。

图 3-2-32 草莓小人

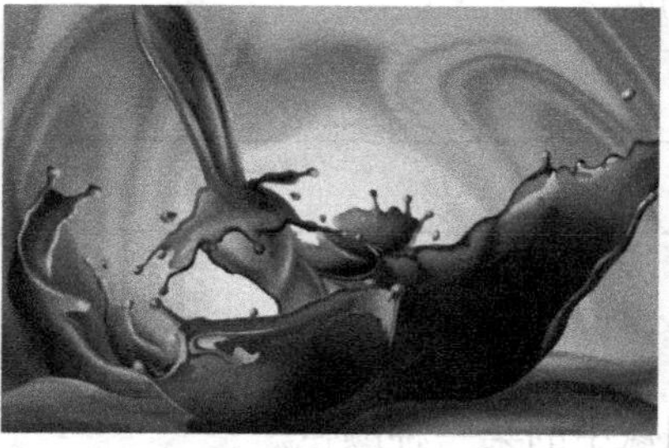
图 3-2-33 素材图片 8

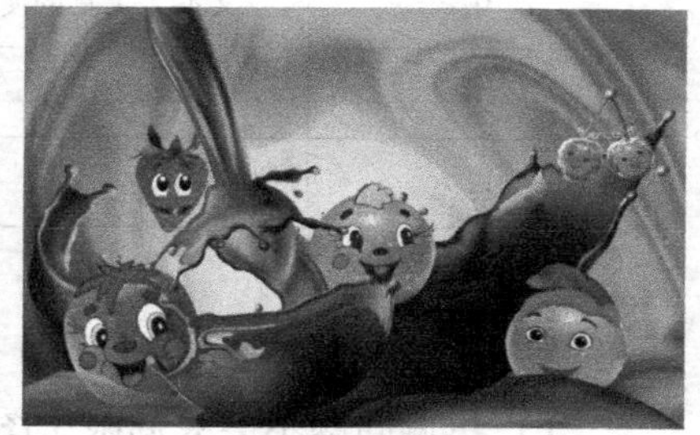
图 3-2-34 合成效果

15）使用“文本”工具输入主题文字“水果 Party”，选择喜欢的字体，设置如图 3-2-35～图 3-2-37 所示的图层样式，得到最终效果。

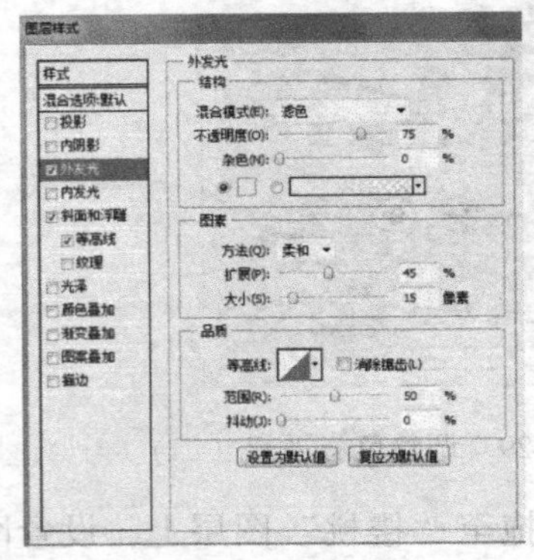

图 3-2-35 外发光样式

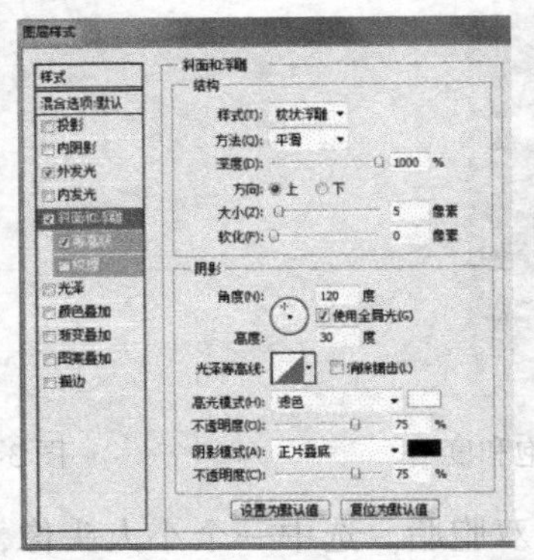

图 3-2-36 斜面与浮雕样式

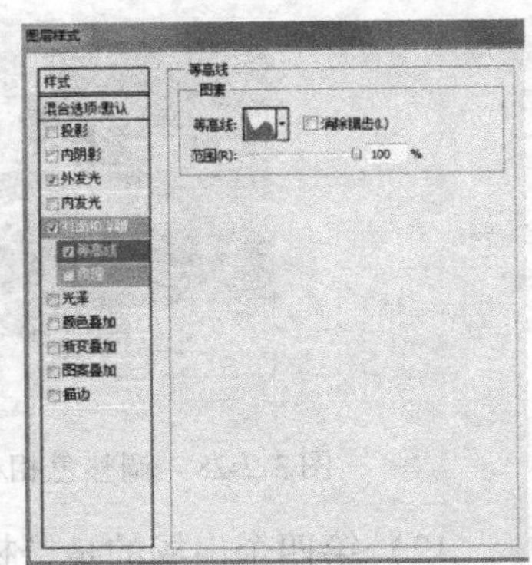

图 3-2-37 等高线样式

检查评议

序 号	能力目标及评价项目	评 价 成 绩
1	能熟练使用创建选区的各种工具	
2	能合理运用创建选区的技巧	
3	熟悉“图层”面板的各种基本操作	
4	能熟练运用图像的变形操作	
5	能正确理解“色彩平衡”命令的含义	
6	能掌握“色彩平衡”命令的使用方法	
7	能正确理解“色相/饱和度”命令的含义	
8	能掌握“色相/饱和度”命令的使用方法	
9	“文本”工具的使用	
10	图层样式的设置	
11	综合评价	

问题及防治

1）色偏问题不会只局限于图像中的某一种颜色。

2）当一幅图像有潜在的色偏出现时，应先检查亮调部分，因为人眼对较亮部分的色偏最敏感。

3）矫正色偏时要先选择中性灰色，因为中性灰色是弥补色偏的重要手段。在彩色部分矫正灰色时，不要相信人眼所呈现的颜色，因为图像中其他颜色会改变人眼对灰色的感觉，这就是我们所说的环境色的影响，当遇到这种情况时应运用“吸管”工具进行检查。

扩展知识

人性化的调色功能——“自然饱和度”命令

“自然饱和度”命令和原来的“色相/饱和度”命令有所不同，它是一条更加智能化、人性化的调色命令。在此简单介绍一下它们的区别。

当使用“自然饱和度”命令时，在弹出的对话框中有两个调整项目，分别是“自然饱和度”和“饱和度”，如图3-2-38所示。

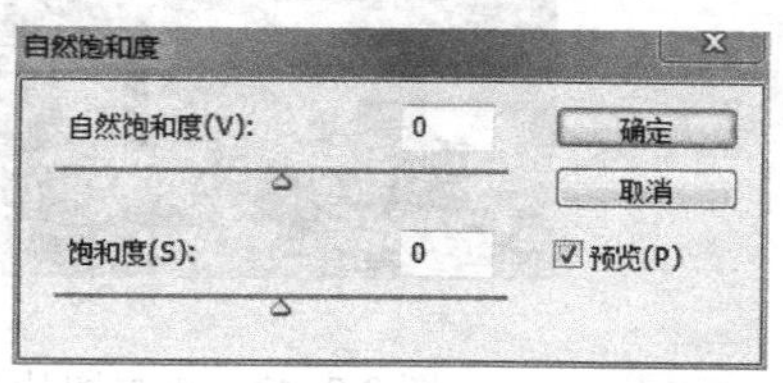

图3-2-38 “自然饱和度”对话框

其中，“饱和度”与“色相/饱和度”命令中的“饱和度”选项效果相同，使用它可以增加整个画面的饱和度，但是如果调节到较高数值，则会产生色彩过饱和从而引起图像失真。而新功能“自然饱和度”就不会出现这种情况，它在调节图像饱和度的时候会保护已经饱和的像素，即在调整时会大幅增加不饱和像素的饱和度，而对已经饱和的像素只做很少、很细微的调整，特别是对皮肤的肤色有很好的保护作用，这样不但能够增加图像某一部分的色彩，而且还能使整幅图像饱和度正常。

下面以“素材库”\“单元3”\“素材图片9”（见图3-2-39）为例，以同样的数值来调整这张人像照片，即将“自然饱和度”和“饱和度”的数值分别调整为50。可以看到：前者肤色饱和度正常，照片真实自然（见图3-2-40），而后者人物的面部饱和度已过高，色彩失真了，如图3-2-41所示。

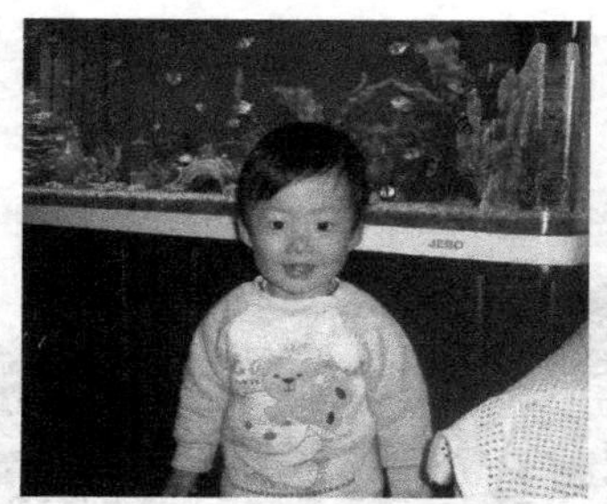

图3-2-39 素材图片9

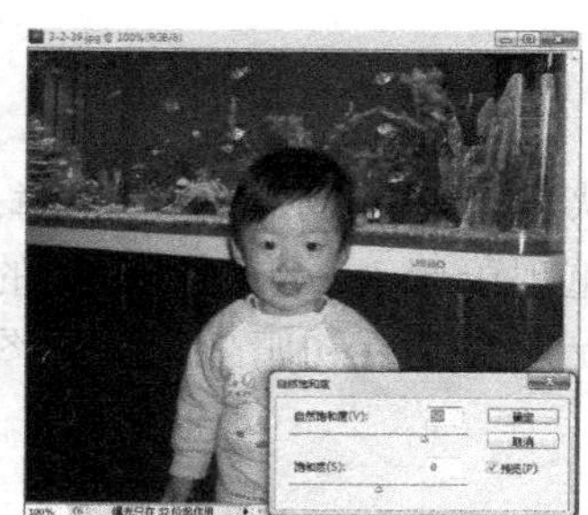

图3-2-40 “自然饱和度”为50

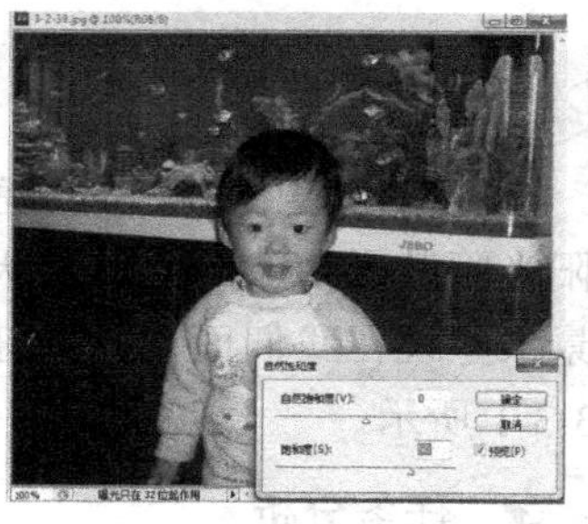

图3-2-41 “饱和度”为50

考证要点

1. 下列颜色中，亮度最高的是（　　）。

A. 红色　　B. 蓝色　　C. 黄色　　D. 白色

2. 当将RGB模式的图像转换为多通道模式时，产生的通道名称分别是（　　）。

A. 青色、洋红、黄色和黑色　　B. 四个名称是Alpha的通道

C. 青色、洋红和黄色　　D. 红色、绿色和蓝色

3. 色彩深度是指在一个图像中（　　）的数量。

A. 颜色　　B. 饱和度　　C. 亮度　　D. 灰度

4. 应用“色相/饱和度”命令，将图3-2-42（“素材库”\“单元3”\“素材图片10”）调整为图3-2-43的效果。

图 3-2-42　素材图片 10

图 3-2-43　效果图

5. 挑选几张照片，将其调整为“冷蓝”“暖黄”等影楼特效艺术风格。

任务 3　设计制作雨后初晴效果

知识目标：

1. 了解“匹配颜色”和“照片滤镜”命令的基本知识。
2. 了解 Photoshop CS5 新增功能——“HDR 色调”命令。

技能目标：

1. 掌握使用“匹配颜色”和“照片滤镜”命令制作图像色彩特效的方法。
2. 掌握“HDR 色调”命令的一般用法。

任务描述

“空山新雨后，天气晚来秋。”青山绿水，峰峦叠嶂，阳光驱散了乌云，阴霾的天空重现蔚蓝，一幅雨后青山的景象呈现在我们面前。本任务是制作雨后初晴效果，如图 3-3-1 所示。

图 3-3-1　雨后初晴效果

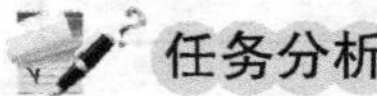

任务分析

本任务中的素材较为阴暗，需使用“调整”命令制作出雨后初晴的效果。“匹配颜色”和“照片滤镜”两条命令稍微复杂，需仔细实践，重点掌握。

操作步骤：“匹配颜色”→“照片滤镜”→“色阶”→“曲线”→“亮度/对比度”。

相关知识

1. “匹配颜色”命令

使用“匹配颜色”命令，可以将两个图像或图像中两个图层的颜色和亮度相匹配，使其颜色色调和亮度协调一致。其中被调整修改的图像称为“目标图像”，而要采样的图像称为“源图像”。需要注意的是，“匹配颜色”命令仅适用于 RGB 模式的图像，并且只有多幅图像同时打开，才能够进行色彩匹配。下面使用“素材库”\“单元3”\“素材图片 11”和“素材图片 12”来说明这条命令的用法。

将图 3-3-2 激活，使其处于编辑状态，然后启动“匹配颜色”命令，会看到如图 3-3-4 所示的“匹配颜色”对话框。在顶部的“目标图像”区域显示着被修改的图像文件名，如果目标图像中有选区存在的话，那么文件名下方的“应用调整时忽略选区”复选框会变为可选状态，此时可选择只针对选区还是针对全图进行色彩匹配。

在对话框下方的“图像统计”区域可以选择颜色匹配所参照的源图像（见图 3-3-3）的文件名，该文件必须同时在 Photoshop 中处于打开状态，如果源文件包含了多个图层，可在图层选项列表中选择只参照其中某一层进行匹配。

图 3-3-2　目标图像

图 3-3-3　源图像

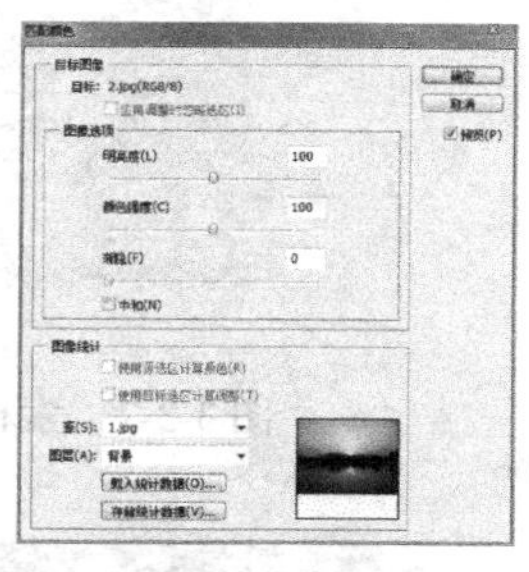

图 3-3-4　“匹配颜色”对话框

在对话框中部的“图像选项”区域可以设置匹配的效果。“中和”复选框的作用是将颜色匹配的效果减半，这样最终效果将保留一部分原先的色调。图 3-3-5 和图 3-3-6 分别是两图完全匹配和中和匹配的效果。

除了参照另外一幅图像进行匹配以外，如果正在制作的图像中有多个图层，那么也可以在本图像中的不同图层之间进行匹配。需要注意的是，当前图层将作为目标图像。

图 3-3-5　完全匹配

图 3-3-6　中和匹配

2. “照片滤镜”命令

滤镜是相机的一种配件，将它安装在镜头前面可以保护镜头，降低或消除水面和非金属表面反光，或者改变色温。“照片滤镜”命令可以模拟彩色滤镜，以便调整通过镜头传输的光的色彩平衡和色温。该命令允许选择预设颜色和自定义颜色，对调整数码照片特别实用。

在“照片滤镜”对话框的“滤镜”下拉列表中可以选择要使用的滤镜，如果要自定义滤镜的颜色，可单击“颜色”选项右侧的色块，打开“拾色器”调整颜色。“浓度”选项可调整应用到图像中的颜色数量，该值越高，颜色的调整强度就越大。勾选“保留明度”复选框可以保持图像的亮度不变，取消勾选，则会因为添加滤镜效果而使图像的色调变暗。

“照片滤镜”命令的主要作用：修正由于扫描、胶片冲洗、白平衡设置不正确造成的一些色彩偏差；还原照片的真实色彩；强调效果，突显主题，渲染气氛等。

下面分别以“素材库”\“单元 3”\“素材图片 13”“素材图片 14”（分别见图 3-3-

7和图3-3-9）为例，来说明“照片滤镜”命令的调整效果。效果分别如图3-3-8和图3-3-10所示。

图3-3-7　素材图片13

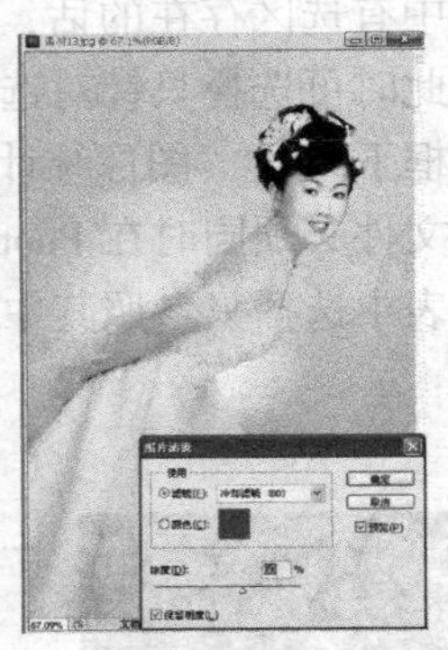

图3-3-8　调整后（一）

图3-3-9　素材图片14

图3-3-10　调整后（二）

任务实施

1）执行“文件”/“打开”命令或在工作区双击鼠标，打开“素材库”\“单元3”\“素材图片15”“素材图片16”（分别见图3-3-11和图3-3-12），并将图3-3-11激活。

图3-3-11　素材图片15

图3-3-12　素材图片16

2）执行“图像”/“调整”/“匹配颜色”命令，设置参数（见图3-3-13），得到图3-3-14所示的效果。

3）在“图层”面板中创建“照片滤镜”调整层，稍微改变图像的色调，如图3-3-15所示。

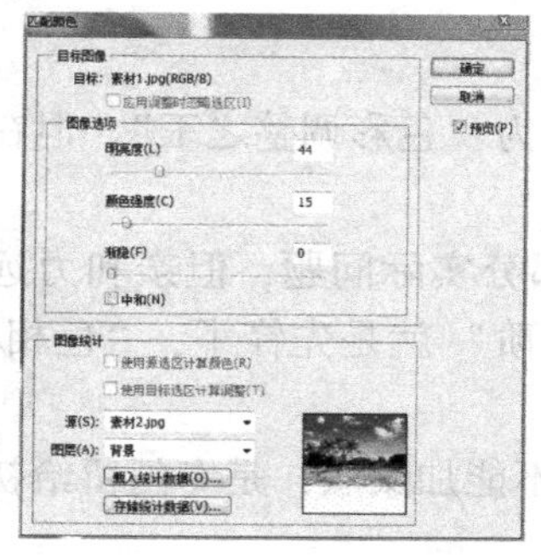
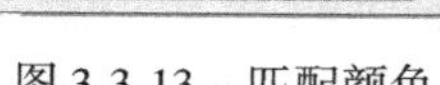

图 3-3-13 匹配颜色

图 3-3-14 调整效果

图 3-3-15 照片滤镜调整

4）继续创建“色阶”调整层，稍微提亮图像，如图 3-3-16 所示。

5）接着创建“曲线”调整层，增强图像对比，如图 3-3-17 所示。

6）最后创建“亮度/对比度”调整层，得到最终效果，如图 3-3-18 所示。

图 3-3-16 调整色阶

图 3-3-17 调整曲线

图 3-3-18 调整亮度/对比度

7）完成制作，将作品保存为“雨后初晴”。

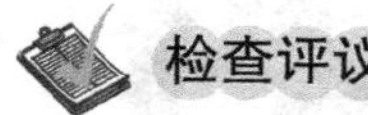

检查评议

序 号	能力目标及评价项目	评价成绩
1	能正确理解“匹配颜色”命令的意义	
2	能合理使用“匹配颜色”命令	
3	能正确理解“照片滤镜”命令的意义	
4	能恰当应用“照片滤镜”命令调整图像	
5	能正确设置“曲线”调整层	
6	能正确设置“色阶”调整层	
7	能正确应用“亮度对比度”的调整方法	
8	能了解“HDR 色调”的设置方法	
9	信息收集能力	
10	团队合作能力	
11	综合评价	

问题及防治

1）在全部色彩调整命令中，“曲线”命令最为精确，被称为“色彩调整之王”。但在实践工作中，“曲线”命令却并非首选，首选的命令是“色阶”。

2）在“色阶”对话框中，拖动三个滑块，足以解决大部分实际问题，但亲和力远在“曲线”之上。打个比方，如果说“曲线”是元帅，那么“色阶”就是先锋了，“色相/饱和度”调整和“色彩平衡”调整并列第三位。

3）尽量不要使用“变化”命令，该命令无法量化，而且不能加蒙版，是专门留给初学者用的。

4）不到万不得已，不要使用“亮度/对比度”命令，这里的亮度常常带来白翳，对比又常常失衡。

扩展知识

“HDR 色调”命令

“HDR 色调”命令是 Photoshop CS5 新增的色彩调整命令，使用此命令可以使曝光的图像获得更加逼真和超现实的 HDR 图像外观，降低曝光度，白色的部分将呈现更多细节；除此之外，它还可以将高动态光照渲染的美感注入 8 位图像中。

打开“素材库”\“单元 3”\“素材图片 17”（见图 3-3-19），执行“图像”/“调整”/“HDR 色调”命令，打开“HDR 色调”对话框（见图 3-3-20），应用默认值，图像效果如图 3-3-21 所示。

图 3-3-19　素材图片 17

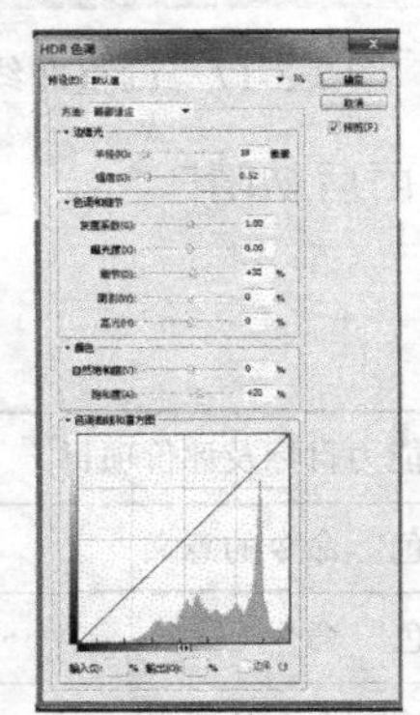

图 3-3-20　“HDR 色调”对话框

图 3-3-21　默认值效果

在“HDR 色调”对话框中，“预设”下拉列表中的选项全部是系统预置的色调选项，会给图像带来不同的效果，如图 3-3-22 ~ 图 3-3-35 所示。

在“HDR 色调”对话框中，“方法”下拉列表提供了 4 种调整 HDR 色调的方法，分别是曝光度和灰度系数、高光压缩、色调均化直方图以及局部适应，如图 3-3-36 所示。

对话框中的“边缘光”“色调和细节”“颜色”“色调曲线和直方图”各选项，用于精细地调整图像边缘相邻像素的大小、强度、曝光颗粒度、曝光情况、饱和度等参数，以达到更加精准的效果。

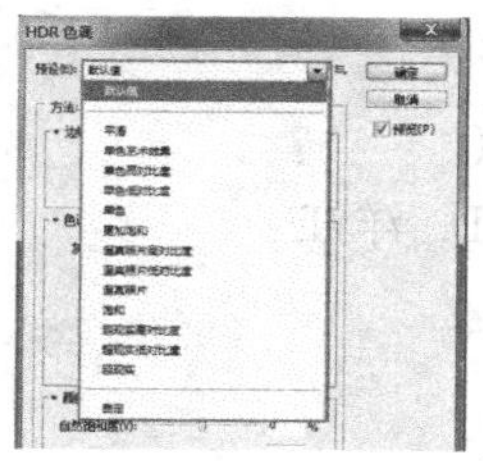

图 3-3-22　预设选项

图 3-3-23　平滑

图 3-3-24　单色艺术效果

图 3-3-25　单色高对比度

图 3-3-26　单色低对比度

图 3-3-27　单色

图 3-3-28　逼真照片高对比度

图 3-3-29　逼真照片低对比度

图 3-3-30　逼真照片

图 3-3-31　超现实高对比度

图 3-3-32　超现实低对比度

图 3-3-33　超现实

图 3-3-34　饱和

图 3-3-35　更加饱和

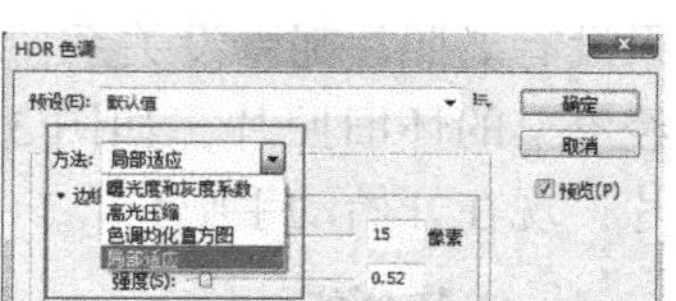

图 3-3-36　方法选项

考证要点

1. 当图像偏蓝时，使用“变化”命令应当给图像增加何种颜色（　　）？

A. 蓝色　　B. 绿色　　C. 黄色　　D. 洋红

2. 以下对调整图层描述错误的是（　　）。

A. 调整图层可以改变不透明度

B. 调整图层带有图层蒙版

C. 调整图层不能设置图层混合模式

D. 调整图层可以选择“与前一图层编组”命令

3. 以下哪种颜色模式的图像可以直接转换为双色调模式（　　）？

A. RGB 颜色　　B. CMYK 颜色　　C. 索引颜色　　D. 灰度

4. 应用“照片滤镜”命令，将图 3-3-37 所示的“素材库”\“单元 3”\“素材图片 18”和图 3-3-39 所示的“素材图片 19”调整为图 3-3-38 和图 3-3-40 所示的效果。

图 3-3-37　素材图片 18

图 3-3-38　效果图（一）

图 3-3-39　素材图片 19

图 3-3-40　效果图（二）

5. 自选一幅图片，使用“HDR 色调”命令制作特效。

任务 4　设计制作怀旧照片

知识目标：

1. 了解“去色”“反相”“阈值”“色调分离”“色调均化”等特殊调整命令的含义。
2. 了解“黑白”命令的基本知识。

技能目标：

1. 掌握特殊调整命令的用法，会制作图像色彩特效。
2. 掌握“黑白”命令的使用方法。

任务描述

每个人的家里都可能会留下一些老照片，这些泛白发黄的照片留住了岁月的痕迹，承载着历史的记忆。如果没有老照片呢？没关系，就用 Photoshop 来打造一幅饱经沧桑的怀旧照片，如图 3-4-1 所示。准备一张彩色照片，现在开始动手吧！

图 3-4-1　怀旧照片效果

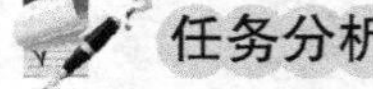

任务分析

本任务是将一幅彩色的江南水乡照片制作成怀旧风

格的效果，使照片呈现出沧桑感。

操作步骤："去色"→"亮度/对比度"→"色相/饱和度"→"胶片颗粒"→"分层云彩"。

相关知识

1. "去色"命令

顾名思义，去色就是去除图像中的颜色，只留下灰度信息。执行"去色"命令后，彩色图像将变为黑白图像，但不会改变图像的颜色模式，也就是不会改变为灰度模式，还可以使用各种颜色在图像中绘画。但是如果执行"图像"/"模式"/"灰度"命令，图像就转换为灰度模式了，使用任何彩色绘画，都只显示灰度。在此以"素材库"\"单元3"\"素材图片20"为例来说明，如图3-4-2～图3-4-4所示。

图3-4-2 素材图片20

图3-4-3 去色

图3-4-4 改为灰度模式

如果在图像中创建了选区，则执行该命令时，可去除选区内图像的颜色。例如，可以对一个矩形选区内的部分执行去色处理，而其他部分的图像保持色彩不变。打开"素材库"\"单元3"\"素材图片21"（见图3-4-5），创建选区并执行"去色"命令后，效果如图3-4-6所示。

图3-4-5 素材图片21

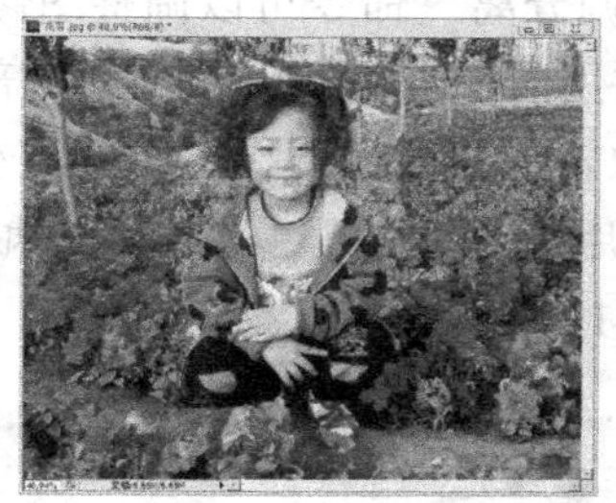

图3-4-6 选区内图像去色

2. "反相"命令

"反相"命令的作用是将图像中的色彩转换为反转色，以源图像的补色显示，即白色转为黑色，红色转为青色，蓝色转为黄色等，常用于制作胶片效果。该命令是唯一一个不丢失颜色信息的命令，也就是说，可以再次执行该命令来恢复源图像。打开"素材库"\"单元3"\"素材图片22"（见图3-4-7），执行"反相"命令后，效果如图3-4-8所示。

3. "阈值"命令

"阈值"命令可将一个灰度或彩色图像转换为高对比度的黑白两色图像，它允许用户将某个色阶（0～255）指定为阈值，所有比该阈值亮的像素将被转换为白色，所有比该阈值暗的像素将被转换为黑色。使用时，应反复移动"色阶"滑杆观察效果。一般设置在像素

图 3-4-7　素材图片 22

图 3-4-8　反相效果

分布最多的亮度级上可以保留最丰富的图像细节。其效果可用来制作漫画或版刻画。打开“素材库”\“单元3”\“素材图片23”（见图3-4-9），执行“阈值”命令后，效果如图3-4-10。

图 3-4-9　素材图片 23

图 3-4-10　阈值效果

想一想　“阈值”命令与“去色”命令的区别。

4. “色调分离”命令

“色调分离”命令可以调整图像中的色调亮度，减少并大量合并亮度，当最小数值为2时，合并所有亮度到暗调和高光两部分；当数值为255时，相当于没有效果。此操作可以在保持图像轮廓的前提下，有效地减少图像中的色彩数量。打开“素材库”\“单元3”\“素材图片24”（见图3-4-11），执行“色调分离”命令，设置不同参数，效果如图3-4-12和图3-4-13所示。

图 3-4-11　素材图片 24

图 3-4-12　色调分离 1

图 3-4-13　色调分离 2

5. “色调均化”命令

“色调均化”命令可均匀地调整整个图像的亮度分布，将最亮的像素提升为白色，最暗的像素降低为黑色。使用该命令会按照灰度重新分布亮度，使得图像看上去更加鲜明。虽然之前没有介绍，但该命令也是一个很好的调整数码照片的工具。不过因为它是以原来的像素为准，因此无法纠正色偏。打开“素材库”\“单元 3”\“素材图片 25”（见图 3-4-14），执行“色调均化”命令后，效果如图 3-4-15 所示。

图 3-4-14　素材图片 25

图 3-4-15　色调均化

任务实施

1）执行“文件”/“打开”命令或在工作区双击鼠标，打开“素材库”\“单元 3”\“素材图片 26”，这是一幅江南水乡的照片，如图 3-4-16 所示。

2）在图层面板中复制背景层，生成“背景副本”图层，如图 3-4-17 所示。在“背景副本”图层中执行“图像/调整/去色”命令，去除图像的颜色信息，效果如图 3-4-18 所示。

图 3-4-16　素材图片 26

图 3-4-17　复制背景层

图 3-4-18　去色

3）在“背景副本”图层上面创建“亮度/对比度”调整图层，设置如图 3-4-19 所示的参数。

图 3-4-19　设置亮度/对比度

图 3-4-20　设置色相/饱和度

4）继续创建“色相/饱和度”调整图层，设置如图 3-4-20 所示的参数，将图像调整为怀旧风格的色调。

5）在“背景副本”图层上执行“滤镜”/“艺术效果”/“胶片颗粒”命令，设置“颗粒”量为“4”，“强度”为“2”（见图 3-4-21），使图像略微呈现出粗糙感，效果如图 3-4-22 所示。

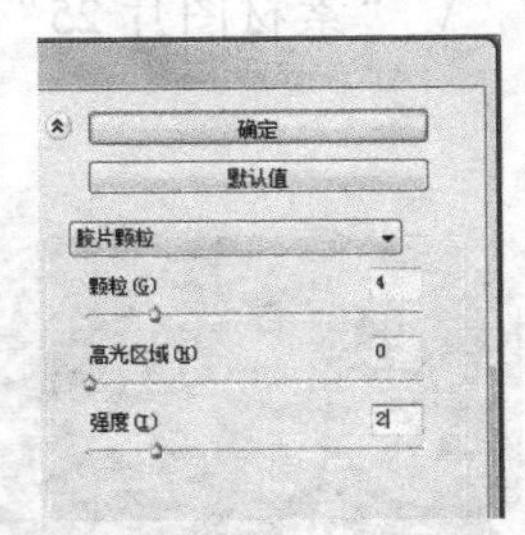

图 3-4-21　选择胶片颗粒滤镜

图 3-4-22　呈现粗糙感

6）单击图层面板中的“新建图层”按钮，创建“图层 1”，并填充为黑色，如图 3-4-23 所示。

7）将前景色设为黑色，背景色设为白色，执行“滤镜”/“渲染”/“分层云彩”命令，并将“图层 1”的混合模式设为“叠加”，不透明度调整为“20%”，这时照片中出现了斑驳痕迹，如图 3-4-24 所示。

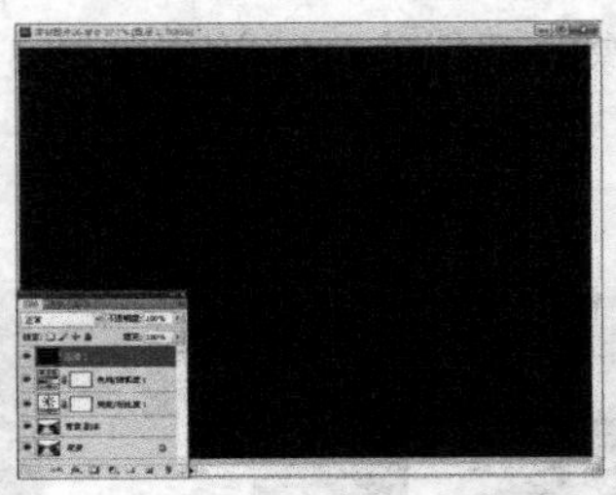

图 3-4-23　填充图层

图 3-4-24　出现斑驳痕迹

8）创建“曲线”调整图层，按图 3-4-25 所示调整曲线，使照片更清晰，更富有层次感。

9）按下”Ctrl + R“组合键，显示标尺，添加参考线，使用“矩形选框”工具制作如图 3-4-26 所示的选区。

图 3-4-25　调整曲线

图 3-4-26　制作选区

教你一招　配合标尺添加合适的参考线，可以使创建的选区更精确和对称。

10）执行“选择”/“反选”命令或按下“Ctrl + Shift + I”组合键，将选区反转，创建“图层 2”，在选区中填充颜色（RGB 为 251，241，223），取消选择，隐藏标尺和参考线，效果如图 3-4-27 所示。

11）将当前图层改为“背景层”，执行“画布大小”命令，将画面扩展出一个白边，如

图 3-4-28 所示。

教你一招 “画布大小”命令中“相对”选项的含义：勾选该项后，“宽度”和“高度”选项中的数值将代表实际增加或减少的区域的大小，而不再代表整个文档的大小。输入正值可扩展画布，输入负值则减小画布。

12）为“图层 2”添加“投影”样式，设置如图 3-4-29 所示的参数，得到最终效果。

图 3-4-27 填充颜色

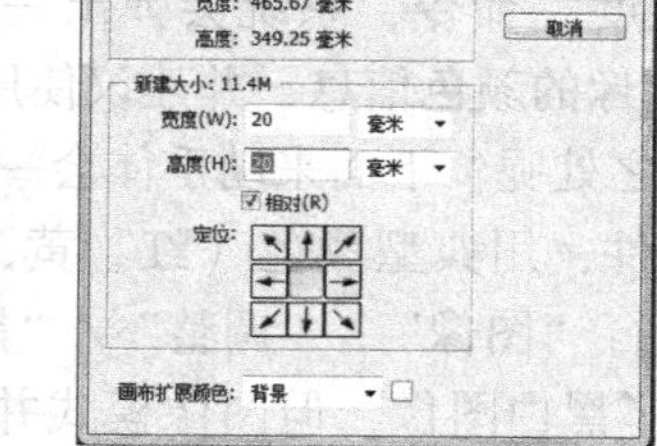

图 3-4-28 扩展画布

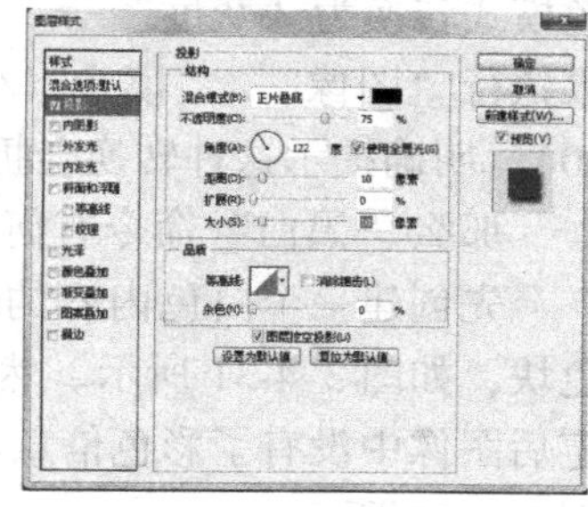

图 3-4-29 添加投影样式

13）将作品保存为“怀旧照片”。

检查评议

序 号	能力目标及评价项目	评价成绩
1	能正确理解和使用“去色”命令	
2	能灵活应用“反相”命令	
3	掌握“阈值”命令的设置方法	
4	掌握“色调分离”命令的用法	
5	了解“色调均化”命令的用法	
6	能合理使用“黑白”命令	
7	了解“彩色”-“黑白”转换的各种方法	
8	掌握“图层样式”的设置方法	
9	信息收集能力	
10	团队合作能力	
11	综合评价	

问题及防治

在实际工作中，除了极其简单的色彩调整外，一切调整工作都应该在调整图层上进行，这样做有四大好处：

1）色彩调整的每一步都是不可逆的，但使用调整图层使逆过程成为可能。历史记录不能望其项背。

2）耗时越多的色彩调整，图像损失越大。使用调整图层，完全避免了这一弊病。

3）操作者可以通过控制图层开关，逐一比较每一块蒙版的作用，这对于总结经验有不可替代的重要作用。

4）调整图层可以简单重现或者复制，这对于成组、成套、成系列的色彩调整变得极其方便。你只要精心做好一张就可以了，其他的统统“依葫芦画瓢”。

扩展知识

出众的黑白转换

在 Photoshop 中，将彩色图像转换为黑白图像的方法有多种，比如使用“去色”命令直接去除颜色信息，使用“色相/饱和度”命令将图像的饱和度降至最低（－100），将图像颜色模式转换为“灰度”等。不过这些方法都存有弊端，因此在 CS5 版本中不主张使用。如果执行“图像”/“模式”/“灰度”命令，系统会弹出一个“信息”提示框（见图 3-4-30），明确提示这种转换会扔掉图像的颜色信息，并建议使用“黑白”命令。

那么“黑白”命令有何神奇之处呢？下面来动手体会一下。

先创建一个白色内容的新文件，用典型颜色（红、黄、绿、青、蓝、洋红）绘制几个色块，如图 3-4-31 所示。然后执行“图像”/“调整”/“黑白”命令，使用默认设置，确定后图像中没有了彩色信息，成了黑白图像，但图像模式并没有变，仍然是 RGB 模式，如图 3-4-32 所示。

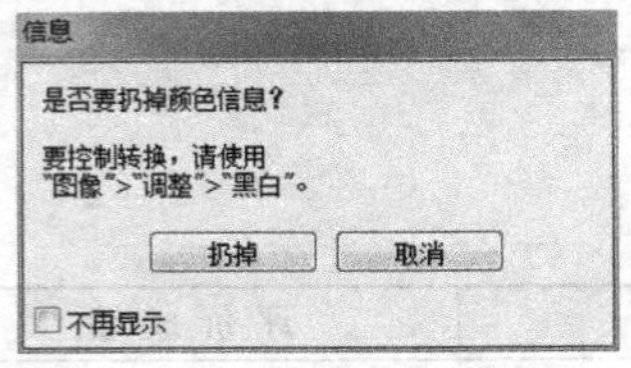

图 3-4-30 “信息”提示框

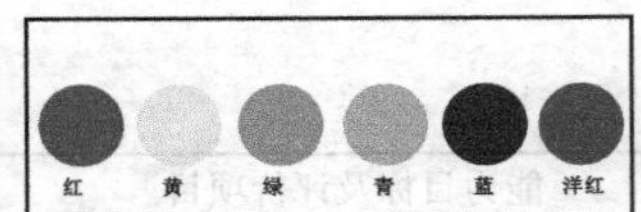

图 3-4-31 绘制色块

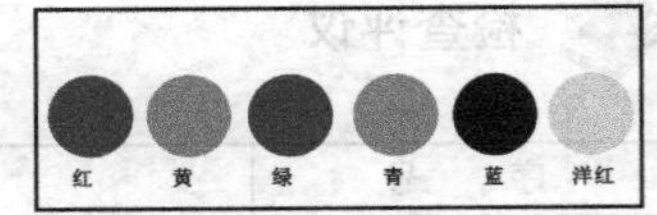

图 3-4-32 使用“黑白”命令的效果

那么这与其他方法的黑白转换结果有什么不同呢？现在看来好像没什么区别，但是如果仔细观察“黑白”对话框（见图 3-4-33），就会明白其中的奥秘。

在“黑白”对话框中，每一种典型颜色都对应一个滑块，由于每种颜色本身的亮度不同，因此滑块所指示的值也有所不同。比如洋红色的亮度较高，这个滑块的值就高于其他颜色值。如果想把图像中的红色块调暗一些，只要将红色滑块向左移动就可以了；如果想把蓝色块调亮一些，那就向右移动蓝色滑块。以此类推，每一种颜色的亮度都可以自由变化，很灵活也很快捷。

下面打开“素材库”\“单元 3”\“素材图片 27”（见图 3-4-34），首先使用默认值进行黑白转换，得到如图 3-4-35 所示的效果。

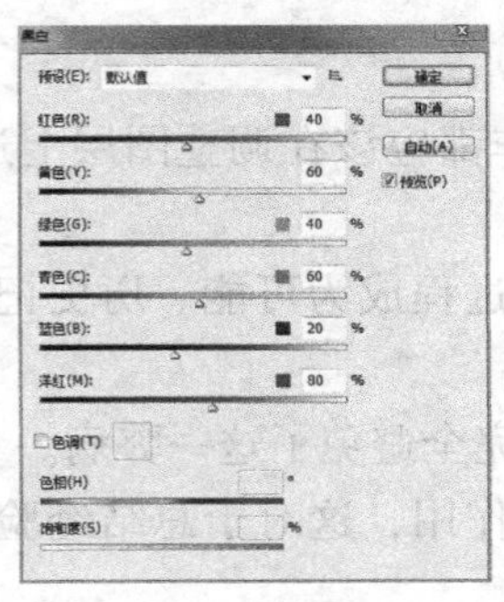

图 3-4-33 “黑白”对话框

图 3-4-34 素材图片 27

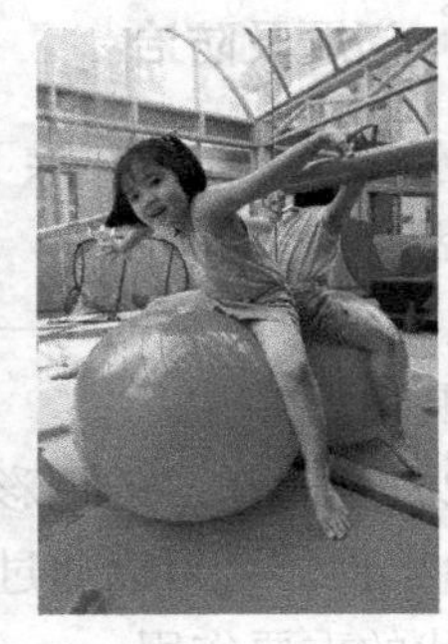

图 3-4-35 黑白转换效果

接下来在“黑白”对话框中调整各颜色滑块的值，做两次，便得到了两幅风格迥异的黑白照片，参数设置和效果如图3-4-36和图3-4-37所示。

“黑白”命令的功能还不只这些。如果想让整张图像侧重于某一种颜色，比如怀旧风格或者蓝调风格，可以勾选“黑白”对话框下方的“色调”复选框，拖动“色相”和“饱和度”滑块，即可得到满意效果，如图3-4-38和图3-4-39所示。

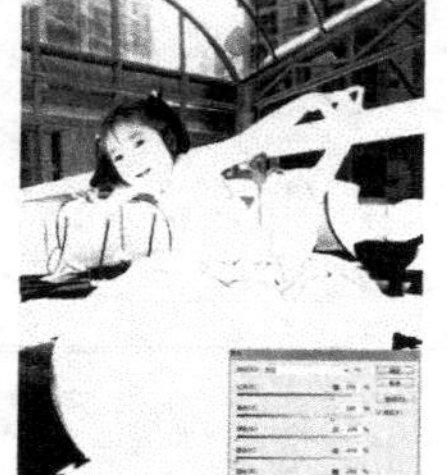

图3-4-36 黑白照片（一）

图3-4-37 黑白照片（二）

图3-4-38 怀旧风格

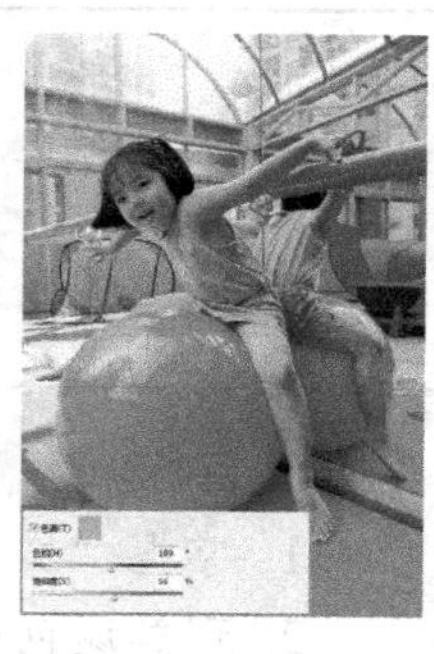

图3-4-39 蓝调风格

考证要点

1. 在不改变图像色彩模式的情况下，要将彩色或灰度图像变成高对比度的黑白图像，可以使用下列（　　）命令。

A. “色相/饱和度”　B. “位图”　C. “阈值”　D. “去色”

2. 一张RGB颜色模式的图像，在使用“图像”/“调整”/“去色”命令后，其视觉效果与哪种颜色模式的图像相同（　　）？

A. CMYK　B. Lab　C. 双色调　D. 灰度

3. 在Photoshop中，下列哪种功能不能调整图像亮度（　　）？

A. 色调分离　B. 曲线　C. 亮度/对比度　D. 色阶

4. 打开如图3-4-40所示的“素材库”\“单元3”\“素材图片28”，应用“黑白”命令制作如图3-4-41、图3-4-42所示的特殊效果。

图3-4-40 素材图片28

图3-4-41 效果（一）

图3-4-42 效果（二）

5. 挑选一幅照片，练习“去色”、“阈值”、“色调分离”、“反相”等特殊调整命令。

单元4 文字的应用

4

任务1 设计制作火焰字

知识目标：

1. 掌握“文字”工具的基础知识。
2. 理解颜色表的概念。

技能目标：

1. 熟练掌握文字的基本输入方法。
2. 掌握色彩模式的转换方法。
3. 熟练掌握“滤镜”菜单中的“风”“高斯模糊”和“波浪”命令的用法，能够制作出火焰字的效果。

任务描述

在用 Photoshop CS5 制作图像时，文字是装饰画面不可缺少的元素，恰当的文字甚至可以起到画龙点睛的效果。在广告图片中，经常可以看到伴随着熊熊烈火的文字。这样的文字很容易被欣赏者熟记在心，适用于名称、标语、广告语等短小的文字内容。这就是 Photoshop 中常用的一种文字特效——火焰效果。它要求我们能熟练应用“文字”工具及“滤镜”中的“风格化”和“扭曲”命令。本次任务就是制作火焰字，完成效果如图 4-1-1 所示。

图 4-1-1 火焰字完成效果

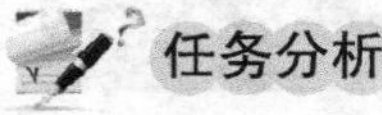

任务分析

完成本任务需要掌握“文字”工具和“滤镜”菜单中“风”“高斯模糊”“波浪”命令的应用方法。其中，应用“文字”工具输入文字，应用“风”“高斯模糊”“波浪”命令制作火焰燃烧的效果。

操作步骤：输入文字→制作风效果→制作火焰效果。

相关知识

索引图像中最重要的概念就是颜色表，利用“颜色表”命令可以为索引图像更改一种或几种颜色，或将一种颜色设为透明，从而产生一种特殊的效果。要改变索引颜色模式图像的颜色，可以通过“图像”/“模式”命令中的“颜色表”命令实现。“颜色表”对话框如图4-1-2所示。

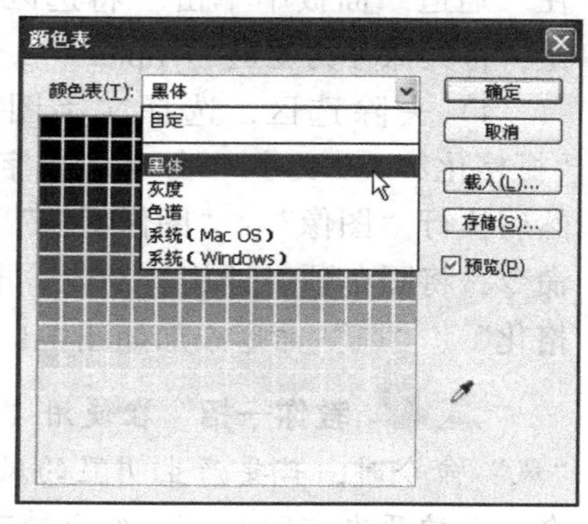

图4-1-2　“颜色表”对话框

（1）自定　显示索引颜色图像中的颜色，用于创建编辑的颜色表。

（2）黑体　这张颜色表表现了一块黑铁逐渐被加热到高温时候的颜色渐变，从黑色依次到红色、橙色、黄色最后到白色。

（3）灰度　显示基于灰度图像的256种灰度级别，从黑色到白色。

（4）色谱　显示色谱色，从紫色、蓝色、绿色到黄色、橙色、红色。

（5）系统（Mac OS）　显示标准的Mac OS256色。

（6）系统（Windows）　显示Windows系统下的标准256色。

任务实施

1）将背景色设置为黑色，执行“文件”/“新建”命令，打开“新建”对话框，进行如图4-1-3所示的设置，完成后单击“确定”按钮。

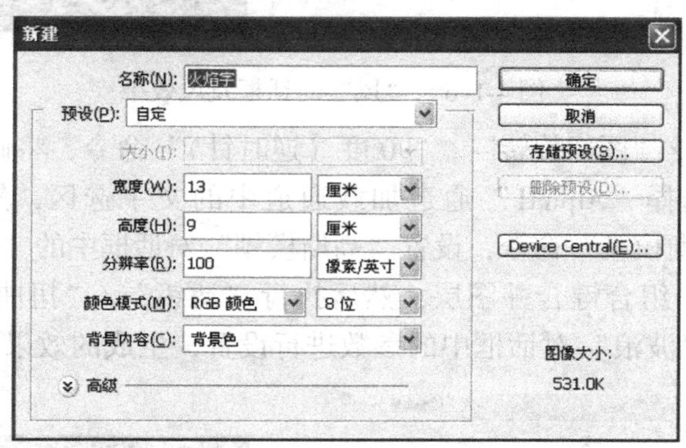

图4-1-3　“新建”对话框

2）单击“横排文字” T 工具，设置字体、字号（见图4-1-4），然后在新建的黑色背景文件中输入白色的文字“火焰字”。

图4-1-4　“文字”工具属性栏

3）按“Ctrl”键并单击文字图层给文字添加选区，在“通道”面板中单击“将选区存储为通道”按钮，将其保存为通道“Alpha 1”，如图4-1-5所示。

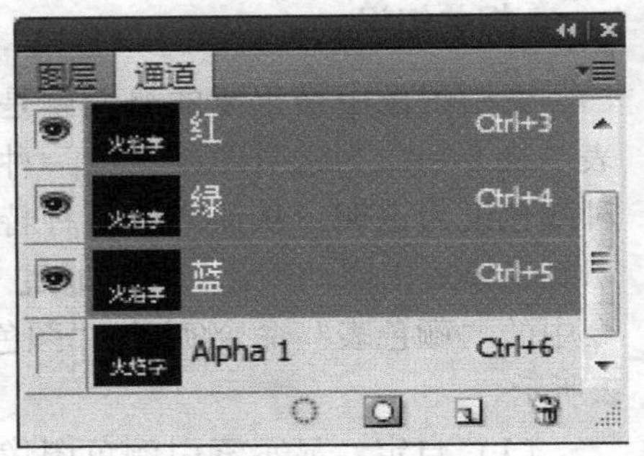

图4-1-5 “通道”面板

4）去除选区，选择文字图层，执行“图层”/“栅格化”/“文字”命令将文字图层转换为普通层，然后执行“图像”/“图像旋转”/“90度（顺时针）”命令，将画布顺时针旋转90°，再执行“滤镜”/“风格化”/“风”命令添加如图4-1-6所示的风效果。

教你一招 在使用“滤镜”/“风格化”/“风”命令时，若要产生明显的风效果，可先执行该命令，再按两次“Ctrl+F”组合键可产生较强的风效果。

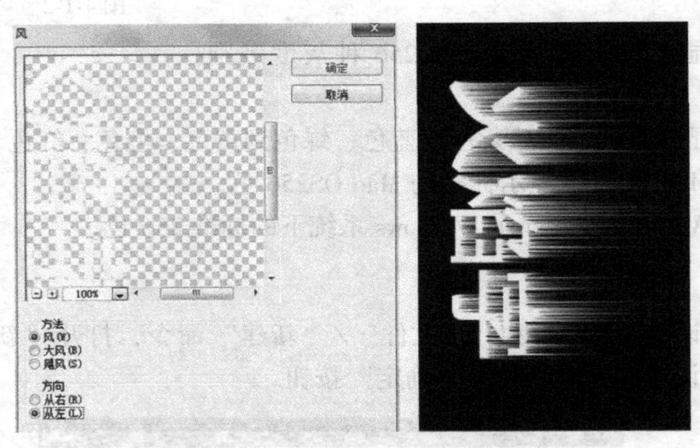

图4-1-6 “风”对话框及风效果

5）执行“图像”/“图像旋转”/“90度（逆时针）”命令，将画面旋转回原来的形态，按“Ctrl”键的同时选择“Alpha1”通道加载通道中的文字选区，然后反选，再执行“滤镜”/“模糊”/“高斯模糊”命令，设置“高斯模糊”对话框中的“半径”值为“2”。

6）按“Ctrl+E”组合键合并图层，然后执行“滤镜”/“扭曲”/“波浪”命令，并按照图4-1-7所示对“波浪”对话框中的参数进行设置，生成的效果如图4-1-8所示。

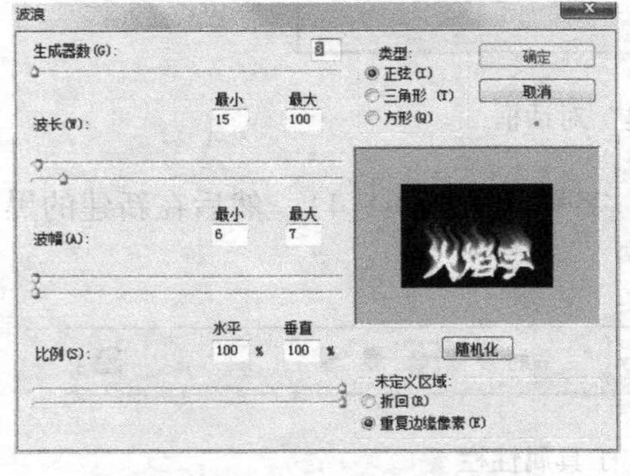

图4-1-7 “波浪”对话框

图4-1-8 效果图

提示 在“波浪”对话框中将参数设置完后单击“随机化”按钮观察预览窗的图像，效果满意后单击“确认”按钮。

7）取消选区，先执行“图像”/“模式”/“灰度”命令，再执行“图像”/“模式”/“索引颜色”命令，最后执行“图像”/“模式”/“颜色表”命令并将颜色表选项设置为“黑体”，模式转换后的效果如图 4-1-9 所示。

图 4-1-9 模式转换后的效果

8）执行“图像”/“模式”/“RGB 颜色”命令，然后加载通道中的文字选区，新建“图层 1”后填充黑色，完成火焰字的制作，最终效果如图 4-1-1 所示。

想一想 在执行“颜色表”命令之前要先将图像模式转换成灰度模式，再转换成索引颜色模式，为什么？

火焰字效果主要是用到了索引颜色模式里的“颜色表”功能。在将图像模式转为索引模式时，最好先选转为灰度模式再转为索引颜色模式，这样能尽量减少颜色在转换过程中产生的一些颜色偏差。

检查评议

序　号	能力目标及评价项目	评价成绩
1	能正确输入文字	
2	能正确使用“文字”工具	
3	能正确使用“风”命令	
4	能正确使用“波浪”命令	
5	能正确使用“灰度”命令	
6	能正确使用“索引颜色”命令	
7	能正确使用“颜色表”命令	
8	信息收集能力	
9	沟通能力	
10	团队合作能力	
11	综合评价	

问题及防治

1）输入文字后要保存文字选区，以便在最后一步新建“图层 1”并填充颜色时使用。

2）在执行“滤镜”/“风格化”/“风”命令之前应将文字图层转换为普通图层，否则滤镜不能使用。

3）执行“滤镜”/“扭曲”/“波浪”命令的目的是制作出图像抖动的效果，用来模仿火焰燃烧的效果。

4）在执行“滤镜”/“模糊”/“高斯模糊”命令之前要将选区反选，否则只能将文字“火焰字”模糊而燃烧的火焰很清晰，得到的效果不够逼真。

扩展知识

使用“文字”工具的小技巧（一）

1）有些字体可能不支持粗体或者斜体，此时可以对它们使用“字符”浮动面板中的仿粗体或是仿斜体。

> **提示** 也可以通过右键单击输入的文字选择仿粗体和仿斜体。

2）想要对几个文字图层的属性同时进行修改，例如字体、颜色、大小等，只要将想要修改的图层通过按“Shift”键关联到一起，再进行属性修改即可。

?! 注意： 这个特性的应用可以在“选项”浮动面板以及“字符”或“段落”浮动面板中进行操作。

3）处在“输入/编辑”模式下时，使用“视图”菜单中的“显示额外内容”命令能够将文本选定隐藏。

4）处在“输入”模式下时，按下“Ctrl + T”组合键就能够显示或隐藏“字符”和“段落”浮动面板，或者是单击“选项”浮动面板中的“切换字符和段落面板”。

考证要点

1. 索引颜色模式的图像包含（　　）种颜色。

A. 2　　B. 256　　C. ≈65000　　D. 1670 万

2. 下列哪种色彩模式是不依赖于设备的（　　）？

A. RGB　　B. CMYK　　C. Lab　　D. 索引颜色

3. 当图像是（　　）模式时，所有的滤镜都不可以使用。

A. CMYK　　B. 灰度　　C. 多通道　　D. 索引颜色

4. 新建一个黑色背景的文件，输入文字“熊熊烈火”，制作火焰字文字特效。

5. 准备一张深色背景的素材图片，给这张图片配上火焰字文字特效，要求图文并茂。

任务 2　设计制作光芒字

知识目标：

1. 掌握“文字”工具的基础知识。
2. 掌握“极坐标”滤镜的作用及特点。

技能目标：

1. 熟练掌握文字的基本输入方法。
2. 熟练掌握“风”滤镜和“极坐标”滤镜的用法，能够制作出光芒字的效果。

任务描述

看到过文字发出光芒四射的效果吗？这是Photoshop中常用的一种文字特殊效果。它要求我们能熟练应用“文字”工具及“风”和“极坐标”滤镜。本次任务就是制作光芒字，完成效果如图4-2-1所示。

图4-2-1 光芒字完成效果

任务分析

完成本任务需要掌握“文字”工具和“风”“极坐标”滤镜的应用方法。其中，应用“文字”工具输入文字，用“风”“极坐标”滤镜制作光芒四射的效果。

操作步骤：输入文字→“极坐标”滤镜→制作风效果→制作光芒四射的文字效果。

相关知识

（1）“极坐标”滤镜的作用　“极坐标”滤镜可将图像围绕选区的中心进行弯曲变形，该滤镜有下面两种方式：

1）平面坐标到极坐标：以选区中心点为圆心，将选区中的图像制作成圆形，如图4-2-3所示。原图像如图4-2-2所示。

2）极坐标到平面坐标：将圆形图像制作成类似向四角拉伸的效果，如图4-2-4所示。

图4-2-2 原图像

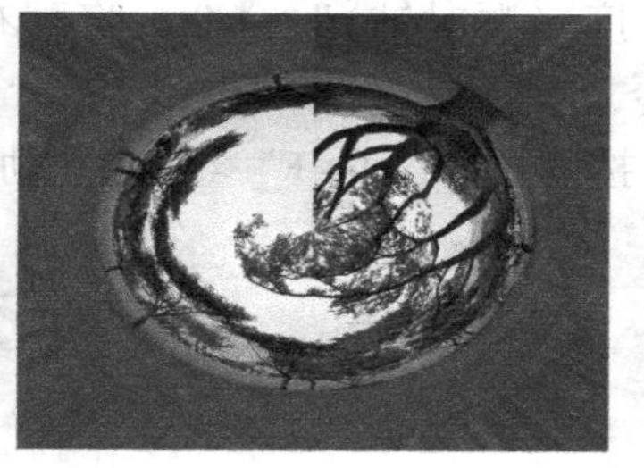

图4-2-3 平面坐标到极坐标效果

图4-2-4 极坐标到平面坐标效果

（2）“极坐标”滤镜的特点

1）平面坐标到极坐标转换用于实现效果，极坐标到平面坐标的转换用于抵消前者的副作用。

2）水平线转换成圆，垂直线转换成放射线，斜线转换成螺旋线。原图像上侧对应圆心，下侧对应圆心外。

任务实施

1）将背景色设置为黑色，执行“文件”/“新建”命令，打开“新建”对话框，进行如图4-2-5所示的设置，完成后单击“确定”按钮。

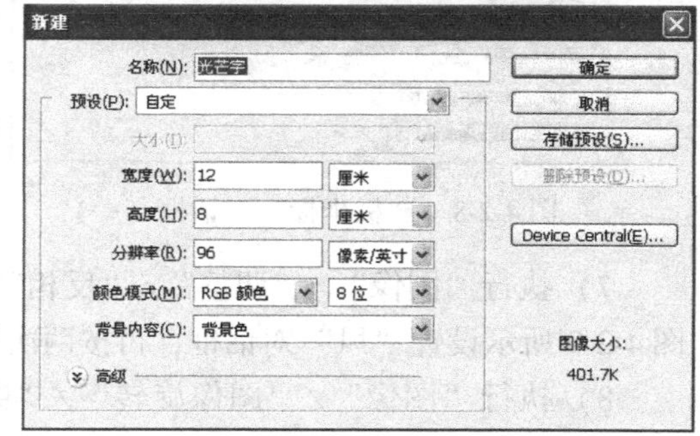

图4-2-5 “新建”对话框

2）单击“横排文字” 工具，按图4-2-6所示设置字体、字号，在新建的黑色背景文件中输入白色的文字“光芒四射”。

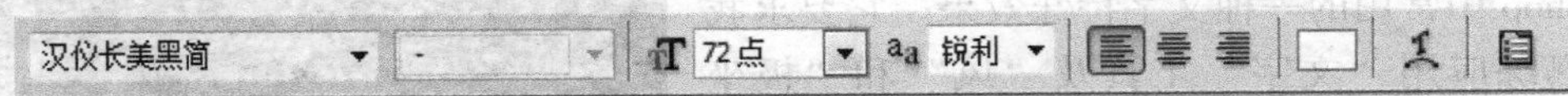

图4-2-6　“文字”工具属性栏

3）按“Ctrl”键并单击文字图层，给文字添加选区，打开“通道”面板单击“将选区存储为通道”按钮，将其保存为通道“Alpha 1”。

4）选择文字图层，按“Ctrl + D”组合键取消选区，执行“图层”/“栅格化”/“文字”命令将文字图层转换为普通图层，按“Ctrl + E”组合键合并图层。

5）复制“背景”图层得到“背景副本”图层，如图4-2-7所示。选择“背景副本”图层为当前图层，执行“滤镜”/“模糊”/“高斯模糊”命令，设置“高斯模糊”对话框中的“半径”值为“3”。

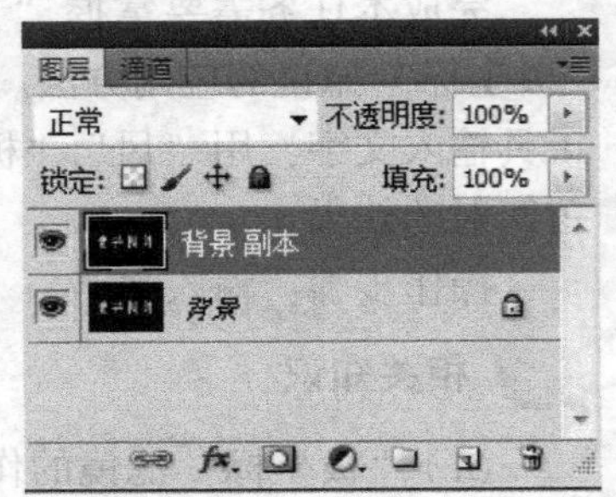

图4-2-7　复制“背景”图层

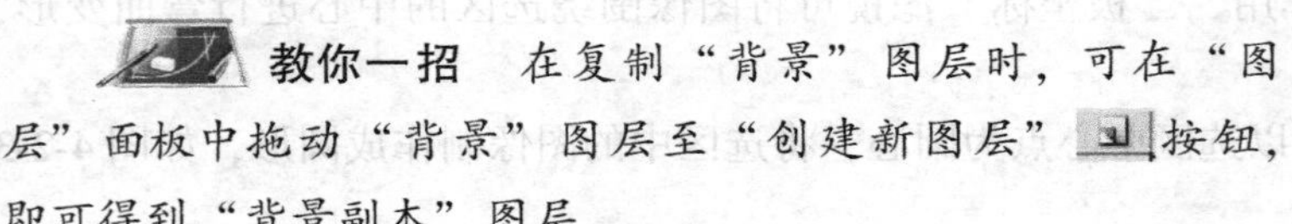

教你一招　在复制“背景”图层时，可在“图层”面板中拖动“背景”图层至“创建新图层” 按钮，即可得到“背景副本”图层。

6）执行“滤镜”/“扭曲”/“极坐标”命令，设置如图4-2-8所示的选项，然后执行“图像”/“图像旋转”/“90度（顺时针）”命令，将画布顺时针旋转90°，再执行“图像”/“调整”/“反相”命令及“滤镜”/“风格化”/“风”命令，设置如图4-2-9所示的选项，单击“确定”按钮，按两次“Ctrl + F”组合键添加如图4-2-10所示的风效果。

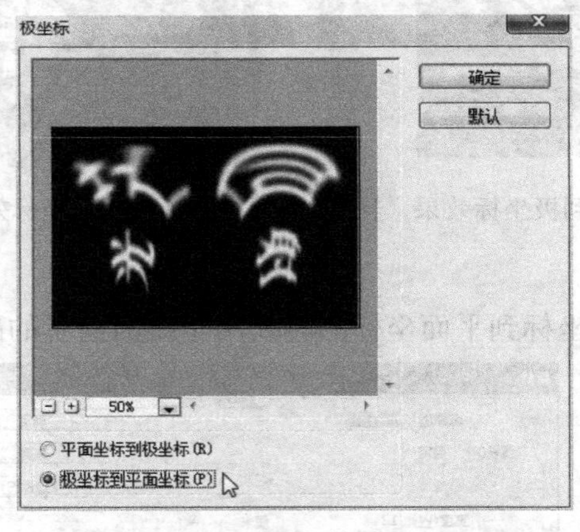

图4-2-8　“极坐标”对话框（一）

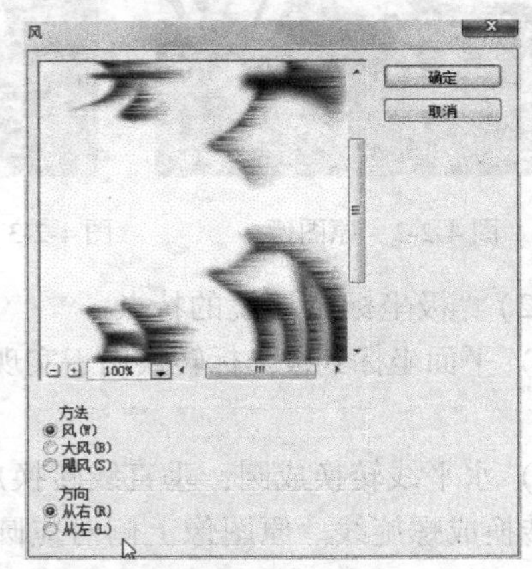

图4-2-9　“风”对话框

7）执行“图像”/“调整”/“反相”命令及“滤镜”/“风格化”/“风”命令，按照图4-2-9所示设置“风”对话框，再按两次“Ctrl + F”组合键添加如图4-2-11所示的风效果。

8）执行“图像”/“图像旋转”/“90度（逆时针）”命令，将画面旋转回原来的形态，再执行“滤镜”/“扭曲”/“极坐标”命令，设置如图4-2-12所示的选项。

图 4-2-10 风效果（一）

图 4-2-11 风效果（二）

9）选择“渐变”工具，打开“渐变编辑器”对话框，具体设置如图 4-2-13 所示。“渐变”工具属性栏的设置如图 4-2-14 所示。

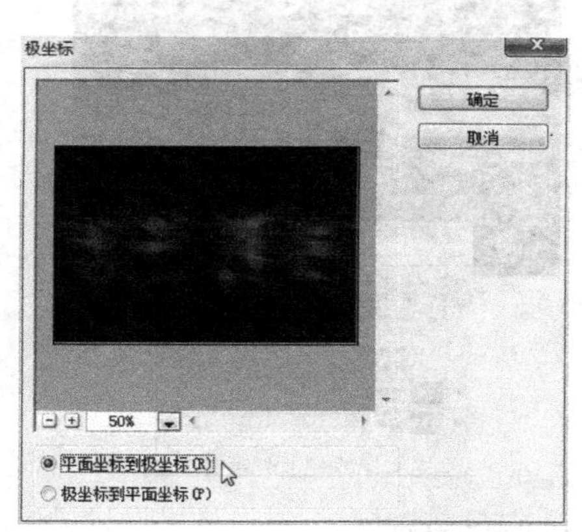

图 4-2-12 “极坐标”对话框（二）

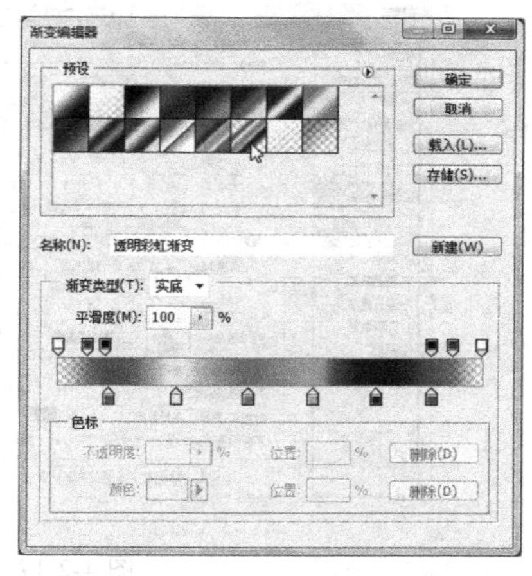

图 4-2-13 “渐变编辑器”对话框

图 4-2-14 “渐变”工具属性栏的设置

在“渐变”工具属性栏中可选择“线性渐变”或“径向渐变”，在“背景副本”图层从左至右拖动鼠标，得到彩虹渐变效果。

10）将“背景副本”图层置为当前图层，添加如图 4-2-15 所示的彩虹渐变效果。按“Ctrl”键的同时选择“Alpha1”通道加载通道中的文字选区，新建“图层 1”后给文字选区添加彩虹渐变效果，将图层 1 的图层混合模式改为“强光”，如图 4-2-16 所示。光芒字的制作效果如图 4-2-1 所示。

图 4-2-15 彩虹渐变效果

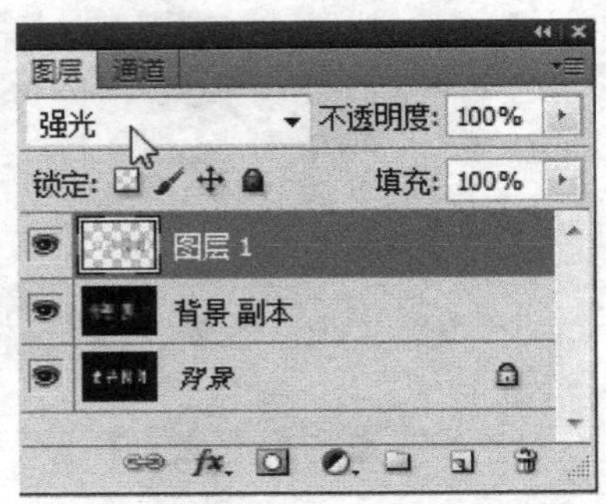

图 4-2-16 设置图层模式

教你一招 若想使光芒四射的效果更具立体感，可在“图层 1”上单击鼠标右键，在菜单中选择“混合选项”，在“图层样式”对话框中设置“内阴影”、“斜面和浮雕”，如图 4-2-17 所示。

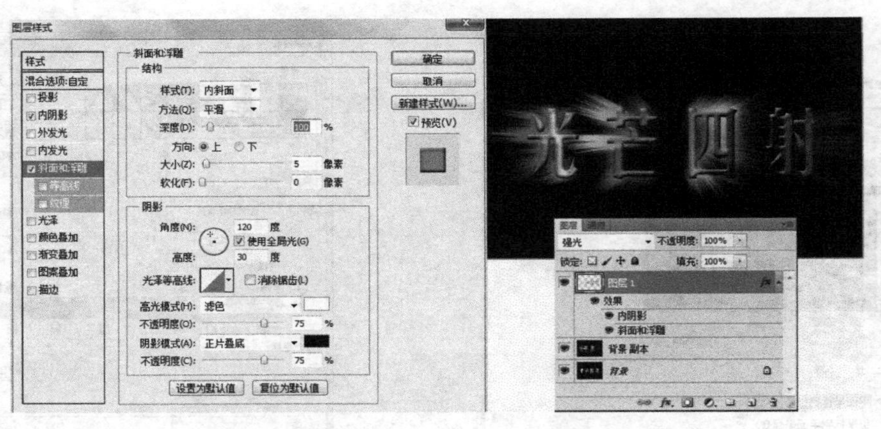

图 4-2-17 “图层 1”的设置及效果

检查评议

序 号	能力目标及评价项目	评 价 成 绩
1	能正确输入文字并设置字体和字号	
2	能正确使用“极坐标”滤镜	
3	能正确使用“反相”命令	
4	能正确使用“风”滤镜	
5	能正确使用“渐变”工具	
6	信息收集能力	
7	沟通能力	
8	团队合作能力	
9	综合评价	

问题及防治

1）输入文字后要将文字选区保存为通道，否则不能在文字上添加渐变效果，得到的光芒字不够清晰。

2）本任务中要用到两次“滤镜”/“风格化”/“风”命令，用来增加光芒的效果。

3）在每次执行“滤镜”/“风格化”/“风”命令之前要把图像反相。

4）给“背景副本”图层添加“彩虹渐变”效果时，应将属性栏中的模式设置为“叠加”，若用“正常”模式，则会给整个图像添加渐变，而不单单针对“光芒四射”几个字。

扩展知识

使用“文字”工具的小技巧（二）

1）要利用标准的“文字”工具创建文字选区，只需要打开“快速蒙版”模式（在“快速蒙版”模式下编辑），接着输入文字，在提交文字之后，就会自动转为文字选区。

2）若要在使用“文字”工具时快速对字体进行改变，只需要选定“文字”工具，在高亮显示字体后使用上下方向键或用鼠标滚轮来对字体进行选择即可。

3）双击“图层”面板中的“缩略图”选项能够将当前图层的所有文本高亮处理。

4）如果要对当前文字图层中所有文本的属性作出更改，并不一定需要选择这些文本，只需要在字符（段落）面板中做出需要的修改，文字图层就会自动应用所做的修改。

5）可以使用数字键盘上的“Enter”键或主键盘上的“Ctrl + Enter”组合键来提交文本的改变，按下“Esc”键则能够取消（撤销）所做的更改。

考证要点

1. 下列改变文本图层颜色的方法，可行的有（　　）。

A. 选中文本直接修改属性栏中的颜色

B. 对当前文本图层执行“色相/饱和度”命令

C. 在当前文本图层上方添加一个调整图层，进行颜色调整

D. 使用图层样式中的颜色叠加

2. 将文字图层转换成像素图层，下列方法哪些是正确的（　　）？

A. 使用任意图像绘制的工具（如“历史记录艺术画笔”工具）在图层上绘制，会提示将文字是否栅格化，选择“确定”，将文字图层转换为像素图层

B. 使用滤镜时，会提示将文字是否栅格化，选择“确定”，将文字图层转换为像素图层

C. 按住“Alt”键，将文字图层拉到“图层”面板的“创建新图层”按钮上，将文字图层转换为像素图层

D. 新建一个空白图层，与文字图层进行合并，也能起到文字图层转换为像素图层的作用

3. 文字图层中的哪些文字信息可以进行修改和编辑（　　）？

A. 文字颜色

B. 文字内容，如加字或减字

C. 文字大小

D. 将文字图层转换为像素图层后可以改变文字的字体

4. 新建一个黑色背景的文件，输入文字“七彩光芒”，制作光芒四射的特效文字。

5. 准备一张深色背景的素材图片，给这张图片配上光芒字文字特效，要求图文并茂。

任务3　设计制作冰雪字

知识目标：

1. 掌握“文字”工具的基础知识。
2. 理解“曲线”命令的作用。

技能目标：

1. 熟练掌握文字的基本输入方法。
2. 熟练掌握“滤镜”菜单中的“晶格化”和“添加杂色”命令及图像菜单中的“调整曲线”和“色相/饱和度”命令的用法，能够制作出冰雪字的效果。

任务描述

炎炎夏日、酷暑难耐，在此用Photshop制作一幅冰雪字，送给大家一份夏日的清凉。冰雪字是Photshop中常用的一种文字特殊效果，它要求我们能熟练应用“文字”工具及“滤镜”菜单中“风”和“晶格化”等命令还有“调整”/“曲线”命令。本次任务就是制作冰雪字，完成效果如图4-3-1所示。

图4-3-1　冰雪字完成效果

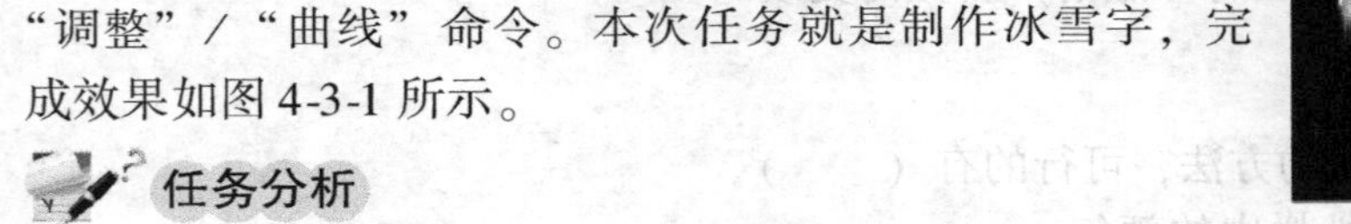

任务分析

完成本任务需要掌握“文字”工具。“风”“晶格化”“添加杂色”滤镜以及“曲线”命令的使用方法。其中，应用“文字”工具输入文字，应用“风”“添加杂色”“晶格化”滤镜和“曲线命令”制作冰雪凝结的效果。

操作步骤：输入文字→制作冰雪凝结的效果→调整冰雪字的颜色。

相关知识

“调整”/“曲线”命令：该命令的主要作用是用来调整图像的色调范围，包括调整各个单独的颜色通道和综合的RGB通道。所谓色调指的就是图像的高光、阴影、中间调。“色阶”命令也具有这个作用，不同的是“色阶”命令只能调整亮部、暗部和中间灰部，而“曲线”命令可以调整图像整个色调范围内的任何一点。执行“图像”/“调整”/“曲线”命令可弹出“曲线”对话框，如图4-3-2所示。其中，横轴表示图像原来的亮度值，纵轴表示新的亮度值。在曲线上单击可添加控制点。控制点越靠上，图像高光越强；越靠下，图像越暗。在“曲线”面板中线段的两个端点分别表示图像的高光区域和暗调区域，线段的其余部分统称为中间调。单独改变暗调点和高光点可以使暗调或高光部分加亮或减暗，而改变中间调可以使图像整体加亮或减暗。但要注意，不是曲线上的控制点控制图像，而是曲线的形态控制着图像。图4-3-3即为调整曲线前后的图像对比。

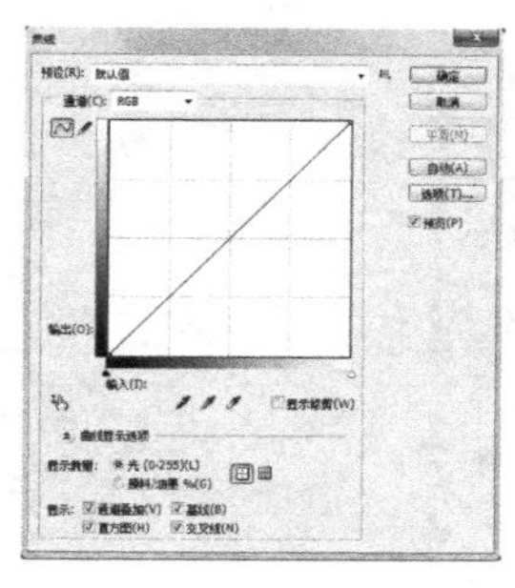

图 4-3-2 “曲线”对话框

a）调整曲线前　　b）调整曲线后

图 4-3-3 调整曲线前后的图像对比

“曲线”命令使用小技巧：

1）在使用“图像”/“调整”/“曲线”命令调整图像时，有时会调整得有些过头，若用“还原”命令又会前功尽弃，这时可使用“消退”命令（快捷键为“Ctrl + Shift + F”组合键）来减淡曲线效果。注意：一定要在刚用完“曲线”命令之后，而没用其他命令前使用“消退”命令，否则将会是下一个命令的消退。

2）如对曲线效果不满意，和其他命令一样，都可以用“Ctrl + Z”组合键来消除。“曲线”命令的快捷键是“Ctrl + M”，如果按住“Alt + Ctrl + M”组合键，将会以最后一次设置的曲线打开对话框，这样就可以继续调节了。它不像减淡效果，而是一次全新的调整。它也不像“消退”命令，只能紧跟着上一步命令，只要程序工作，就可以记住最后一次曲线的位置。

提示 如果有6张图片需做相同的曲线处理，那么只需做一次曲线调整，再按快捷键，剩下的5张就能做一样的调整了。此外，“色阶”“饱和度”“色彩平衡”命令也可实现此功能。

任务实施

1）将背景色设置为白色，执行“文件”/“新建”命令，打开“新建”对话框，进行如图4-3-4所示的设置，完成后单击“确定”按扭。

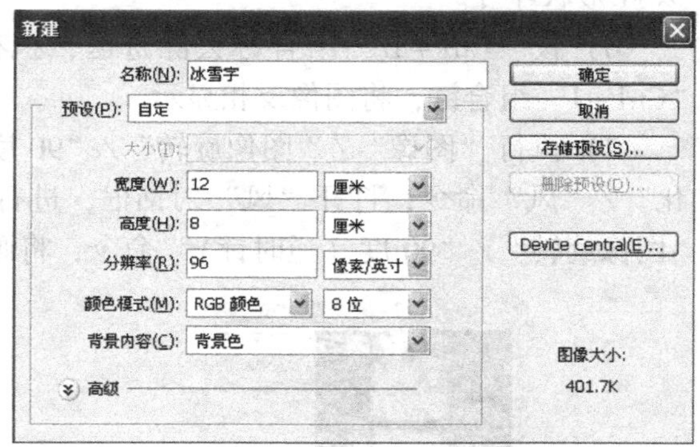

图 4-3-4 “新建”对话框

2）单击“横排文字” T 工具，将字体设置为“方正胖娃简体”，字号为“72”，在新建的白色背景文件中输入黑色的文字“冰雪世界”。

3）按“Ctrl”键并单击文字图层给文字添加选区，按“Ctrl + E”组合键合并图层。

4）按“Ctrl + Shift + I”组合键反选，执行“滤镜”/“像素化”/“晶格化”命令，将单元格的大小设为“8”，如图4-3-5所示。

5）按“Ctrl + Shift + I”组合键再次进行反选，执行“滤镜”/“杂色”/“添加杂色”命令，打开“添加杂色”对话框，如图4-3-6所示。再执行“滤镜”/“模糊”/“高斯模

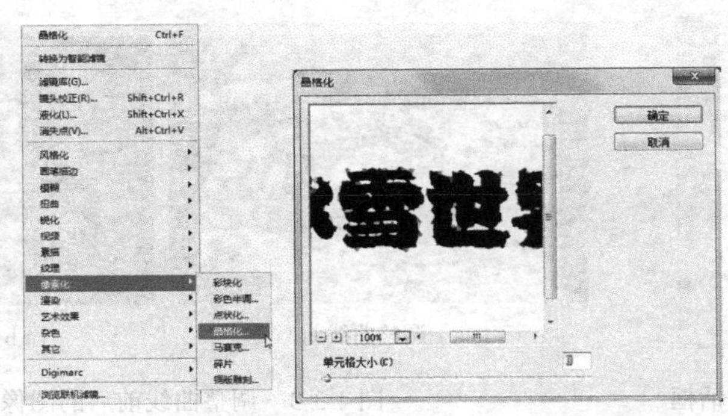

图 4-3-5　“晶格化”命令及“晶格化”对话框

糊”命令，将半径值设为“2”。然后执行“图像”/“调整”/“曲线”命令，打开“曲线”对话框，调整后的曲线形状如图 4-3-7 所示。

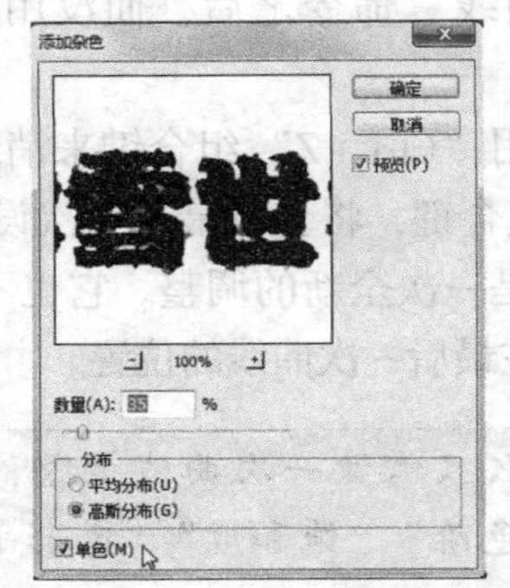

图 4-3-6　“添加杂色”对话框

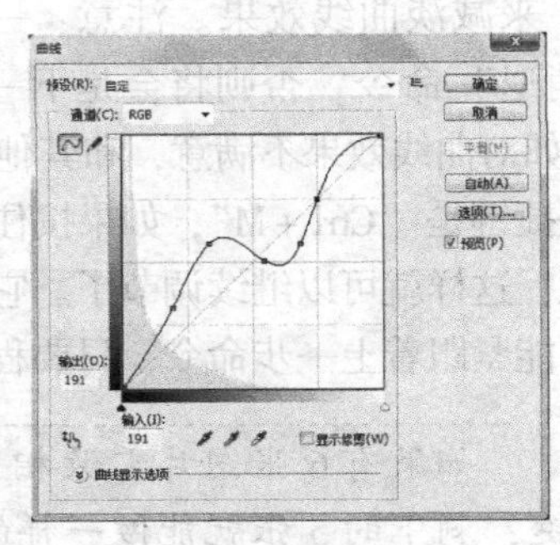

图 4-3-7　“曲线”对话框

教你一招　在“曲线”对话框中，设置“通道”为“RGB”，将曲线调整为近似 M 形状即可。

6）按“Ctrl + D”组合键去除选区，执行“图像”/“调整”/“反相”命令，或按“Ctrl + I”组合键，将图像反相显示。

7）执行“图像”/“图像旋转”/“90 度（顺时针）”命令，再执行“滤镜”/“风格化”/“风”命令，打开“风”对话框，进行如图 4-3-8 所示的设置。然后执行“图像”/“图像旋转”/“90 度（逆时针）”命令，将画布旋转回原来的状态，效果如图 4-3-9 所示。

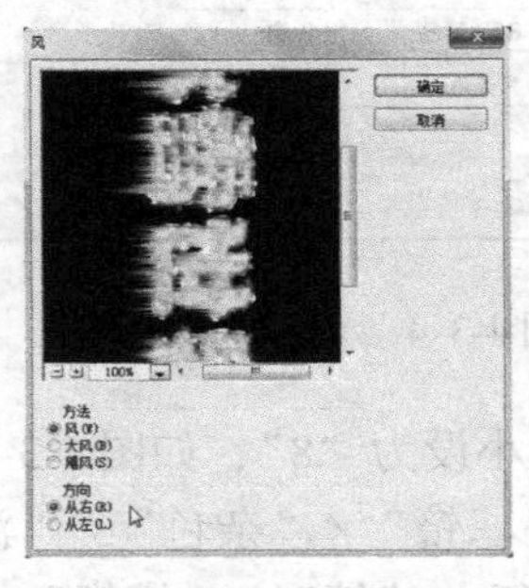

图 4-3-8　“风”对话框

图 4-3-9　风效果

8）执行“图像”/“调整”/“色相/饱和度”命令，弹出“色相/饱和度”对话框，进行如图4-3-10所示的设置，完成后的效果如图4-3-1所示。

在“色相/饱和度”对话框中先勾选“着色”复选框，再分别调整“色相”及“饱和度”值，并注意观察“冰雪世界”四个字的颜色变化。

想一想 若要使冰雪字效果更具立体感，应如何操作？

① 执行“色相/饱和度”命令后，再执行“选择”/“色彩范围”命令，弹出“色彩范围”对话框，进行如图4-3-11所示的参数设置。

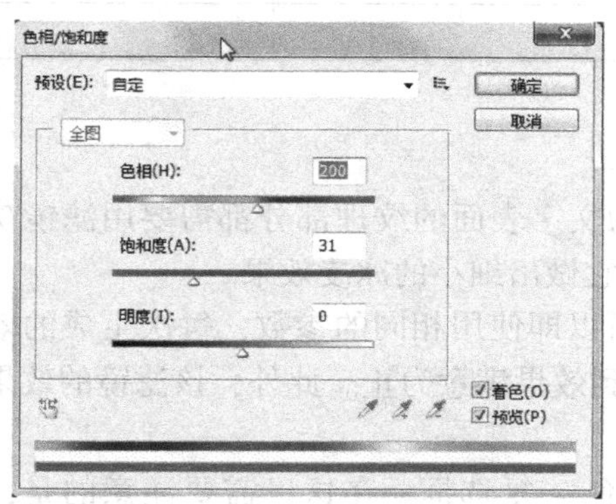

图4-3-10 “色相/饱和度”对话框

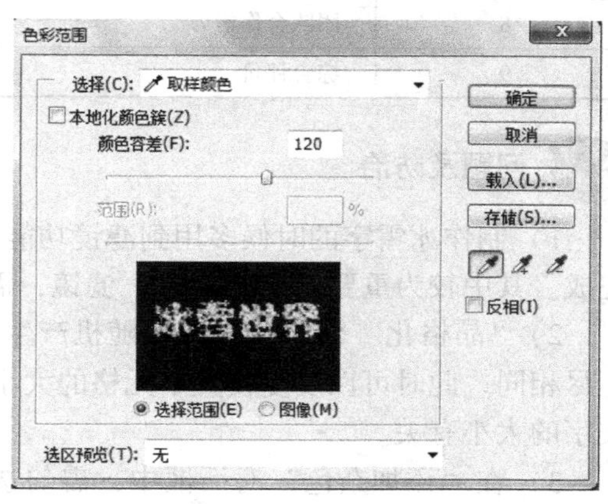

图4-3-11 “色彩范围”对话框

② 按“Ctrl + Shift + I”组合键反选，执行“滤镜”/“艺术效果”/“塑料包装”命令，弹出“塑料包装”对话框，将“高光强度”“细节”“平滑度”参数分别设置为“13”“13”“5”，如图4-3-12所示。塑料包装效果如图4-3-13所示。

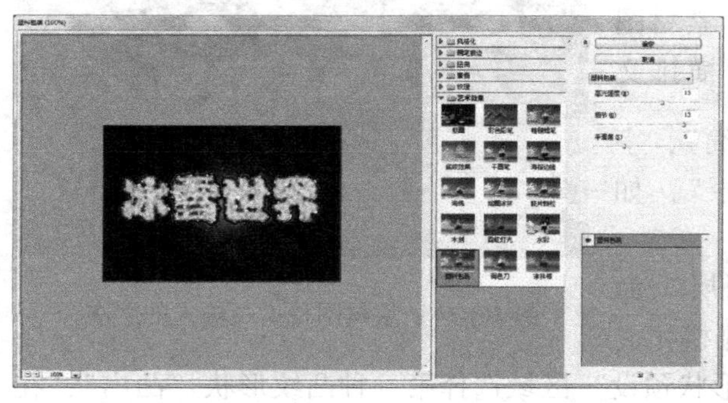

图4-3-12 “塑料包装”对话框

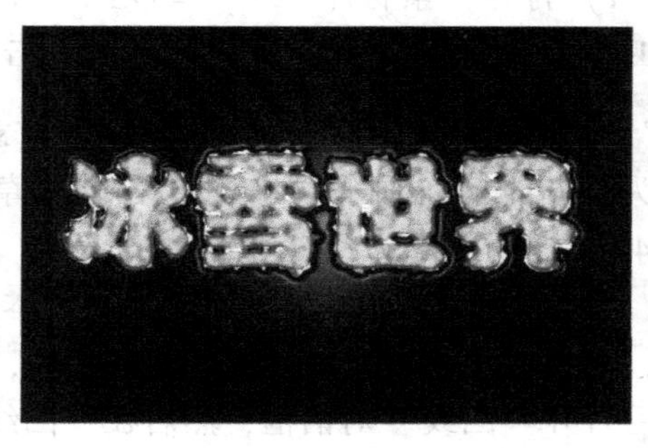

图4-3-13 塑料包装效果

检查评议

序　号	能力目标及评价项目	评价成绩
1	能正确输入文字并设置字体、字号	
2	能正确使用“晶格化”滤镜	
3	能正确使用“添加杂色”滤镜	
4	能正确使用“曲线”命令	
5	能正确使用“色相/饱和度”命令	
6	信息收集能力	
7	沟通能力	
8	团队合作能力	
9	综合评价	

问题及防治

1）制作冰雪字的时候多用到滤镜功能，因为文字表面的纹理部分都需要用滤镜功能来完成。其中较为重要的就是“风”滤镜，需要用它做出细小的冰凌效果。

2）“晶格化”滤镜的效果是随机产生的，所以即使用相同的参数，每次生成的效果也不尽相同。此时可以反复设置单元格的大小，直到效果满意为止。此外，该滤镜的效果还与文字的大小有关。

3）在“添加杂色”对话框中，需勾选“单色”复选框。在这里需要注意的是，如果“单色”复选框没有被勾选，冰雪字就会变成彩色的“脏雪”。

扩展知识

平时看到的一些立体感、质感很强的3D文字，在PhotoshopCS5中可以轻松地实现。PhotoshopCS5在菜单栏中新增了“3D”菜单，同时还配备了“3D”调板，用户可以使用材质进行贴图，制作出质感逼真的3D特效文字。

1）打开“素材库”\“单元4”\“素材图片1”文件，将前景色设为黑色，单击“横排文字”T工具，将字体设置为“汉仪方隶简”，字号为“60”，在画面中输入文字“草原”，如图4-3-14所示。

图4-3-14　素材图片1及输入的文字

2）执行“3D”/“凸纹”/“文本图层”命令，在弹出的对话框中单击“是”按钮，栅格化文本后打开“凸纹”对话框，然后在“凸纹形状预设”区域选择第一种凸纹形状“凸出”，在“材质”区域的“前部”材质中选择“橘皮”，在“侧面”材质中选择“红木”，如图4-3-15所示。

3）在工具栏中选择“3D变换”工具（见图4-3-16），对生成的3D文字进行移动变换

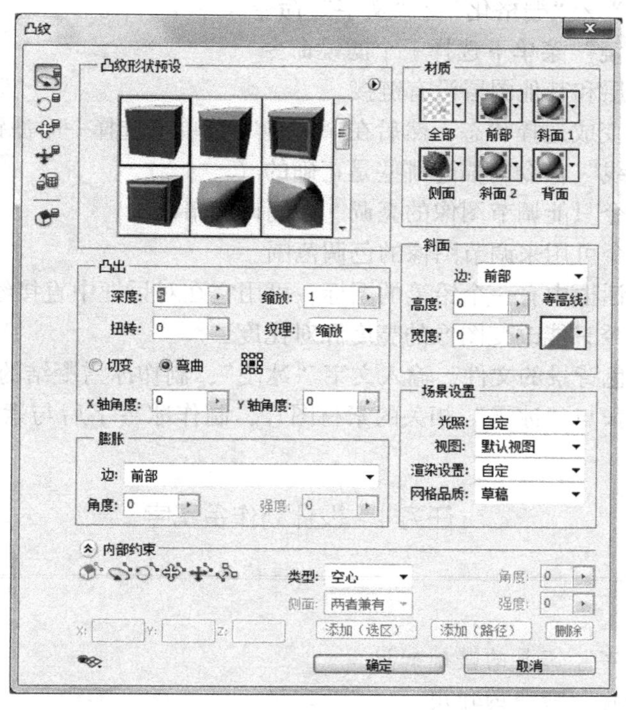

图 4-3-15 “凸纹”对话框

以及旋转，直到满意为止。

4）单击“确定”按钮，完成3D特效文字的制作，效果如图4-3-17所示。

5）按“Ctrl + Shift + S”组合键，将文件命名为“3D文字. psd”后保存。

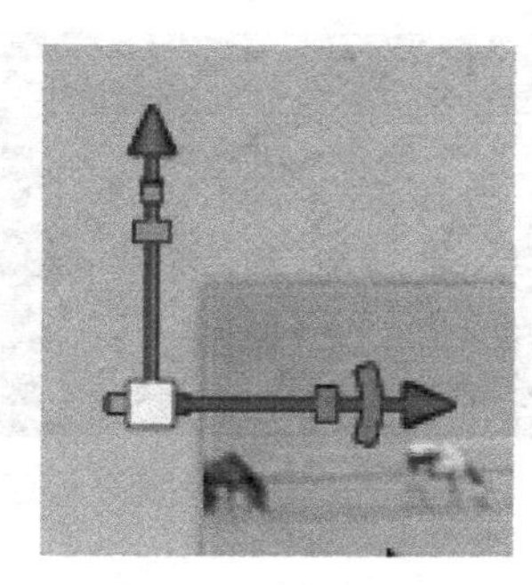

图 4-3-16 “3D变换”工具

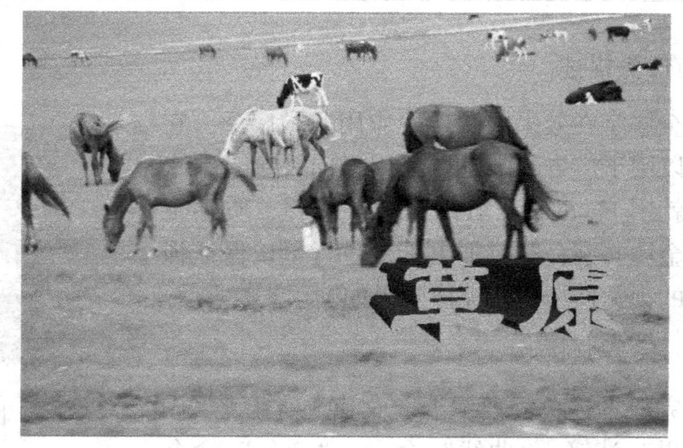

图 4-3-17 3D文字效果

考证要点

1. 下面哪个色彩调整命令可提供最精确的调整（　　）？

A. 色阶　　B. 亮度/对比度　　C. 曲线　　D. 色彩平衡

2. 当要对文字图层执行滤镜效果时，首先应当做什么（　　）？

A. 执行“图层”/“栅格化”/“文字”命令
B. 直接在“滤镜”菜单下选择一个滤镜命令
C. 确认文字图层和其他图层没有链接
D. 使这些文字变成选择状态，然后在“滤镜”菜单下选择一个滤镜命令
3. 下面对“曲线”命令的描述哪些是正确的（　）？
A. “曲线”命令只能调节图像的亮调、中间调和暗调
B. “曲线”命令可用来调节图像的色调范围
C. “曲线”对话框中有一个铅笔的图标，可用它在对话框中直接绘制曲线
D. “曲线”命令只能改变图像的亮度和对比度
4. 新建一个黑色背景的文件，输入文字“冰凌”，制作冰雪凝结的特效文字。
5. 自己准备一张与“冰雪”相关的素材图片，制作冰雪字后与素材合成，完成图像的制作。

任务4　设计制作金属字

知识目标：

1. 掌握“文字”工具的基础知识。
2. 理解“变化”命令的作用。

技能目标：

1. 熟练掌握文字的基本输入方法。
2. 熟练掌握“滤镜”菜单中的“光照效果”命令及“图像”菜单中的“调整曲线”和“变化”命令，能够制作出金属字的效果。

任务描述

金属字在效果图制作中应用非常广泛，它既可以用于广告牌，也可以用于门头字。本次任务就用Photoshop来打造个性鲜明、质感很强的金属文字，同时加上渐变色背景以保证强有力的视觉冲击力，完成效果如图4-4-1所示。

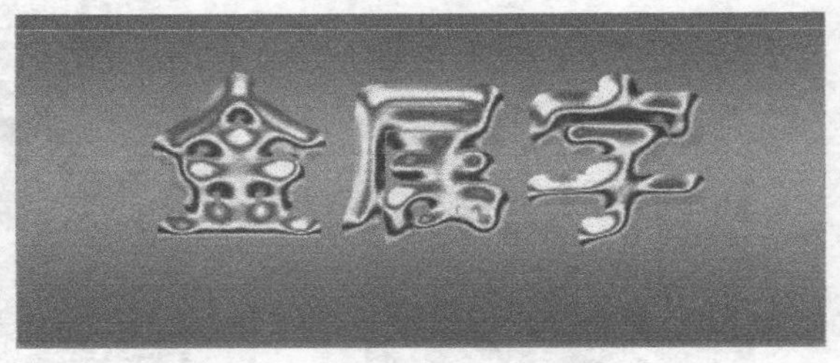

图4-4-1　金属字完成效果

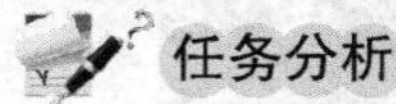

任务分析

完成本任务需要掌握“文字”工具、“光照效果”滤镜、“曲线”命令、“变化”命令的应用方法。其中，应用“文字”工具输入文字，用“光照效果”滤镜和“曲线”命令制作金属质感，用“变化”命令调整金属字的颜色。

操作步骤：输入文字→制作金属质感的效果→调整金属字的颜色。

相关知识

“变化”命令可以让用户很直观地调整图像或选区的色彩平衡、对比度和饱和度，这个

命令对色调平均且不需要精确调整的图像是非常适用的；不过，该命令不能用于“索引颜色”图像。执行“图像”／“调整”／“变化”命令，打开“变化”对话框（见图4-4-2），该对话框中显示在各种情况下待处理图像的缩略图，使用户可以一边调节，一边观察比较图像的变化。

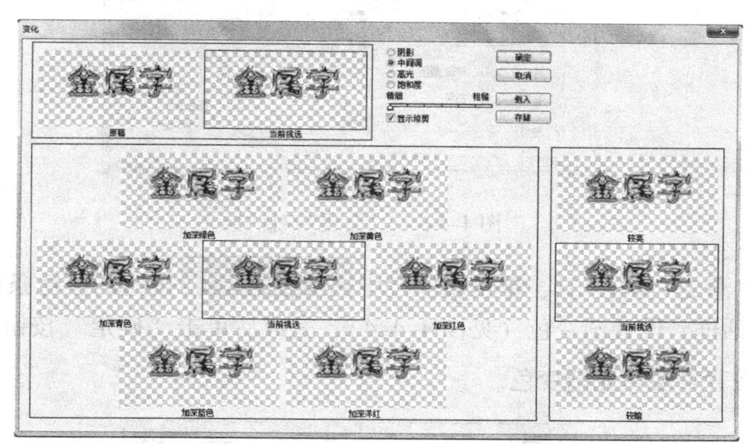

图4-4-2 “变化”对话框

“变化”对话框中各选项的意义如下：

（1）“当前挑选”缩略图　对话框左上方的两个缩略图代表原图像和调整后的图像状态，单击“原稿”缩略图可以将图像恢复至调整前的状态。

（2）“阴影”“中间调”“高光”单选按钮　选择对应的单选按钮，可以分别调整图像的暗调、中间色调、高光区域的色相和亮度。将三角形滑块拖向“精细”表示调整的程度较小，拖向“粗糙”表示调整的程度较大。

（3）“饱和度”单选按钮　选择该单选按钮后，在对话框左下方显示3个缩略图，单击其中的“减少饱和度”或“增加饱和度”缩略图，可以使图像降低或提高饱和度。

（4）“较亮”“当前挑选”“较暗”缩略图　只有在选择“阴影”“中间调”或“高光”3个单选按钮之一时，该区域才会被激活，分别单击“较亮”“较暗”两个缩略图，可以增亮、加暗图像。

（5）调整色相　对话框中间有7个缩略图，其中的“当前挑选”缩略图和对话框左上方的“当前挑选”缩略图的作用是一样的。另外6个缩略图可以分别用来改变图像的RGB和CMYK 6种颜色，单击其中任一缩略图，都可以增加与该缩略图对应的颜色。若要减去颜色，则单击其相反颜色的缩略图。例如，若要减去青色，则单击“加深红色”缩略图。单击缩略图产生的效果是累积的。

（6）“显示修剪”复选框　勾选此复选框，可以显示图像中的超色域部分，即溢色区域；取消勾选此复选框，程序对溢色区域不做出反应，相当于“色域警告”命令。

任务实施

1）执行“文件”／“新建”命令，打开“新建”对话框，进行如图4-4-3所示的设置，完成后单击“确定”按钮。

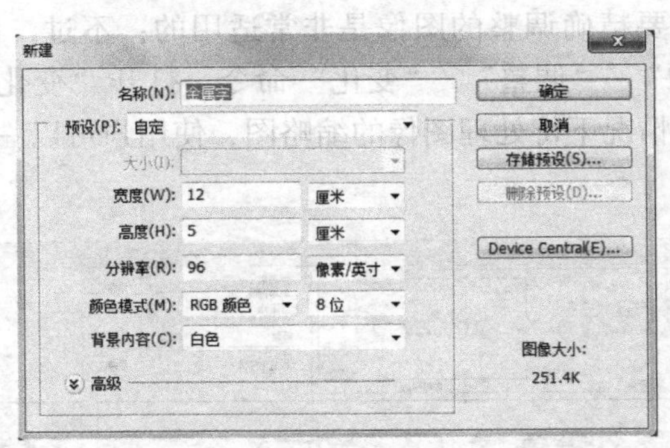

图 4-4-3 “新建”对话框

2）选择“渐变”工具，单击属性栏中按钮的颜色条部分，弹出“渐变编辑器”对话框，设置渐变色（见图 4-4-4），完成后单击“确定”按钮。激活属性栏中的按钮，在背景层填充渐变色。

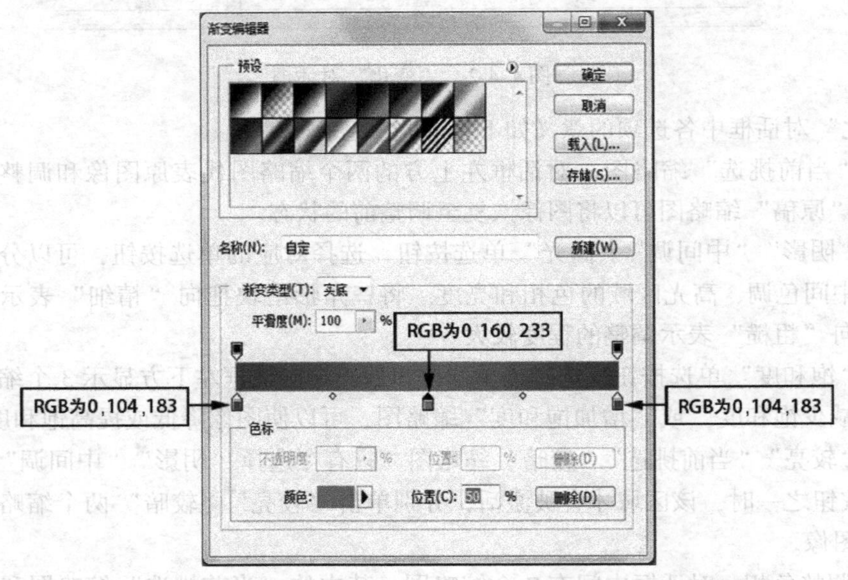

图 4-4-4 “渐变编辑器”对话框

3）将前景色设置为灰色（RGB 为 130，130，130），单击工具，将字体设置为“汉仪超粗圆简”，字号为“80”，在新建的文件中输入文字“金属字”。

4）按“Ctrl”键并单击文字图层给文字添加选区，打开“通道”面板，单击按钮将选区存储为通道“Alpha1”。选择 Alpha1 通道，按“Ctrl + D”组合键去除选区后，执行“滤镜”/“模糊”/“高斯模糊”命令，将半径值设为“5”，完成后单击“确定”按钮。

5）打开“图层”面板，选择文字图层，执行“图层”/“栅格化”/“文字”命令，再执行“滤镜”/“渲染”/“光照效果”命令，参数设置如图 4-4-5 所示。

提示 在“光照效果”对话框中，将“样式”设置为“默认值”，将“光照类型”设置为“点光”，将“纹理通道”设置为“Alpha1”，单击“确定”按钮即可得到图4-4-6所示的文字效果。

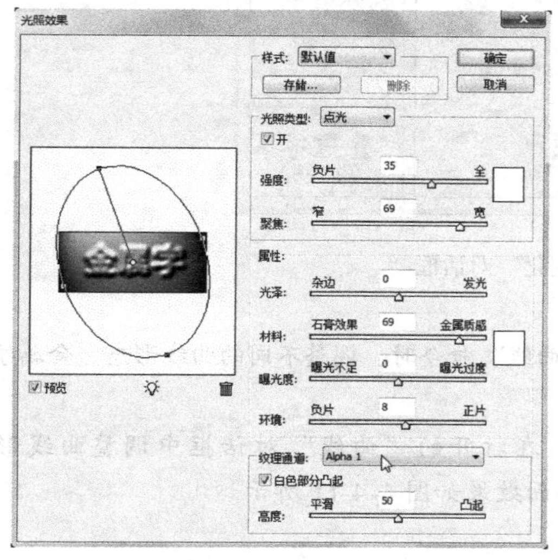

图4-4-5 “光照效果”对话框

图4-4-6 设置光照效果后的文字

6）执行“图像”/“调整”/“曲线”命令，在打开的“曲线”对话框中调整曲线形态（见图4-4-7），完成后单击“确定”按钮，效果如图4-4-8所示。

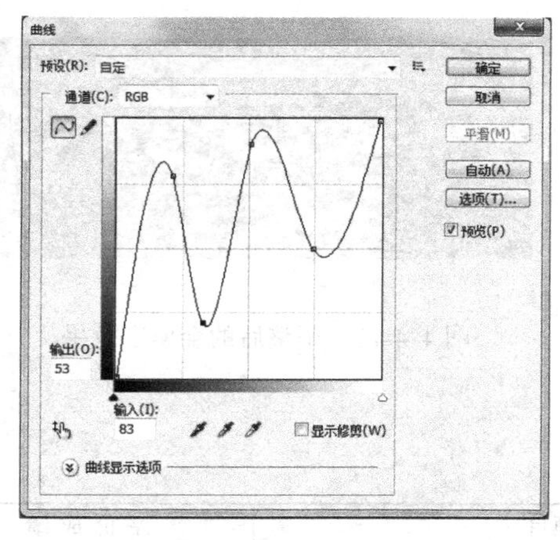

图4-4-7 “曲线”对话框

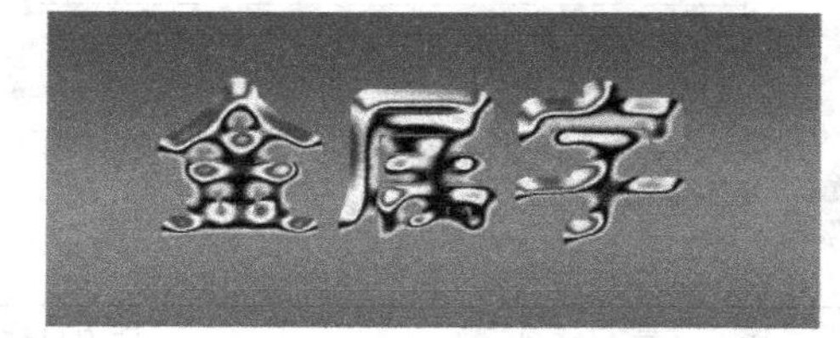

图4-4-8 调整曲线后的效果

教你一招 在“曲线”对话框中，将“通道”设置为“RGB”，将曲线调整为近似M形状即可。

7）执行“图像”/“调整”/“变化”命令，打开“变化”对话框（见图4-4-9），单击两次“加深黄色”缩略图，再分别单击“加深蓝色”“加深红色”缩略图，最终得到金属字效果，如图4-4-1所示。

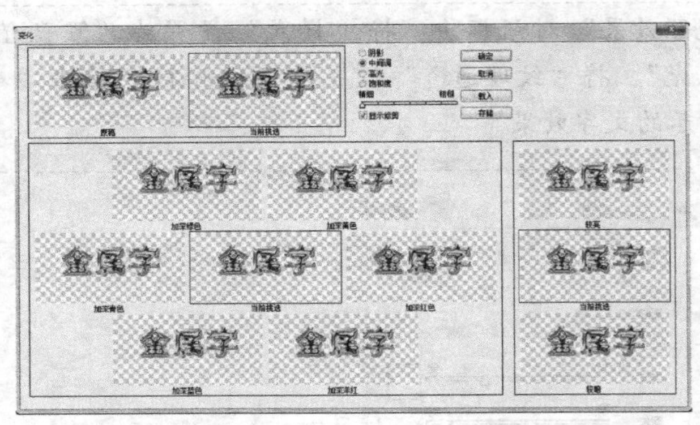

图 4-4-9　“变化”对话框

想一想　执行“图像”/“调整”/“曲线”命令时，调整不同的曲线形态，金属字的效果有何变化？

执行“图像”/“调整”/“曲线”命令，在打开的“曲线”对话框中调整曲线形态（见图 4-4-10），完成后单击“确定”按钮，画面效果如图 4-4-11 所示。

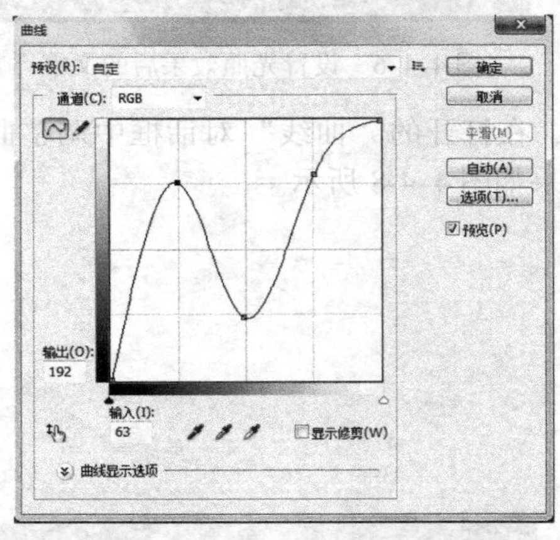

图 4-4-10　调整曲线形态

图 4-4-11　调整后的金属字效果

检查评议

序　号	能力目标及评价项目	评价成绩
1	能正确输入文字并设置字体和字号	
2	能正确使用“光照效果”命令	
3	能正确使用“曲线”命令	
4	能正确使用“变化”命令	
5	信息收集能力	
6	沟通能力	
7	团队合作能力	
8	综合评价	

问题及防治

1）“变化”命令不能用于索引颜色图像、16 位图像及 MacOS 的 64 位版本。

2）在通道中执行“高斯模糊”命令时一定要去除选区。

3）执行“光照效果”命令时，应将“纹理通道”设置为“Alpha1”，否则不显示“金属字”文字。

4）执行“图像”/“调整”/“曲线”命令时，曲线形态不同可得到不同的金属反光效果。

扩展知识

文字图层的特殊效果——变形文字

Photoshop 的“文字变形”命令快捷方便，可以使输入的文字产生弯曲变形的效果。单击“文字”工具属性栏中的 按钮，或执行“图层”/“文字”/“文字变形”命令，打开“变形文字”对话框，在“样式”下拉列表中选择需要的样式，如图 4-4-12 所示。通过调整“弯曲”“水平扭曲”“垂直扭曲”三个滑块，进行文字变形的调整，完成后单击“确定”按钮，效果如图 4-4-13 所示。

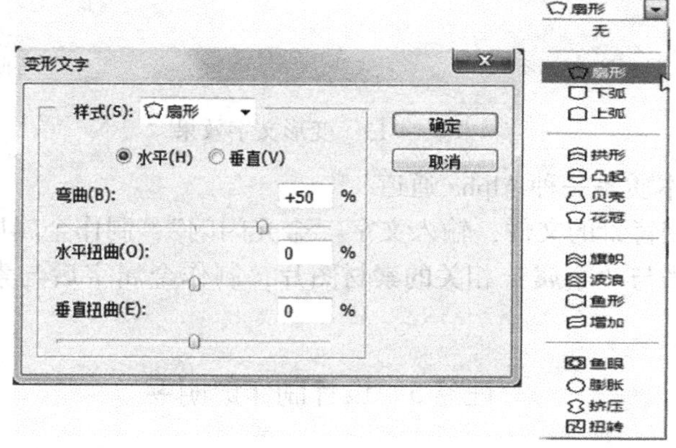

图 4-4-12 “变形文字”对话框及“样式”下拉列表

考证要点

1. 当图像偏蓝时，使用“变化”命令应当给图像增加何种颜色（　　）？

A. 蓝色　　B. 绿色　　C. 黄色　　D. 洋红

2. 在 Photoshop 中，可以为新建的 Alpha 通道设定以下哪些选项（　　）？

A. 指定通道名称　　B. 蒙版选项

C. 蒙版的颜色和不透明度　　D. 分辨率

3. 在 Photoshop 中，下面对于 Alpha 通道描述正确的是哪几项（　　）？

A. 使用“选择”/“存储选区”命令保存一个选区后，可以创建一个 Alpha 通道

B. Alpha 通道的作用之一是将选区保存成 8 位灰度图像

C. 通过选择一个相关命令，可以将 Alpha 通道直接转换成为图层

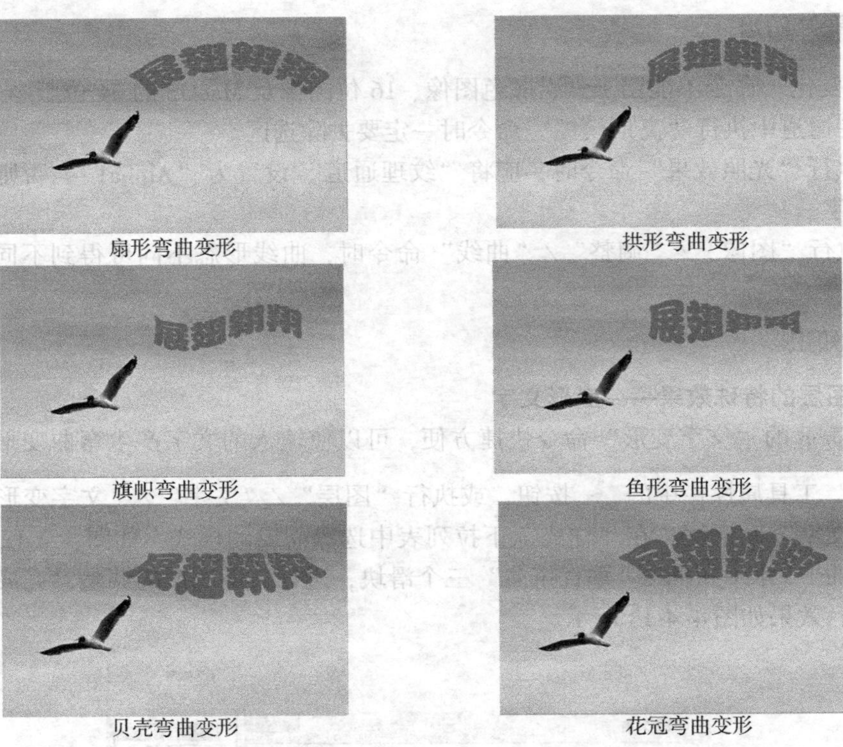

图 4-4-13　变形文字效果

D. 专色通道的本质是一种 Alpha 通道

4. 新建一个渐变背景的文件，输入文字“金光闪闪”，制作金属质地的特效文字。

5. 自己准备一张与“金属”相关的素材图片，制作金属字后与素材合成，完成图像的制作。

任务 5　设计制作透明字

知识目标：

1. 掌握文字工具的基础知识。
2. 掌握 Alpha 通道的概念及 Alpha 通道的修改方法。

技能目标：

1. 熟练掌握文字的基本输入方法。
2. 熟练掌握选择菜单中的“存储选区”命令、滤镜菜单中的“位移”命令及图像菜单中的“亮度/对比度”命令。

任务描述

在广告宣传中，字体效果显得格外重要。一款漂亮的透明字非常引人注目。本次任务将利用通道功能并通过调整亮度、对比度制作透明字，完成效果如图 4-5-1 所示。

任务分析

图 4-5-1 透明字完成效果

完成本任务需要掌握“文字”工具、“存储选区”命令、“位移”滤镜和“亮度/对比度”命令的用法。其中，应用“文字”工具输入文字，应用“存储选区”命令、“位移”命令和“亮度/对比度”命令制作透明文字效果。

操作步骤：“输入文字→制作透明文字效果。

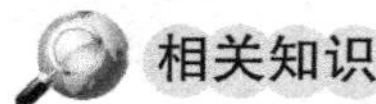

相关知识

1. Alpha 通道

Alpha 通道与其他色彩通道一样都是由灰阶组成的图像，可以再次编辑。它们用来储存和编辑选区范围，以备以后调用。在 Alpha 通道中，黑色表示非选取区域，白色表示被选取区域，不同层次的灰度则表示该区域被选取的百分率。

2. Alpha 选区通道形状的修改

（1）通道的扩张与收缩　对于单独选中的一个 Alpha 选区通道，可以使用“滤镜”／“其他”／“最大值或最小值”命令来完成对它的扩张或收缩。

（2）通道的模糊——羽化　对于一个没有羽化过的选择区域，将其储存为一个 Alpha 选区通道后，可以使用“滤镜”／“模糊”／“高斯模糊”的方法制作羽化的效果。在单独选择的选区通道内使用“模糊”滤镜，便可使其边缘产生一些羽化效果。

（3）通道的位移　当需要将 Alpha 选区通道在画面中移动一段距离时，可以使用“滤镜”／“其他”／“位移”命令来完成所需的操作。

总而言之，Alpha 通道的功能就是保存和编辑选区。在做字体特效时，有许多是在Alpha 通道里进行选区编辑的。

任务实施

1）打开“素材库”\“单元4”\“素材图片 2”，将前景色设为黑色，单击 T 工具，将字体设置为“汉仪方隶简”，字号为“60”，在画面中输入文字“云淡风轻”，如图 4-5-2 所示。

2）按“Ctrl”键并单击文字图层给文字添加选区，打开“通道”面板并单击按钮，将选区储存为通道“Alpha1”。

3）执行“选择”／“存储选区”命令，打开“存储选区”对话框，在名称中输入“Alpha2”，单击“确定”按钮，如图 4-5-3 所示。

教你一招　在“通道”面板中再次单击按钮，也可将选区储存为通道“Alpha2”，可与步骤 3）得到同样的效果。

4）打开“图层”面板，按“Ctrl + D”组合键取消选区并删除文字图层。打开“通道”面板，激活“Alpha2”通道，此时图像为黑底白字，白字部分为保存在 Alpha2 通道的选区。

5）执行“滤镜”／“其他”／“位移”命令，打开“位移”对话框，分别将水平和垂

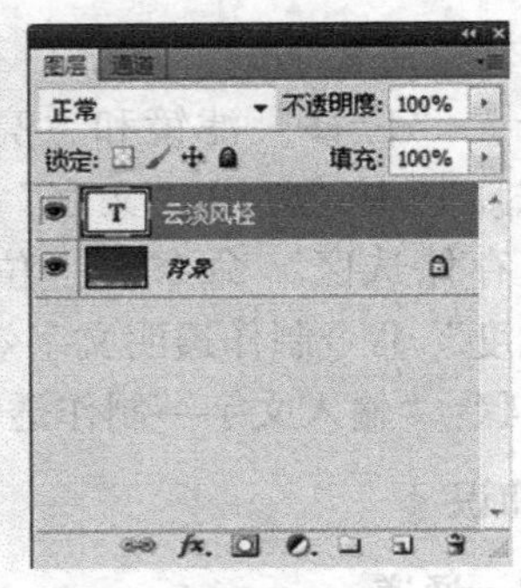

图 4-5-2　素材图片 2 中输入的文字及“图层”面板

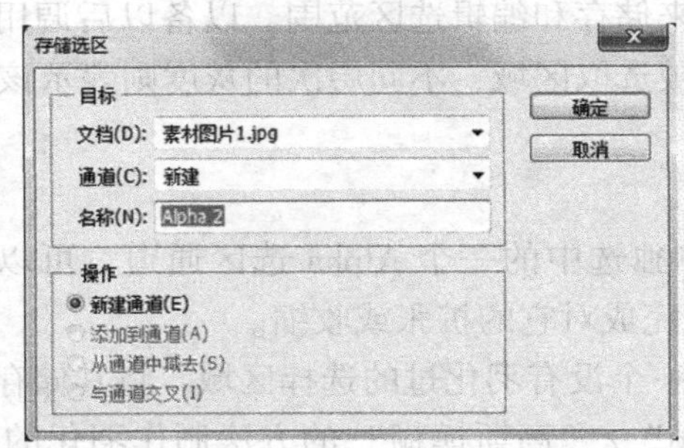

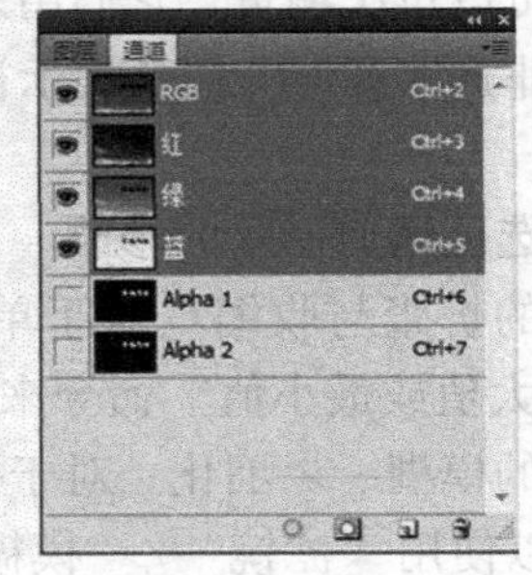

图 4-5-3　“存储选区”对话框及“通道”面板

直偏移量设置为“3”和“4”，如图 4-5-4 所示。

6）选择“通道”面板上的“RGB”通道，恢复彩色通道。执行“选择”/“载入选区”命令，打开“载入选区”对话框（见图 4-5-5），在“通道”栏中选择“Alpha1”，在“操作”栏中选择“新建选区”单选按钮。

7）再次执行“选择”/“载入选区”命令，在“通道”栏中选择“Alpha2”，但这次在“操作”栏中选择的是“从选区减去”单选按钮，这样将从已载入的 Alpha1 选区中减去 Alpha2 选区，如图 4-5-6 所示。

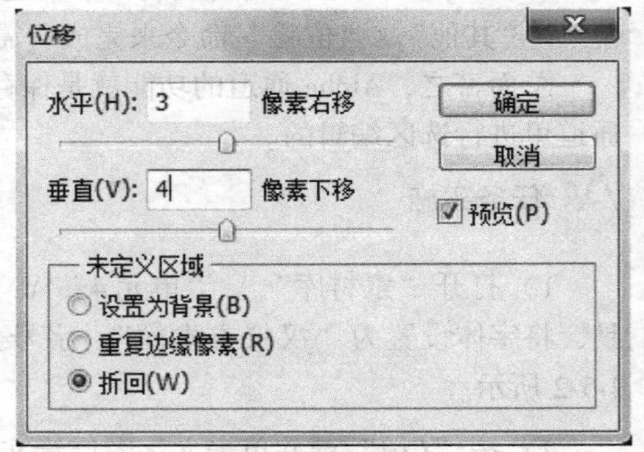

图 4-5-4　“位移”对话框

删除文字图层之前需去除选区。执行“选择”/“载入选区”命令时，始终在“通道”面板中操作。

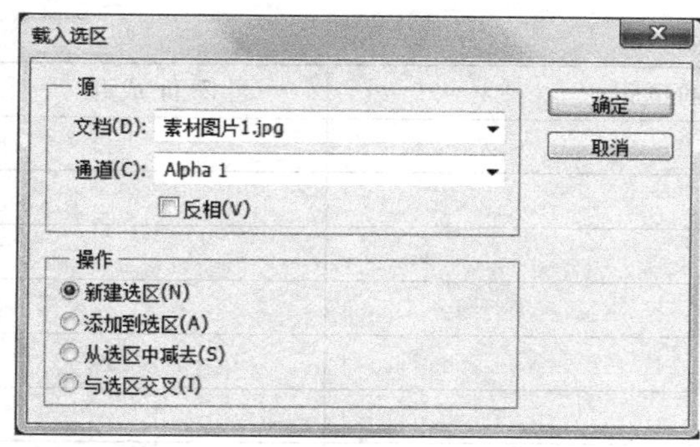

图 4-5-5 “载入选区”对话框

图 4-5-6 减去选区的效果

8）执行“图像”/“调整”/“亮度/对比度”命令，将亮度值设为“100”，用于制作透明字凸出的亮度部分。

9）重复步骤 6)、7）执行“选择”/“载入选区”命令再次载入选区，但这次在“通道”栏中先选择“Alpha2”（在“操作”栏中选择“新建选区”单选按钮），再选择“Alpha1”（在“操作”栏中选择“添加到选区”单选按钮），效果如图 4-5-7 所示。

图 4-5-7 添加选区的效果

10）执行“图像”/“调整”/“亮度/对比度”命令，将亮度值设为“－50”，用于制作透明字的阴影部分，按“Ctrl＋D”组合键取消选区。

11）按“Ctrl＋Shift＋S”组合键，将文件命名为“透明字. psd”后保存，完成透明字的制作，最终效果如图 4-5-1 所示。

想一想 执行“图像”/“调整”/“亮度/对比度”命令时，设置不同的亮度值，透明字的效果如何？

在“亮度/对比度”对话框中将亮度值设为“－100”时，透明字的阴影会加深，颜色也会较暗，如图 4-5-8 所示。

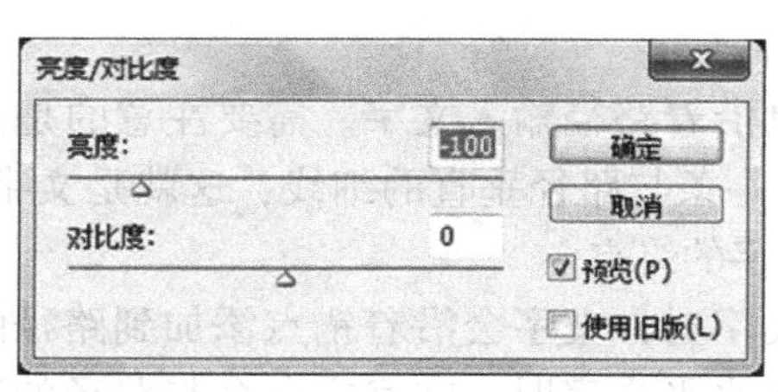

图 4-5-8 “亮度/对比度”对话框及透明字效果

检查评议

序　号	能力目标及评价项目	评价成绩
1	能正确输入文字并设置字体和字号	
2	能正确使用“存储选区”命令	
3	能正确使用“位移”滤镜	
4	能正确使用“亮度/对比度”命令	
5	信息收集能力	
6	沟通能力	
7	团队合作能力	
8	综合评价	

问题及防治

1）Alpha 通道的编辑技巧

① 按“Ctrl + Shift”组合键并单击 Alpha 通道，将现有选区加入载入的 Alpha 通道选区（即加选）。

② 按“Ctrl + Alt”组合键并单击 Alpha 通道，将现有的选区减去载入的 Alpha 通道选区（即减选）。

③ 按“Ctrl + Alt + Shift”组合键并单击 Alpha 通道，将现有的选区和载入的 Alpha 通道进行交集。

2）只有使用 PSD、GIF 和 TIFF 格式保存时，图像中的 Alpha 通道信息才能被保留下来，否则 Alpha 通道信息将丢失。

3）复合通道是一个虚通道，任意删除一个颜色通道它都会消失。

4）本任务中将文字选区保存为 Alpha1 通道、Alpha2 通道，再把两个通道的选区相加减，通过调整亮度分别得到透明字的阴影、凸起部分，因此需要将其中的一个通道在画面中移动一段距离。位移量设置不同，阴影的大小则不同，大家可以设置不同的数值进行体会。

5）执行“选择”/“载入选区”命令时，如果图像中已经有一个选区存在，载入选区的时候，就可以选择载入的操作方式。所谓操作方式就是前面接触过的选区运算，即添加、减去、交叉，如图 4-5-5 所示。如果没有选区存在，则只有“新建选区”方式有效。

扩展知识

沿路径输入文字

绘制了路径之后，可以利用“文字”工具沿着路径输入文字。需要注意的是，用“文字”工具在路径上单击时，在单击的地方会有一条与路径垂直的细线，这就是文字的起点，此时路径的终点会变为一个小圆圈，它代表文字的终点。

（1）路径文字的方向　当沿着路径输入文字时，文字会沿着锚点添加到路径的方向进行排列。当用“横排文字”工具在路径上输入水平文字时，文字方向会与路径的基线互相垂直；当用“直排文字”工具在路径上输入垂直文字时，文字方向则会与路径基线互相平行，如图 4-5-9 所示。文字输入完毕后还可以移动或更改路径的形状，并且文字将会随着新的路径位置或形状而改变。

（2）沿路径移动文字　选择“路径选择”工具或“直接选择”工具，然后将光标定位到文字上，当光标变成箭头![]时，单击并沿路径拖动文字，此时文字会随着光标位置的移动而移动，如图 4-5-10 所示。拖动时应小心，以免跨越到路径的另一侧。

图 4-5-9　在路径上加入文字后的效果

（3）将文字翻转到路径的另一侧　选择“路径选择”工具或“直接选择”工具，然后将光标定位到文字上，左右微动鼠标，注意观察光标的形状，当光标变为带箭头的![]形状时，注意观察光标的闪动位置，单击并拖移文字以跨越到路径的另一侧，如图 4-5-11 所示。

图 4-5-10　沿路径移动文字

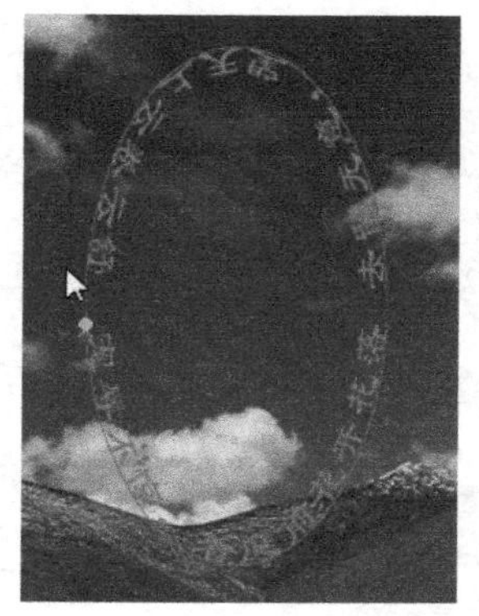

图 4-5-11　将文字翻转到路径的另一侧

（4）移动文字路径　若在操作时需要整体移动路径和文字，则选择“路径选择”工具或“直接选择”工具，然后单击并将路径拖动到新的位置，此时文字也会跟着一起移动。如果使用“路径选择”工具，请确保光标未变为带箭头的![]形状，否则将会沿着路径移动文字。

考证要点

1. 在 Photoshop 中，如果在图像中有 Alpha 通道，并需要将其保留下来，应将图像储存为什么格式（　　）？

A. PSD　　B. JPEG　　C. TIFF　　D. PNG

2. 在 Photoshop 中，下面哪些操作无法在 Alpha 通道中进行（　　）？

A. 应用“滤镜”菜单下的绝大部分命令对 Alpha 通道进行操作

B. 使用“图像”/“调整”/“色阶”命令

C. 使用“图像”/“调整”/“通道混合器”命令

D. 使用“图像”/“调整”/“去色”命令

3. 在 Photoshop 中，下面对文字图层描述正确的是（　　）？

A. 文字图层可直接执行所有的滤镜效果，并且在执行完各种滤镜效果之后，文字仍然

可以继续被编辑

B. 文字图层可直接执行所有的图层样式，并且在执行完各种图层样式之后，文字仍然可以继续被编辑

C. 文字图层可以被转换成矢量路径

D. 每个图像中只能建立 8 个文字图层

4. 打开“素材库”\“单元4”\“素材图片3”，在图片上输入文字“波光粼粼”制作透明字，要求图文并茂。

5. 打开“素材库”\“单元4”\“素材图片4”，在图片上制作透明字，要求文字大小适中，整体美观大方。

单元5 图层和蒙版的应用

5

任务1 设计制作企业LOGO

知识目标：

1. 掌握并理解图层的基础知识。
2. 掌握图层样式的基础知识。

技能目标：

1. 掌握径向渐变工具和文字工具的应用方法。
2. 掌握图层样式的应用方法。
3. 掌握画笔工具、涂抹工具及调整图层的应用方法。

任务描述

标志对企业来说不仅仅是一种符号，还代表着公司的形象，是公司对外信息传达的核心。它通过造型简单、意义明确的视觉符号，将经营理念、企业文化、经营内容、企业规模、产品特性等要素传递给社会公众，使之被识别和认同。优秀的企业应该拥有优秀的标志。本任务是为一家电子企业设计LOGO，完成效果如图5-1-1所示。

图5-1-1　LOGO完成效果

任务分析

完成本任务需要掌握“径向渐变”工具、“文字”工具、“图层样式”命令“调整”图层、“画笔”工具和“涂抹”工具的应用方法。其中，应用“径向渐变”工具制作背景，应用“文字”工具和“图层样式”命令制作立体文字，应用“调整”图层、“画笔”工具和“涂抹”工具制作文字特效。

操作步骤：制作背景→制作立体文字→制作文字特效。

相关知识

1. 图层

图层是可以使各个图层逐一着色、相互衬托关系、定义前后的一种元素。使用图层可以在不影响整个图像中大部分元素的情况下处理其中一个元素。可以把图层想象成一张张叠起来的透明胶片，每张透明胶片上都有不同的画面。改变图层的顺序和属性可以改变图像的最后效果。通过对图层的操作，使用它的特殊功能可以创建很多复杂的图像效果。

2. “图层”面板

“图层”面板用来显示图像中的所有图层、图层组和图层效果。可以使用“图层”面板上的各种功能来完成图像编辑任务，例如图层的新建和重命名，图层的复制和删除，图层的移动和排列，图层的链接、对齐和分布，图层的隐藏和锁定。

3. 渐变叠加样式

渐变叠加和颜色叠加的原理基本是一样，虚拟层的颜色是渐变的而不是没有变化的颜色。渐变叠加的选项有混合模式、不透明度、渐变、样式、角度和缩放。下面主要介绍渐变、样式和缩放的设置。

（1）渐变　用于设置渐变色，单击下拉列表框可以打开“渐变编辑器”对话框，单击“渐变”下拉列表框的下拉按钮可以在预设置的渐变色中进行选择。在这个下拉列表框后面有一个“反向”复选框，用来将渐变色的起始颜色和终止颜色对调。

（2）样式　用于设置渐变的类型，包括线性、径向、对称的、角度和菱形，这几种渐变类型都比较直观。

（3）缩放　缩放用来截取渐变色的特定部分作用于“虚拟”层上，其值越大，所选取的渐变色的范围越小，否则范围越大，如图 5-1-2 和图 5-1-3 所示。

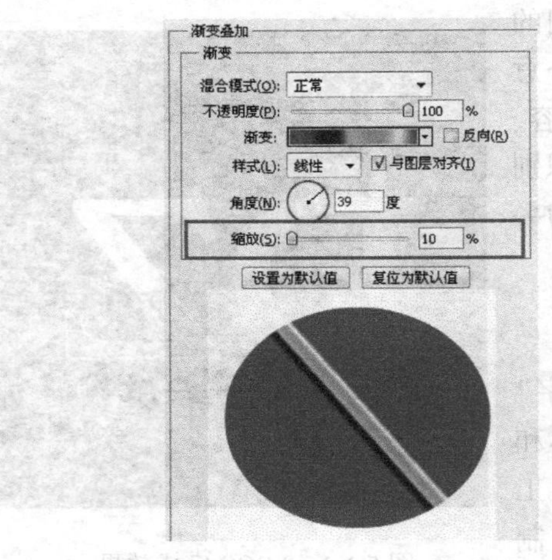

图 5-1-2　缩放 10% 效果

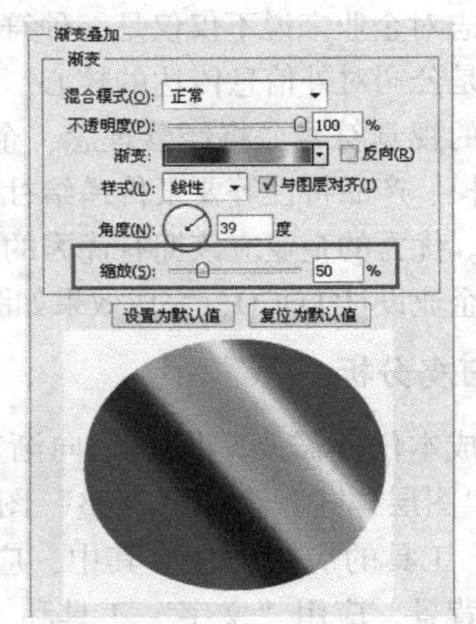

图 5-1-3　缩放 50% 效果

任务实施

1）执行“文件”/“新建”命令，打开“新建”对话框，设置名称为“企业 LOGO”，宽度为“800 像素”，高度为“800 像素”，分辨率为“96 像素/英寸”，颜色模式为 RGB 颜色，背景内容为白色，单击“确定”按钮。

2）按“D”键，复位色板，选择“渐变”工具，设置为径向渐变，由中心向边角拉出黑色（RGB 为0，0，0）至蓝色（RGB 为9，7，112）的径向渐变作为背景，效果如图 5-1-4 所示。

3）选择“文字”工具，输入文字“DZ”，大小为“400 点”，字体为楷体加粗，颜色为蓝色（RGB 为55，46，232），效果如图 5-1-5 所示。

图 5-1-4　渐变背景

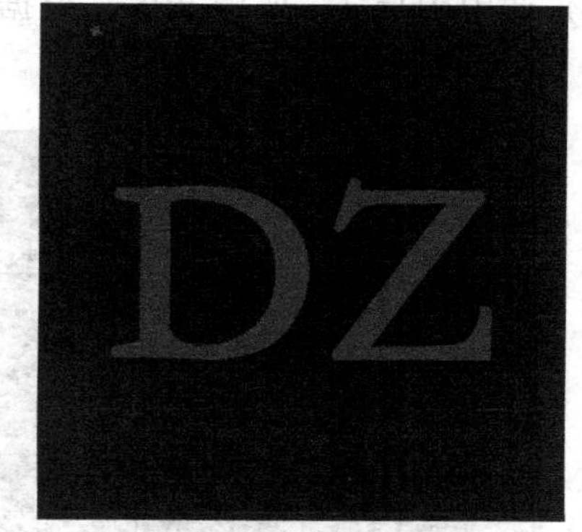

图 5-1-5　输入文字

4）选择“文字”图层，单击图层底部的“添加图层样式”按钮，在打开的“图层样式”对话框中选择“渐变叠加”复选框弹出“图层样式”对话框，设置渐变为从蓝色（RGB 为55，46，232）至白色（RGB 为255，255，255），样式为“角度”，设置如图 5-1-6 所示。

5）在“图层样式”对话框中，勾选“描边”复选框，设置颜色（RGB 为177，240，242）。

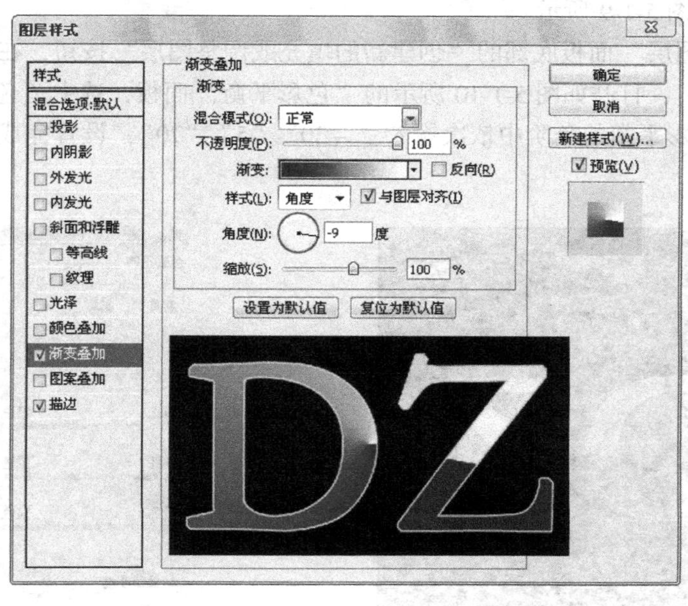

图 5-1-6　设置渐变叠加和描边样式

教你一招　在设置各选项数值时，可单击选中数值，通过转动鼠标滚轮进行微调。

6）选中“文字”图层，执行“选择”/“载入选区”命令，载入文字选区，然后在“文字图层”下方新建“图层1”，选择渐变工具，设置为线性渐变，由上至下拉出渐变，渐变起始颜色的RGB为5，27，121渐变终止颜色的RGB为14，9，247），效果如图5-1-7所示。

7）选中图层1，取消选区，根据感觉将文字向右移动，做出立体效果，如图5-1-8所示。

图5-1-7　载入选区

图5-1-8　立体效果

8）新建“图层2”，设置前景色为白色（RGB为255，255，255），选择“画笔”工具，设置画笔大小为180px，硬度为0%，在“D”字底部靠左位置用画笔单击，画出一白色发光圆形，如图5-1-9所示。

9）单击“图层”面板底部的“创建新的填充或调整图层”按钮，在弹出的快捷菜单中选择“色彩调整”，打开如图5-1-10所示的“色彩平衡”面板，选中“色调”中的“高光”单选按钮，在色彩平衡的色阶中依次输入“-30”“5”“70”，设置完成后效果如图5-1-11所示。

图5-1-9　画白色发光圆形

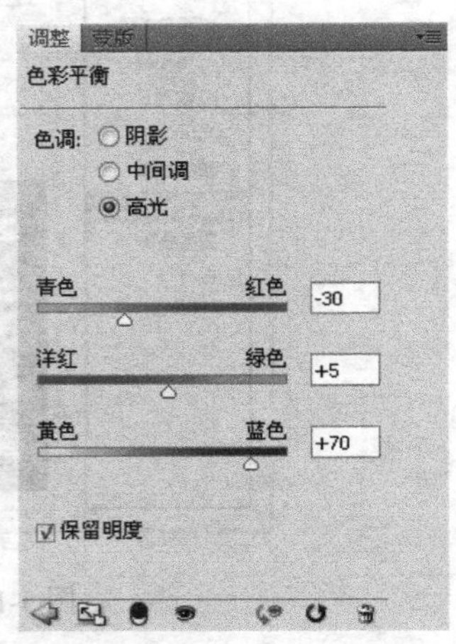

图5-1-10　调整色彩平衡

图 5-1-11　色彩平衡调整效果

10）新建“图层 3”，位置在图层 2 上方，选择“画笔”工具，设置大小为 30px，硬度为 0%，画一条由发光圆中心出发向上的直线段，效果如图 5-1-12 所示。

可通过调出参考线（快捷键是“Ctrl + R”）或调出网格线（快捷键是“Ctrl + ’”）来确定发光圆中心位置，可通过按住“Shift”键画出直线段。

11）在图层 2 的上方新建“图层 4”，选择“画笔”工具，设置大小为 260px，硬度为 0%，在发光圆中心处单击，再创建一个发光大圆，选择“涂抹”工具，设置强度为 50%，大小和形状可为随机而定的不规则形状，选中图层 4，在画布上进行涂抹，效果如图 5-1-13 所示。

教你一招　刚开始的时候先从外向内涂抹，当扩大了一些以后，再由内向外涂抹，即可产生如图 5-1-13 所示的效果。

图 5-1-12　发光直线段

图 5-1-13　大圆涂抹效果

12）在图层4上方新建“图层5”，选择“画笔”工具，设置大小为5px，硬度为0%，单击“切换画笔面板”或工作区右侧的“画笔”面板，打开“画笔”画板，勾选“形状动态”“散布”“平滑”复选框。

①“形状动态”设置：大小抖动为“100%”，控制方式为“渐隐”，数值为“300%”，最小直径为“3%”；角度抖动为“10%”，控制为“关”；圆度抖动为“6%”，控制为“关”，最小圆度为“25”。

②“散布”设置：散步的数值为“1000%”，控制为“关”；数量为“1”；数量抖动为“100%”，控制为“关”。

③“平滑”设置：保持默认。

④“画笔毛尖形状”设置：其他保持默认，间距为“24”。

设置完成后，确认当前选中的是图层5，进行如图5-1-1所示的效果绘画，图层布置如图5-1-14所示。

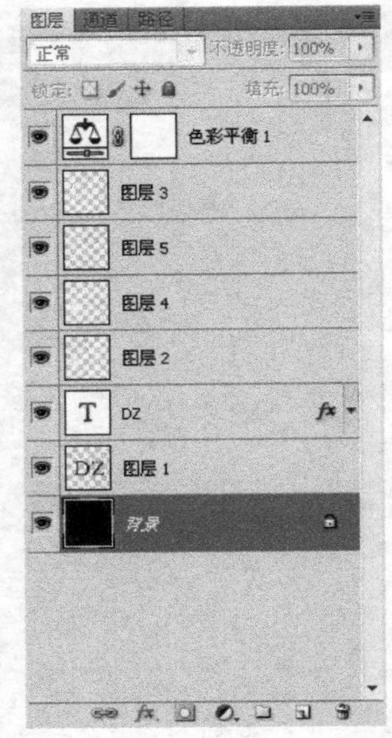

图5-1-14　图层布置

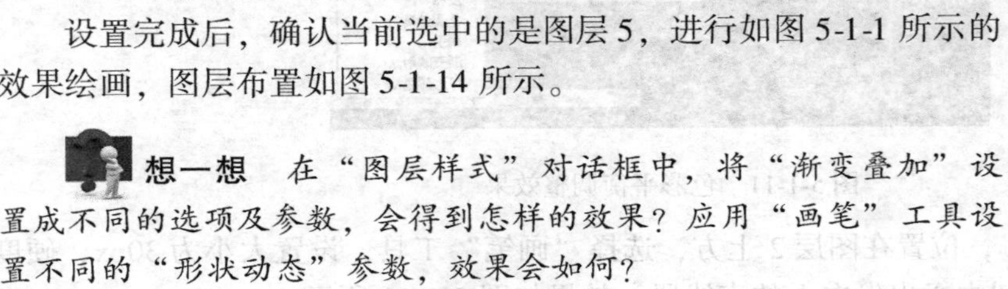

想一想　在“图层样式”对话框中，将“渐变叠加”设置成不同的选项及参数，会得到怎样的效果？应用“画笔”工具设置不同的“形状动态”参数，效果会如何？

检查评议

序　号	能力目标及评价项目	评价成绩
1	能正确使用“径向渐变”工具	
2	能正确使用“文字”工具	
3	能正确使用“图层样式”对话框	
4	能正确使用“调整”图层	
5	能正确设置“画笔”工具	
6	能正确应用“涂抹”工具	
7	信息收集能力	
8	沟通能力	
9	团队合作能力	
10	综合评价	

问题及防治

1）使用“渐变叠加”的“角度”渐变时，注意其有些特别之处，它会将渐变色围绕图层中心旋转360°展开，也就是沿着极坐标系的角度方向展开，其原理如同在平面坐标系中沿 *X* 轴方向展开形成的“线性”渐变效果一样。但是要注意，如果选择“角度”渐变类型，则“与图层对齐”复选框就需要谨慎选择，它的作用是确定极坐标系的原点，如果将其选中，原点在图层内容的中心上，否则原点将在整个图层的中心上。

2）第九步使用“调整”图层时，在打开的如图5-1-10所示“色彩平衡”面板中，要注意在“色调”选项中有阴影、中间调和高光三个选项，切记要选对调整项，否则会“张冠李戴”。

扩展知识

图层是 Photoshop 的出色之处，而在 CS5 版本中，其图层特性中又有新增的功能。

1）图层分组的深度可达 10 层，对于 CS5 之前的版本，图层组嵌套深度不能超过 5 层。

2）可以选中多个图层，一起更改透明度。

3）图层样式参数可以自行设置为默认值，对重复使用非常有利。当然，不需要时也可以将其恢复到原有默认值。

4）选择性粘贴中新增了一个原位置粘贴命令，不再需要预先做一个选区，就可以直接完成粘贴，更便于在原位置进行修改。该命令可将已经复制的图像按照原来的位置精确地粘贴到新的图层上。

5）新增根据透明区域创建蒙版命令，即“图层”/“图层蒙版”/“从透明区域”命令。

6）在 CS5 版本中，由于“移动”工具是与图层所选内容关联的，在隐藏图层后，用户不可以用鼠标移动所选内容，而只能用键盘的方向键移动该图层选区的内容。这样就防止了在 CS5 之前的版本误移动图像的可能。

7）新增快速删除所有空图层命令，即“文件”/“脚本”/“删除所有空图层”命令。

8）图层的混合模式由 25 个增加到 27 个。

现通过设计制作“画中画”，说明以上一些新功能的应用。

首先打开一幅图片，根据情况选取人物的局部，按“Ctrl + C”组合键复制。使用 CS5 版本新增的“原位粘贴”命令（快捷键“Shift + Ctrl + V”），将局部图像原位粘贴到图层 1 中。全选图层 1，应用“编辑”/“变换”/“水平翻转”命令将局部人像翻转，形成与原图相对称的构图，然后使用“移动”工具调整局部人像的大小、位置和透视，效果如图 5-1-15 所示。最后，双击图层 1，在出现的“图层样式”对话框中，利用 CS5 版本，新改进的图层样式制作局部人像的画框和投影。制作对称图像的投影效果和描边效果（描边大小为“13”，颜色为白色），并且新的图层样式多了一个设置为默认值的按钮，更便于直接重复使用这组设置参数，效果如图 5-1-16 所示。

图 5-1-15　原位粘贴

图 5-1-16　图层样式的应用

教你一招 ①不能用“图像”/“图像旋转”下的子命令，否则会将画布（包括所有图层）翻转。

②在CS5版本新增强的“移动”工具属性栏里，有一个显示变换控件可选项，勾选后，则在图像周围出现可操控的小方格控制点，可以旋转、缩放，或者按住“Ctrl”键的同时，用鼠标拖动四角的控制点，使其变换成需要的形状。

考证要点

1. 在“图层样式”对话框中的“高级混合”选项中，“内部效果混合成组”选项对下列哪些图层样式起作用（假设填充不透明度小于100%）（　　）？

A. 投影　　B. 内阴影　　C. 内发光

D. 斜面和浮雕　　E. 图案叠加　　F. 描边

2. 关于Photoshop中图像的背景层的说法，以下正确的是（　　）。

A. 不能直接对背景层添加图层样式 B. 不能修改背景层的混合模式

C. 不能修改背景层的不透明度　　D. 不能直接对背景层添加调整图层

3. 在Photoshop中，关于“图像”/调整/“去色”命令的使用，下列描述哪些是正确的（　　）？

A. 使用此命令可以在不转换色彩模式的前提下，将彩色图像变成灰阶图像，并保留原来像素的亮度不变

B. 如果当前图像是一个多图层的图像，则此命令只对当前选中的图层有效

C. 如果当前图像是一个多图层的图像，则此命令会对所有的图层有效

D. 此命令只对像素图层有效，对文字图层无效，对使用图层样式产生的颜色也无效

4. 自己收集素材并设计制作一个自己身边企业的LOGO作品。

5. 利用网络下载素材并设计制作画中画作品。

任务2　设计制作圣诞贺卡

知识目标：

1. 掌握图层的概念和“图层”面板的基础知识。
2. 掌握图层混合模式及图层样式的相关知识。

技能目标：

1. 掌握图层混合模式的使用技巧。
2. 能够灵活运用“图层样式”命令制作圣诞贺卡。

任务描述

圣诞节来临之际，空气中弥漫着祥和的节日气氛，慈祥的圣诞老人、美丽的圣诞树、神秘的圣诞礼物。在这喜庆、快乐的氛围中，如果能够自己动手制作一张圣诞贺卡送给亲人或朋友，既能增进彼此的感情，也使节日变得更有意义。它要求我们能熟练应用图层混合模式

及“图层样式”命令。本次任务就是制作圣诞贺卡，完成效果如图 5-2-1 所示。

图 5-2-1 圣诞贺卡完成效果

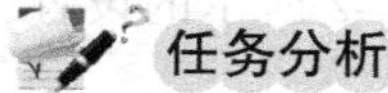

任务分析

完成本任务需要熟练掌握“魔棒”工具、“复制图层”命令、图层混合模式、“画笔”工具、“变形文字”对话框及“图层样式”对话框的应用方法。其中，“魔棒”工具用于抠图，“画笔”工具用于制作雪花图案，图层混合模式用于创建图层特效，“变形文字”对话框及“图层样式”对话框用于制作文字的立体效果。

操作步骤：制作背景→合成素材图片→制作文字特效。

相关知识

图层混合模式决定当前图层中的像素与其下面图层中的像素以何种模式进行混合，简称图层模式。使用图层混合模式可以创建各种图层特效，实现充满创意的平面设计作品。

（1）正常模式（Normal 模式） 这是图层混合模式的默认方式，较为常用。不和其他图层发生任何混合，使用时用当前图层像素的颜色覆盖下一图层像素的颜色。

（2）溶解模式（Dissolve 模式） 溶解模式产生的像素颜色来源于上下混合颜色的一个随机置换值，与像素的不透明度有关。将目标图层的图像以散乱的点状形式叠加到底层图像上时，对图像的色彩不产生任何的影响。通过调节不透明度，可增加或减少目标图层散点的密度，其结果通常是画面呈现颗粒状或线条边缘粗糙化。

（3）正片叠底模式（Multiply 模式） 考察每个通道里的颜色信息，并对底层颜色进行正片叠加处理。其原理和色彩模式中的“减色原理”是一样的。这样混合产生的颜色总是比原来的要暗。如果和黑色发生正片叠底的话，产生的就只有黑色，而与白色混合则不会对原来的颜色产生任何影响。

（4）变暗模式（Darken 模式） 该模式是混合两图层像素的颜色时，对这两者的 RGB 值（即 RGB 通道中的颜色亮度值）分别进行比较，取两者中低的值再组合成为混合后的颜色，所以总的颜色灰度级降低，造成变暗的效果，显然用白色去合成图像时毫无效果。考察每一个通道的颜色信息以及相混合的像素颜色，选择较暗的作为混合的结果。颜色较亮的像素会被颜色较暗的像素替换，而较暗的像素就不会发生变化。

（5）滤色模式（Screen 模式） 它与正片叠底模式相反，合成图层的效果是显现两图层中较高的灰阶，而不显现较低的灰阶（即浅色出现，深色不出现），产生出一种漂白的效果，使图像更加明亮，属于使图像色调变亮的系列。

（6）颜色加深（ColorBurn 模式） 这种模式会使图层的颜色变暗，加上的颜色越亮，效果越细腻。让底层的颜色变暗，有点类似于正片叠底，但不同的是，它会根据叠加的像素颜色相应增加底层的对比度。该模式和白色混合没有效果。

（7）强光模式（HardLight 模式） 其作用效果如同是打上一层色调强烈的光，所以称为强光模式，如果两层中颜色的灰阶是偏向低灰阶，其作用与正片叠底模式类似，而当偏向高灰阶时，则与滤色模式类似，中间灰阶作用不明显。

任务实施

1）执行“文件”/“新建”命令，打开“新建”对话框，进行如图5-2-2所示的设置，完成后单击“确定”按钮。

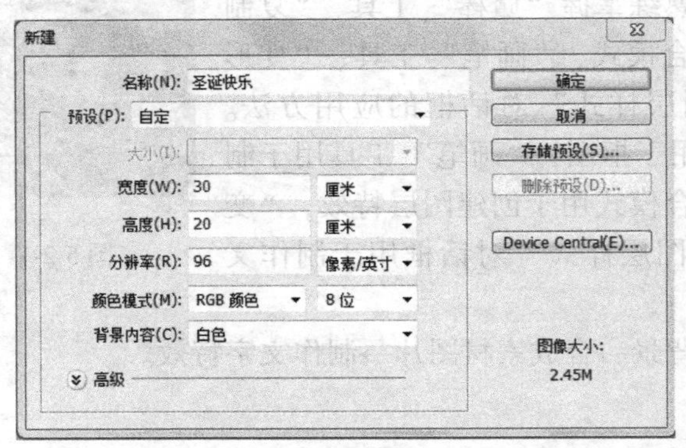

图5-2-2 “新建”对话框

2）选择“渐变”工具，单击属性栏中按钮的颜色条部分，弹出“渐变编辑器”对话框，设置如图5-2-3所示的渐变色，完成后单击“确定”按钮。激活属性栏中的按钮，在背景层填充渐变色，完成后的效果如图5-2-4所示。

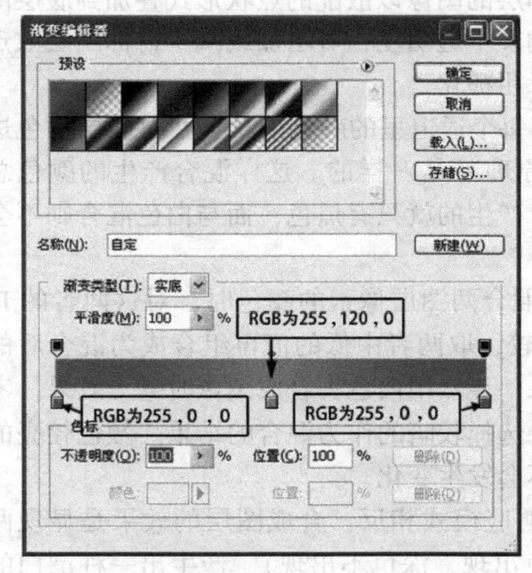

图5-2-3 “渐变编辑器”对话框

图5-2-4 添加渐变后的效果

3）打开“素材库”\“单元5”\“素材图片1”、“素材图片2”“素材图片3”三个文件，如图5-2-5所示。

4）用“魔棒”工具分别选取这三个文件中的圣诞树，将其复制到新建的文件中，调整大小后放置在如图5-2-6所示的位置，然后将图层2的图层混合模式改为“滤色”，将图层3的图层混合模式改为“正片叠底”。

5）打开“素材库”\“单元5”\“素材图片4”，用“魔棒”工具选取圣诞老人，

a）素材图片1　　b）素材图片2　　c）素材图片3

图 5-2-5　打开素材图片

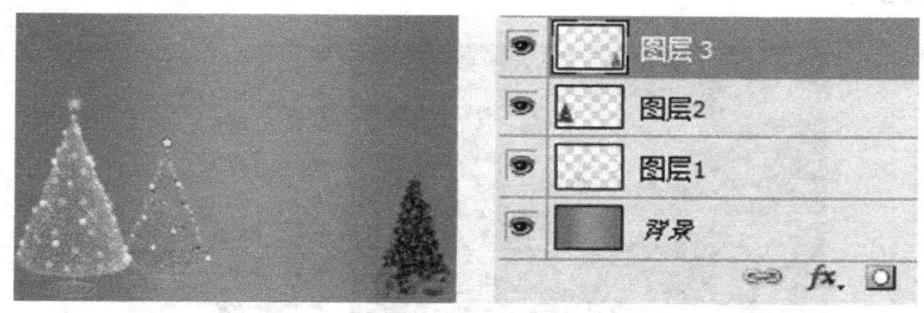

图 5-2-6　素材图片 1～3 合成效果及“图层”面板

将其复制到新建的文件中，调整大小后放置在如图 5-2-7 所示的位置，然后将图层 4 的图层混合模式改为“颜色加深”。

图 5-2-7　添加素材图片 4 后的效果

6）打开“素材库”\“单元 5”\“素材图片 5”，用“魔棒”工具选取铃铛，将其复制到新建的文件中，调整大小后放置在文件右上角的位置。

7）拖动铃铛所在的图层 5 至“新建图层”按钮上，用“移动”工具将图层 5 副本中的铃铛放置在文件左上角的位置，然后执行“编辑”/“变换”/“水平翻转”命令，效果如图 5-2-8 所示。

图 5-2-8　添加素材图片 5 后的效果

教你一招　在复制右上角的铃铛时，还可以使用“复制图层”命令，即先选定图层5 为当前图层，然后执行“图层”/“复制图层”命令。

8）打开“素材库”\“单元 5”\“素材图片 6”，用“魔棒”工具选取礼物，将其复制到新建的文件中，调整大小后放置在如图 5-2-9 所示的位置，然后将图层 6 的图层混合模式改为“强光”。

图 5-2-9　添加素材图片 6 后的效果图

9）新建“图层 7”，将前景色设为白色，选择“画笔”工具参数设置如图 5-2-10 所示。设置不同的画笔大小，在新建的文件中绘制大小不一的白色圆点。选择“自定形状”工具，在属性栏中选择“填充像素”选项及“雪花”形状，在新建的文件中绘制大小不同的雪花。将图层 7 的不透明度改为“30%”，得到如图 5-2-10 所示的效果。

图 5-2-10　“画笔”工具参数设置及效果

10）单击“横排文字”工具，设置字体、字号（见图 5-2-11），在新建文件中输入文字“圣诞快乐”。在属性栏中单击 按钮，打开“变形文字”对话框，选择“旗帜”样式，单击“确定”按钮，如图 5-2-12 所示。

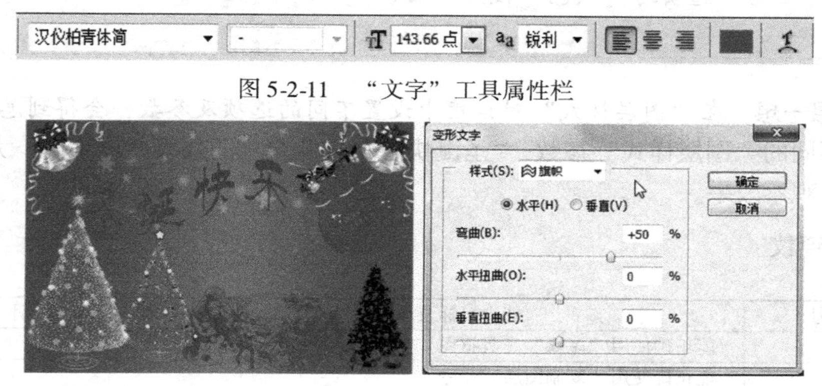

图 5-2-11 “文字”工具属性栏

图 5-2-12 “变形文字”对话框及文字效果

11）执行“图层”/“图层样式”/“混合选项”命令，在弹出的“图层样式”对话框中设置“投影”“外发光”“斜面和浮雕”“描边”等选项的参数（见图 5-2-13），完成后的效果如图 5-2-1 所示。

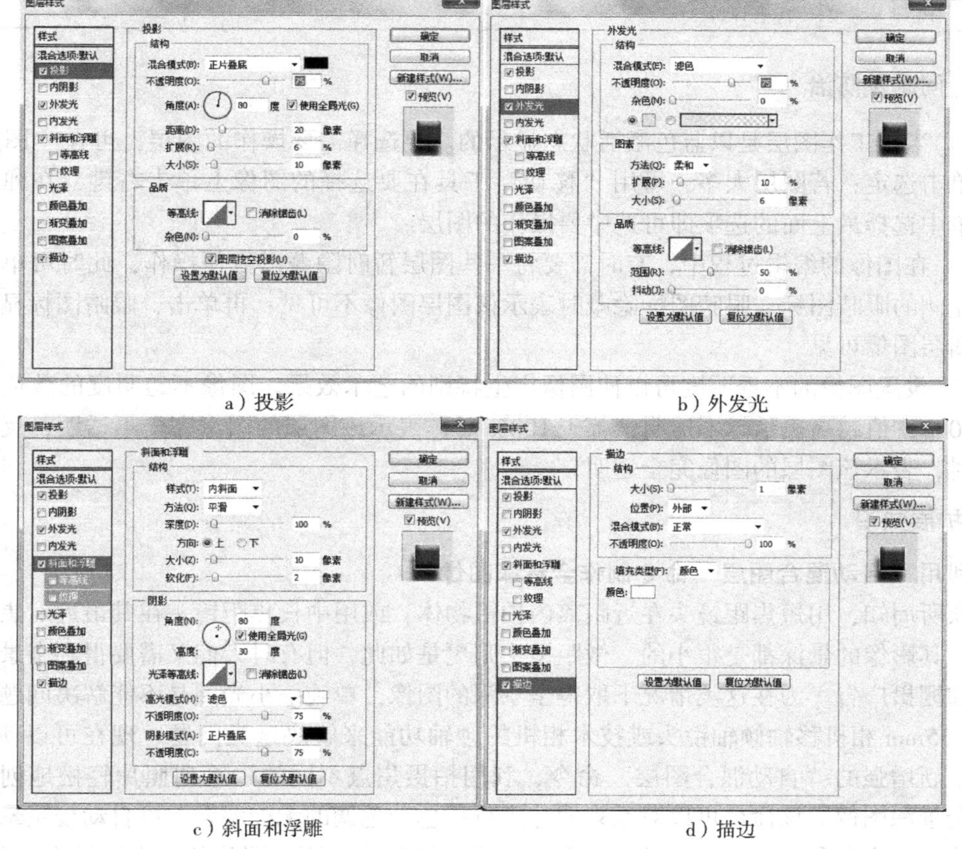

a）投影　　b）外发光

c）斜面和浮雕　　d）描边

图 5-2-13 设置图层样式

提示　在“图层样式”对话框中，将“外发光”选项的“发光颜色”设为“黄色”，将“描边”选项的“颜色”设为“白色”。

想一想　在“图层样式”对话框中设置不同的选项及参数，会得到怎样的效果？

设置不同的“图层样式”参数，“圣诞快乐”这几个字的效果便会不同，大家试试不同的参数值，观察效果。

检查评议

序　号	能力目标及评价项目	评价成绩
1	能正确使用“魔棒”工具抠图	
2	能正确使用“复制图层”命令	
3	能正确设置图层混合模式	
4	能正确设置图层的不透明度	
5	能正确设置“画笔”工具	
6	能正确使用“图层样式”对话框	
7	信息收集能力	
8	沟通能力	
9	团队合作能力	
10	综合评价	

问题及防治

1）当前工作图层是以蓝色激活状态显示的。要选择需要操作的图层，可在“图层”面板中单击选定；若图层太多，可用“移动”工具在要选择的图像上单击右键，在弹出的快捷菜单中选择最上面的选项即可选中要操作的图层。

2）在图像的编辑过程中，有时需要将一些图层暂时隐藏以方便操作，此时可单击图层面板左侧的眼睛图标。眼睛图标隐藏时表示该图层图像不可见；再单击，眼睛图标显示，表示该图层图像可见。

3）设置图像的不透明度可以使图像产生特别的艺术效果。图像不透明度的数值设定为0～100%，值越高表示越不透明，等于100%时，表示该图层的图像完全不透明；反之，等于0时，表示该图层的图像完全透明。

扩展知识

利用“自动混合图层”命令制作全景深图像

众所周知，用短焦距镜头在近距离内拍摄物体，或用中长焦距镜头在其最近对焦处拍摄物体，其影像的景深都是很小的，微距镜头则更是如此。但有时人们又需要得到全景深的图片，如棚摄广告。为在这类情况下取得全景深的图像，单纯缩小光圈是不能解决问题的。过去用135mm相机移轴倾轴镜头或技术相机的倾轴功能来解决这类问题。现在可以使用CS5版本中新增强的“自动混合图层”命令，利用拍摄焦点不同的一系列照片轻松地创建一幅新的全景深图像。该命令可以对系列图片进行颜色和色调的无缝混合，可自动校正晕影和镜头扭曲，并充分利用精准的自动对齐图层功能，将每一幅原始图片的清晰区域合成到一起，从而延伸了景深，制作出一幅令人惊叹的全景深图像。这个新功能虽然在 CS4 版本中就已经成熟，但在 CS5 版本中更为流畅和精确。

1）打开“素材库”\“单元5”\“素材图片7”“素材图片8”，如图 5-2-14 所示。

a）素材图片7　　b）素材图片8

图 5-2-14　素材图片 7 及素材图片 8

2）将“素材图片7”文件移动至“素材图片8”文件中，在“图层”面板中按“Ctrl”键将两个图层全激活成蓝色，执行“编辑”/“自动混合图层”命令，在弹出的“自动混合图层”对话框中，选中“堆叠图像”单选按钮，勾选“无缝色调和颜色”复选框，如图 5-2-15 所示。

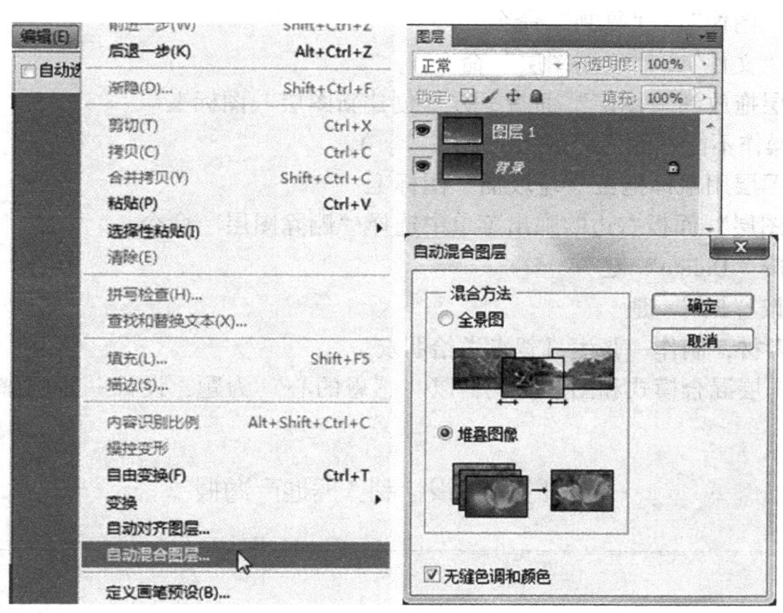

图 5-2-15　设置自动混合图层

3）单击“确定”按钮后，即完成了全景深图像的制作，如图 5-2-16 所示。

考证要点

1. 下列哪些方法可以建立新图层（　　）？

A. 双击“图层”面板的空白处

图 5-2-16　全景深图像效果

B. 单击“图层”面板下方的“新建”按钮

C. 使用鼠标将当前图像拖动到另一张图像上

D. 使用“文字”工具在图像中添加文字

2. 如何复制一个图层（　）？

A. 执行“编辑”/“复制”命令

B. 执行“图像”/“复制”命令

C. 执行“文件”/“复制图层”命令

D. 将图层拖放到“图层”面板下方“创建新图层”图标上

3. 下列操作不能删除当前图层的是（　　）。

A. 将此图层用鼠标拖至“垃圾桶”图标上

B. 在“图层”面板右边的弹出菜单中选择“删除图层”命令

C. 直接按“Delete”键

D. 直接按“Esc”键

4. 准备素材，制作一张生日贺卡送给朋友。

5. 利用图层混合模式和图层样式，以“感恩的心”为题，设计一张温馨的贺卡送给你的老师。

任务3　设计制作房地产海报

知识目标：

1. 掌握图层蒙版的概念。
2. 理解图层蒙版的相关知识。

技能目标：

1. 掌握图层蒙版的创建及编辑技巧。
2. 能够灵活运用图层蒙版制作房地产海报。

任务描述

海报是一种信息传递艺术，也是一种大众化的宣传工具。当你在城市的街道闲逛时，在地铁站等车时，在参观博物馆时，会发现海报无处不在。而那些好的海报总是让我们驻足停留，海报所传达的信息清晰明了，离开后脑海里还在想着它们。本次任务就是制作房地产海报，完成效果如图 5-3-1 所示。它要求我们能熟练应用图层蒙版。

图 5-3-1　房地产海报完成效果

任务分析

完成本任务需要熟练应用“魔棒”工具、“画笔”工具及“添加图层蒙版”按钮。其中，“魔棒”工具用于抠图，“添加图层蒙版”按钮用于创建蒙版，“画笔”工具用于编辑蒙版。

操作步骤：“魔棒”工具抠图→创建并编辑图层蒙版→素材图片合成。

相关知识

1. 图层蒙版的概念

图层蒙版的原理是使用一张具有 256 级色阶的灰度图（即蒙版）来屏蔽图像。图层蒙版可以理解为在当前图层上面加了一层玻璃，在这种玻璃上面可以涂抹黑、白和不同程度的灰色，分别表示不透明、透明和半透明。利用图层蒙版可以制作出图像的融合效果，或遮挡图像上某个部分，也可使图像上某个部分变成透明。

（1）图层蒙版中的黑色部分　可以隐藏图像对应的区域从而显示底层图像。

（2）图层蒙版中的白色部分　可以显示当前图层图像的对应区域，遮住底层图像。

（3）图层蒙版中的灰色部分　一部分显示底层图像，一部分显示当前图层图像，从而使图像在此区域具有半隐半显的效果。

2. 编辑图层蒙版

1）单击“图层”面板中的图层蒙版缩览图，将其激活。

2）选择任意一种编辑或绘画工具。

3）考虑所需要的效果并按以下准则进行操作。

当需要隐藏图像的某一部分时，就把这部分对应的蒙版涂黑色；当需要显示图像的某一部分时，就把这部分对应的蒙版涂上白色；若想半透明地显示图像的某一部分，就把这部分对应的蒙版涂上不同程度的灰色。

注意：如果要编辑图层而不是编辑图层蒙版，单击“图层”面板中该图层的图层缩览图，以将其激活。

任务实施

1）打开“素材库”\“单元5”\“素材图片9”，将文件另存为“地产海报.psd”，如图5-3-2所示。

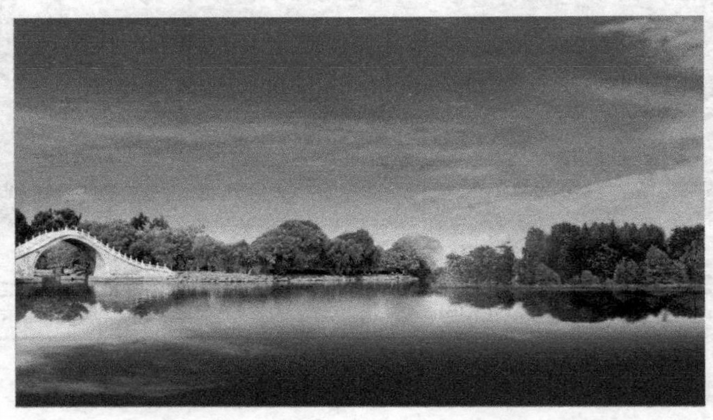

图5-3-2　素材图片9

2）复制“小桥”图层得到“小桥副本”图层，执行“编辑”/“变换”/“垂直翻转”命令，用“移动”工具将其移动至如图5-3-3所示的位置。按“Ctrl + T”组合键为“小桥副本”图层添加变形框，调整至合适大小后按“Enter”键确认，效果如图5-3-3所示。

图5-3-3　小桥倒影

3）选择“小桥副本”图层为当前图层，单击“图层”面板中的“添加图层蒙版”按钮给“小桥副本”图层添加蒙版。为了使水中倒影的效果更加逼真，可在“小桥副本”图层蒙版上添加渐变效果。将前景色设为黑色，单击“渐变”工具，属性栏设置如图5-3-4所示，“渐变编辑器”对话框设置如图5-3-5所示，添加渐变后的效果及“图层”面板如图 5-3-6 所示。

图 5-3-4　“渐变”工具属性栏

图 5-3-5　“渐变编辑器”对话框

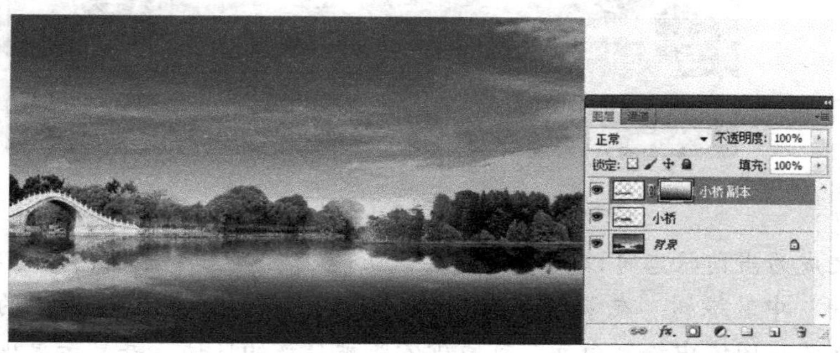

图 5-3-6　“小桥副本”图层蒙版添加渐变后的效果及“图层”面板

4）打开“素材库”\“单元 5”\“素材图片 10”，用“魔棒”工具选取建筑物，将其复制到“地产海报”文件中，调整大小后放置在如图 5-3-7 所示的位置。将“图层 1”重命名为“建筑”，复制图层得到“建筑副本”图层，执行“编辑”/“变换”/“垂直翻转”命令，用“移动”工具将其移动至如图 5-3-7 所示的位置。按“Ctrl + T”组合键为“建筑副本”图层添加变形框，调整至合适大小后按“Enter”键确认，效果如图 5-3-7 所示。

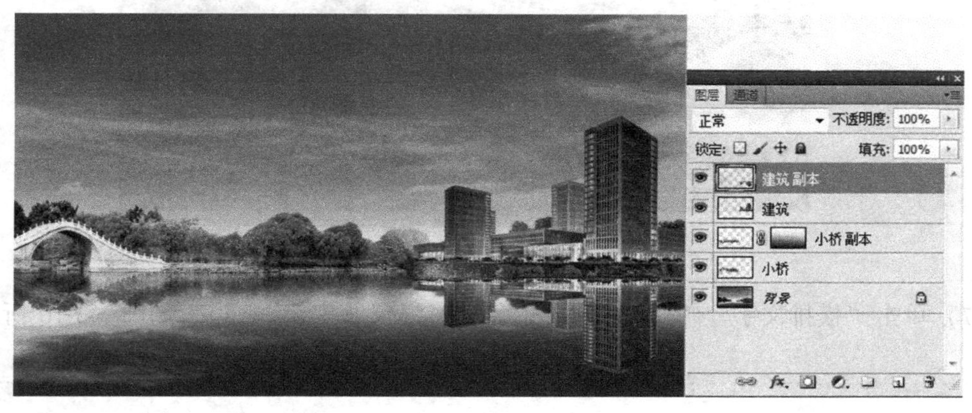

图 5-3-7　添加素材图片 10 后的效果及“图层”面板

5）选择“建筑”图层为当前图层，单击“图层”面板中的按钮给“建筑”图层添加蒙版，选择“画笔”工具编辑蒙版，让建筑物掩映在绿树之中。接下来给“建筑副本”图层添加蒙版，为了使水中倒影的效果更加逼真，可在“建筑副本”图层蒙版上添加渐变效果。将前景色设为黑色，单击“渐变”工具，属性栏设置如图 5-3-4 所示，“渐变编辑器”对话框设置如图 5-3-5 所示，添加渐变后的效果及图层面板如图 5-3-8 所示。

教你一招　在添加图层蒙版后，选择“画笔”工具，单击蒙版缩览图，使

图 5-3-8 “建筑副本”图层蒙版添加渐变后的效果及“图层”面板

之成为当前状态可以编辑的图层蒙版。在蒙版上涂抹黑色即可将建筑物遮挡住，透出“背景”中的绿树。在蒙版图像中绘制黑色，可增加蒙版被屏蔽的区域，并显示更多的图像。在蒙版图像中绘制白色，可减少蒙版被屏蔽的区域，并显示更少的图像。

6）打开“素材库”\“单元5”\“素材图片 11”文件，将其中的小船移动至“地产海报”文件中，调整大小后放置在如图 5-3-9 所示的位置。

图 5-3-9 添加素材图片 11 后的效果

7）单击“横排文字”T工具，选择字体“汉仪长宋简”，输入如图 5-3-10 所示的文字。

提示 在设计的海报中输入文字时，可以加一些小元素，例如符号等，可使版面更加丰富。

8）打开“素材库”\“单元5”\“素材图片 12”，用“魔棒”工具选取其中的“手撕纸”并移动至“地产海报”的底部，调整大小后放置在如图 5-3-11 所示的位置。

9）单击“横排文字”T工具，选择字体“汉仪大隶书简”，在“手撕纸”上输入如图 5-3-12 所示的文字。打开“素材库”\“单元5”/“素材图片 13”，将其中的“地图”移动至“地产海报”的右下角，调整大小后放置在如图 5-3-12 所示的位置。

图 5-3-10　输入文字

图 5-3-11　添加素材图片 12 后的效果

图 5-3-12　输入的文字及添加素材图片 13

10）选择“矩形选框” 工具，在“地产海报”顶部绘制如图 5-3-13 所示的矩形，填充灰色（RGB 为 65，63，62），效果如图 5-3-13 所示。

图 5-3-13　绘制矩形

11）打开“素材库”\“单元 5”\“素材图片 12”，用“魔棒”工具选取其中的“手撕纸”并移动至“地产海报”的顶部，调整大小后放置在如图 5-3-1 所示的位置，完成房地产海报的设计。

 **想一想**　在制作水中倒影时除了用图层蒙版还能用什么方法实现？

还可以通过修改图层的不透明度实现，但是得到的效果比图层蒙版稍差。

检查评议

序　号	能力目标及评价项目	评价成绩
1	能正确使用“魔棒”工具抠图	
2	能正确使用“图层”面板中的“添加图层蒙版”按钮	
3	能正确使用“画笔”工具编辑图层蒙版	
4	信息收集能力	
5	沟通能力	
6	团队合作能力	
7	综合评价	

问题及防治

1）用“画笔” 工具编辑图层蒙版时，涂抹和不涂抹的边界总是特别明显，可选择“柔边”画笔或减小“画笔”工具的硬度值来解决这个问题。

2）编辑图层蒙版时，如果要屏蔽的区域较大，建议用“渐变”工具来做，否则用“画笔”工具。

3）如果不小心在蒙版上涂抹了不该消失的地方，使图像因此隐藏得太多，可用白色画笔在“错误”的地方涂抹进行补救，使图像恢复显示。通常在蒙版中操作时，可将前景色和背景色恢复到默认的黑白状态，这样就可以通过单击双向箭头随时变换前景色和背景色，或者用快捷键“X”可以更快地在前景色和背景色之间切换。

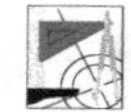

扩展知识

高动态范围专业成像技术

在计算机图形学与电影摄影艺术中，高动态范围成像（简称 HDRI）是用来实现比普通数字图像技术更大曝光动态范围（即更大的明暗差别）的一组技术。高动态范围成像的目的就是要正确地表示真实世界中，从太阳光直射到最暗的阴影范围内的亮度。高动态范围成像最初只用于纯粹由计算机生成的图像，后来人们开发出了一些从不同曝光范围照片中生成高动态范围图像的方法。

自从 PhotoshopCS2 版本初次引入 Merge to HDR（合成到高动态范围）图像概念以后，直到 CS3、CS4 版本，其 HDRI 的制作水平始终中规中矩，与专业 HDRI 编辑软件（如法国 Multimedia Photo 公司的 Photomatix Pro）相比仍有不足之处。而 CS5 版本的 HDRPro 挑战的对象就是 Photomatix 软件。CS5 版本将图像 HDR 精确合成、色调映射调整、图像缩放剪裁等处理功能统统融合在该工具中，不但处理得效果很好，而且效率极高，甚至可以用一张图片创建一幅 HDR 图像，创建一幅令人赞叹的写实或超现实 HDR 图像已不再是难事。

1）启动 Photoshop CS5，执行“文件”/“自动”/“合并到 HDR Pro”命令，在打开的“合并到 HDR Pro”对话框中单击“浏览”按钮，如图 5-3-14 所示。

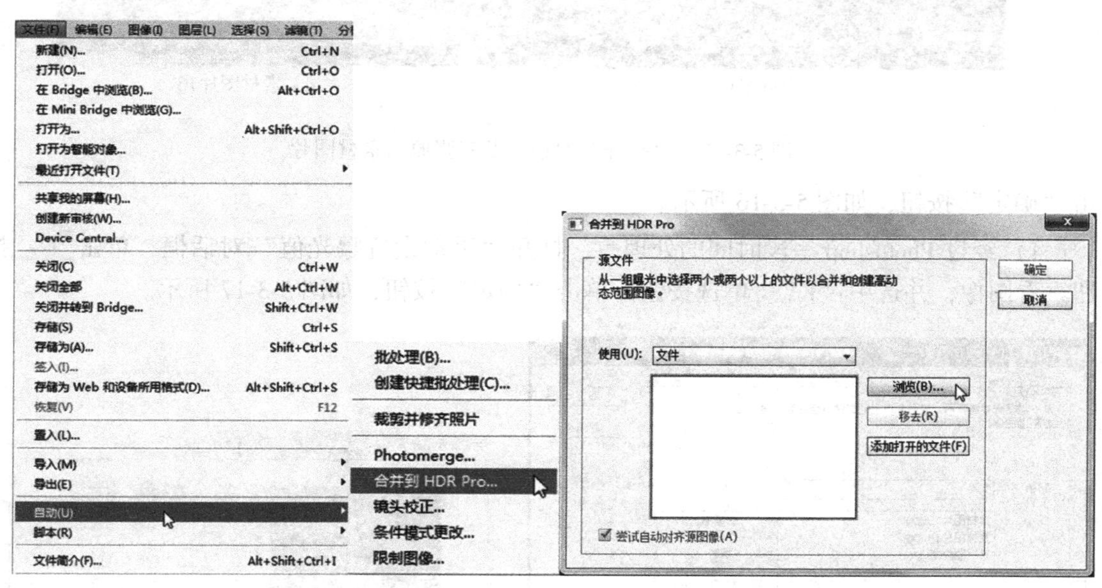

图 5-3-14 “合并到 HDR Pro”对话框

2）在“打开”对话框中选择需要合并的图像，选择“素材库”\“单元5”\“素材图片 14”“素材图片 15”“素材图片 16”三个文件，这是三张曝光不同的原始素材图片，如图 5-3-15 所示。

3）单击“打开”按钮，返回“合并到 HDR Pro”对话框，将选择的文件载入，然后单

a）“打开”对话框　　b）素材图片14

c）素材图片15　　d）素材图片16

图 5-3-15　“打开”对话框及三张原始素材图片

击“确定”按钮，如图 5-3-16 所示。

4）经过 Photoshop 一段时间的处理后，打开“手动设置曝光值”对话框，单击 > 按钮察看图像，并选中“EV”单选按钮，单击“确定”按钮，如图 5-3-17 所示。

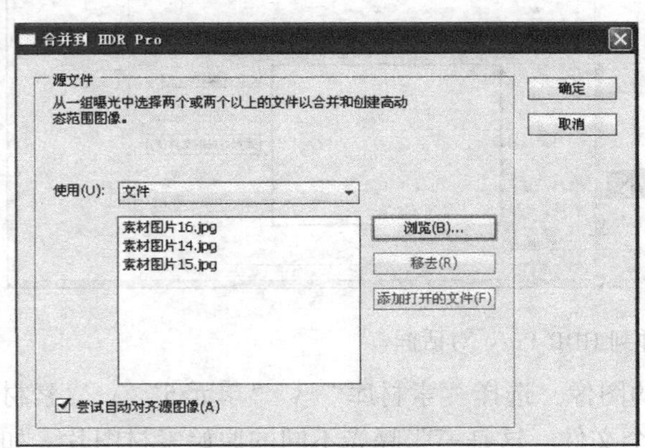

图 5-3-16　载入文件

图 5-3-17　“手动设置曝光值”对话框

5）再次打开“合并到 HDR Pro”对话框，勾选“移去重影”复选框，然后设置对话框中的其他设置，以合成高质量的图像效果，如图 5-3-18 所示。

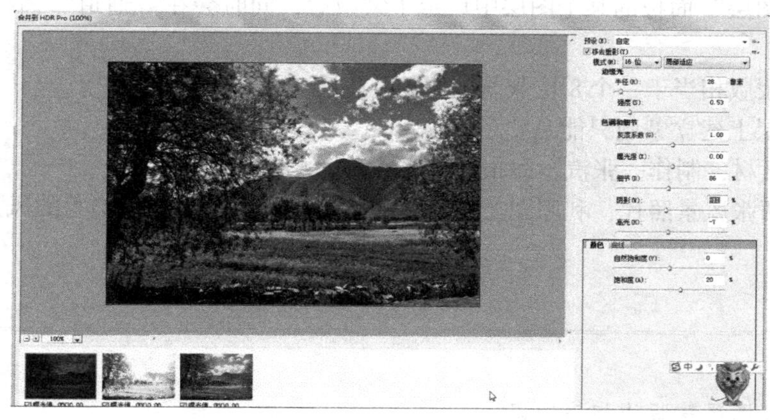

图 5-3-18　设置参数

6）设置完毕后单击“确定”按钮，关闭对话框，完成图像的合成，效果如图 5-3-19 所示。

图 5-3-19　高动态合成效果

考证要点

1. 下面对于图层蒙版叙述正确的是（　　）。

A. 使用图层蒙版的好处在于，能够通过图层蒙版隐藏或显示部分图像

B. 使用图层蒙版能够很好地混合两幅图像

C. 使用图层蒙版能够避免颜色损失

D. 使用图层蒙版可以减小文件大小

2. 下面对图层蒙版的描述正确的是（　　）。

A. 图层蒙版相当于一个 8 位灰阶的 Alpha 通道

B. 在图层蒙版中，不同程度的灰色表示图像以不同程度的透明度进行显示

C. 按“Esc”键可以取消图层蒙版的显示

D. 在背景层中不能建立图层蒙版

3. 下面对图层蒙版的描述哪些是正确的（　　）？

A. 当按住“Alt”键单击“图层”面板中的蒙版缩略图时，图像中就会显示蒙版。

B. 在“图层”面板的某个图层中设定了蒙版后，同时会在“通道”面板中生成一个临时 Alpha 通道

C. 图层蒙版相当于一个 8 位灰阶的 Alpha 通道

D. 在图层上建立蒙版只能是白色的

4. 准备素材，制作一张汽车海报。

5. 拍摄两张风景照片，利用图层蒙版将照片巧妙合成为更有感染力的风景图片。

任务4 设计制作婚纱照

知识目标：

1. 理解图层蒙版的相关知识。
2. 掌握图层蒙版的创建及编辑方法。

技能目标：

1. 掌握图层蒙版的创建及编辑技巧。
2. 能够灵活运用图层蒙版合成婚纱照。

任务描述

随着数码影像、图片处理技术的发展越来越成熟，如今一张相片的效果，不再单纯依靠摄影师技巧、布景水平、人物装扮等因素，“后期制作”成了重要的一环。近年来，基本所有婚纱影楼、摄影工作室都成立了“后期制作小组”，其中一项主要工作就是运用 Photoshop 等平面设计软件对照片进行美化。本次任务就是设计制作婚纱照，完成效果如图 5-4-1所示。它要求我们能熟练应用图层蒙版。

图 5-4-1 婚纱照完成效果

任务分析

完成本任务需要熟练应用“魔棒”工具、“画笔”工具及“添加图层蒙版”按钮。其中，“魔棒”工具用于添加选区，“添加图层蒙版”按钮用于创建蒙版，“画笔”工具用于编辑蒙版。

操作步骤：用“魔棒”工具添加选区→创建并编辑图层蒙版→素材图片合成。

相关知识

1. 自动创建蒙版

1）先选择图像，执行“编辑”/“拷贝”命令，在另一文件中制作选区，执行“编辑”/“选择性粘贴”/“贴入”命令，将复制的内容贴入选区中，自动创建图层蒙版，超出选区以外的复制内容将被隐藏。

2）先选择图像，执行“编辑”／“拷贝”命令，再制作选区，执行“编辑”／“选择性粘贴”／“外部粘贴”命令，将复制的内容贴入反选区域中，自动创建图层蒙版，超出反选选区以外的复制内容将被隐藏。

?! **注意**：自动蒙版与图像在默认状态下是非链接的。

2. 添加图层蒙版

1）先制作选区，单击选择图像所在的图层，再单击“图层”面板中的“添加图层蒙版”按钮或执行“图层”／“图层蒙版”／“显示选区”命令，可以添加图层蒙版并将图层蒙版中的选区位置填充为白色（即显示图像与选区相对应的区域）。

2）若不制作选区，则单击选择图像所在的图层，再单击“图层”面板中的“添加图层蒙版”按钮，或执行“图层”／“图层蒙版”／“显示全部”命令，可以添加图层蒙版并在整个图层蒙版中填充白色（即显示全部图像）。

3）先制作选区，单击选择图像所在的图层，按“Alt”键并单击“图层”面板中的“添加图层蒙版”按钮，或执行“图层”／“图层蒙版”／“隐藏选区”命令，可以添加图层蒙版并将图层蒙版中的选区位置填充为黑色（即隐藏图像与选区相对应的区域）。

4）若不制作选区，则单击选择图像所在的图层，按“Alt”键并单击“图层”面板中的“添加图层蒙版”按钮，或执行“图层”／“图层蒙版”／“隐藏全部”命令，可以添加图层蒙版并在整个图层蒙版中填充黑色（即隐藏全部图像）。

?! **注意**：添加图层蒙版后，会创建永久蒙版（在通道中可以查看到），并且添加的图层蒙版与图像在默认状态下是链接的。

任务实施

1）打开“素材库”＼“单元5”＼“素材图片17”文件，选择“魔棒”工具，属性栏设置如图5-4-2所示。将图层1设为当前图层，在画面中的相框内单击，添加如图5-4-3所示的选区。

图5-4-2　“魔棒”工具属性栏

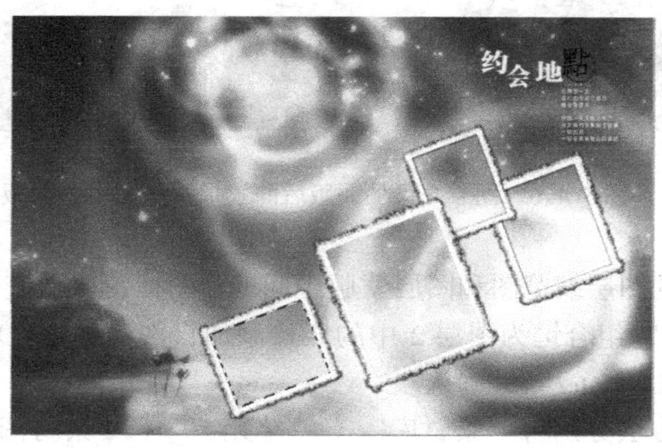

图5-4-3　添加选区

教你一招 用“魔棒”工具在相框内单击添加选区之后，执行“选择”/“修改”/“扩展”命令，设置“扩展量”为“5像素”，如图5-4-4所示。扩展选区的目的是让放入的照片和相框贴合得更紧密、更自然。

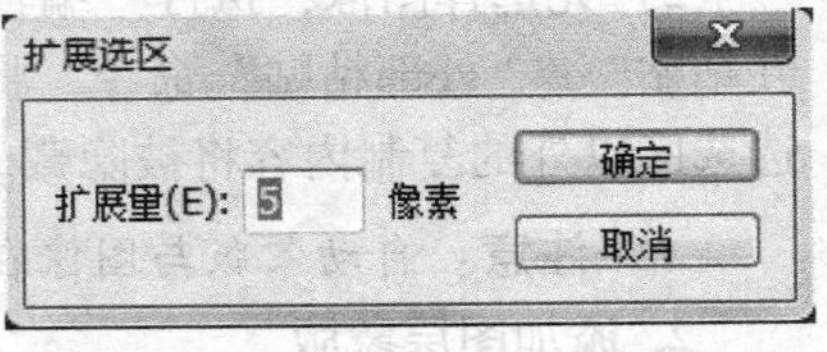

图5-4-4 扩展选区对话框

2）打开“素材库”\“单元5”\“素材图片18”的文件，用移动工具将其移动至“素材图片17”文件中，放置在如图5-4-5所示的位置。

图5-4-5 图层2照片的放置位置

3）选择图层2为当前图层，单击“图层”面板中的“添加图层蒙版”按钮给图层2添加蒙版，效果如图5-4-6所示。

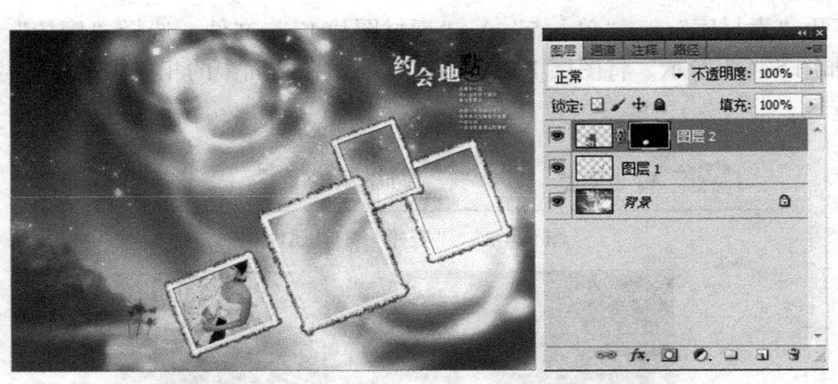

图5-4-6 图层2添加蒙版后的效果及“图层”面板

4）单击图层2的图层缩览图和图层蒙版中间的图标，取消链接。单击图层2的图层缩览图，按“Ctrl + T”组合键为图层2中的照片添加自由变换框，将图片调整到合适的大小（见图5-4-7），按“Enter”键确认。

5）按以上操作方法分别将“素材库”\“单元5”\“素材图片19”“素材图片20”“素材图片21”文件复制到“素材图片17”文件中，利用图层蒙版将其分别放在对应的相框中，合成后的效果如图5-4-8所示。

图 5-4-7　调整图层 2 照片大小

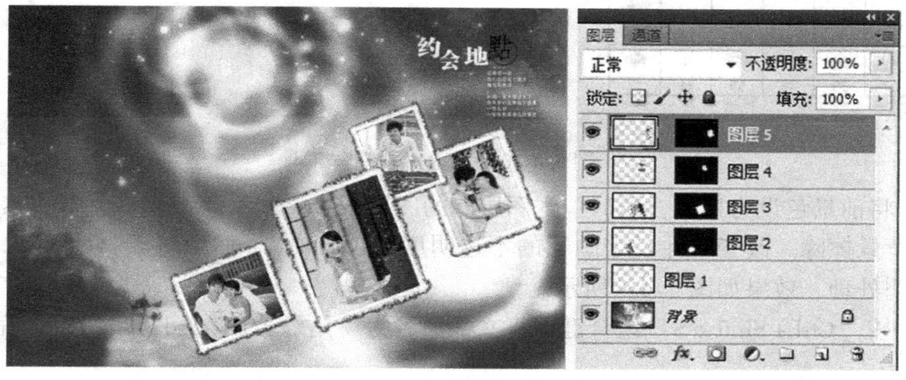

图 5-4-8　照片合成效果及“图层”面板

> **提示**　在调整照片大小之前，一定要将图层缩览图和图层蒙版之间的链接取消，否则调整照片大小时蒙版也将随之调整，无法完成把照片放入相框中的操作。

6）打开“素材库”\“单元 5”\“素材图片 22”的文件，用“移动”工具将其移动至“素材图片 17”文件中，放置在如图 5-4-9 所示的位置。

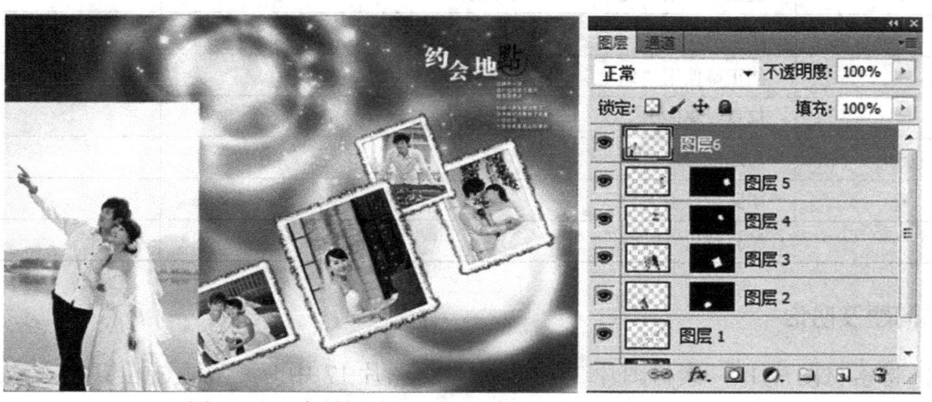

图 5-4-9　素材图片 22 放置的位置及“图层”面板

7）选择“图层 6”为当前图层，单击“图层”面板中的“添加图层蒙版 ”按钮给图层 6 添加蒙版，单击“画笔”工具，参数设置如图 5-4-10 所示。

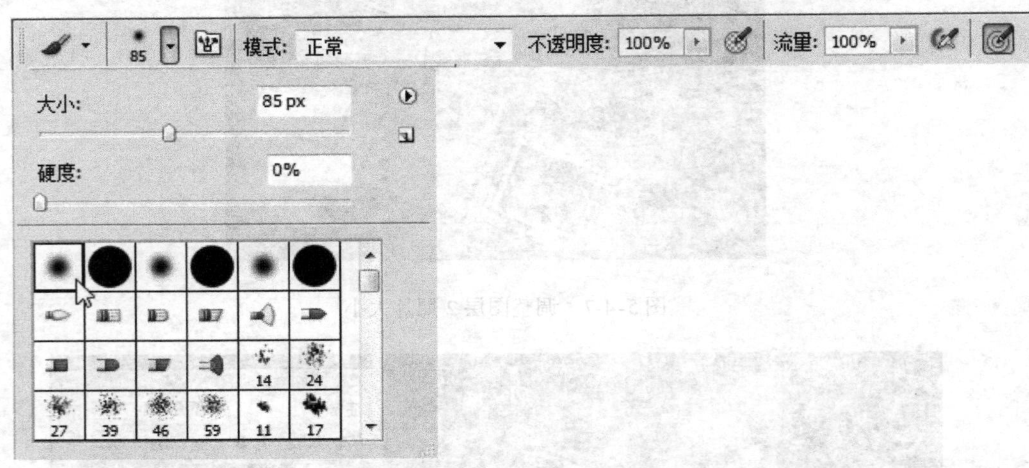

图 5-4-10　设置“画笔”工具

8）将前景色设为黑色，然后单击图层 6 的图层蒙版，利用“画笔”工具将素材图片 22 的天空背景擦除。改变属性栏中画笔的不透明度为“30%”，然后将素材图片 22 的其余背景做透明处理，效果如图 5-4-1 所示。

9）按“Ctrl + Shift + S”组合键，将文件命名为“婚纱合成 . psd”后另存，完成婚纱合成效果。

 **想一想**　使用自动创建蒙版的方法能否实现婚纱合成效果？

可以先复制照片，再制作相框选区，执行“编辑”/“选择性粘贴”/“贴入”命令，即可自动创建蒙版，完成婚纱合成效果。

检查评议

序　号	能力目标及评价项目	评价成绩
1	能正确使用“魔棒”工具制作选区	
2	能正确使用“图层”面板中的“添加图层蒙版”按钮	
3	能正确使用“画笔”工具编辑图层蒙版	
4	信息收集能力	
5	沟通能力	
6	团队合作能力	
7	综合评价	

问题及防治

1）将素材图片 18 ~ 素材图片 21 复制到素材图片 17 中时，放置的位置应在该照片对应的相框附近，以便于调整照片大小。

2）给照片添加图层蒙版后，需调整照片的大小和位置，使其与相框吻合。这时要单击选择照片的图层缩览图，否则将会调整蒙版的大小和位置。

3）可以将蒙版删除，删除时需要确认，其中“应用”表示将当前蒙版作用到层，“不应用”表示不起作用，还可重新来过。

扩展知识

智能化毛发抠像技术

选择工具历来都是 Photoshop 的看家技术，许多应用工具都是以此为基础建立起来的。CS5 版本之所以能取得如此巨大的影响，就在于新的选择工具，它构成了新版核心技术，是最深刻的具有里程碑式的技术革新。Photoshop CS5 提供了一种更好的智能化边缘检测和蒙版技术，可以用相当短的时间将最棘手的图像（如毛发的选择）出来。

1）启动 Photoshop CS5，打开“素材库”\“单元 5”\“素材图片 23”如图 5-4-11 所示。

2）用“套索”工具对小狗进行大致的选取，如图 5-4-12 所示。

图 5-4-11 素材图片 23

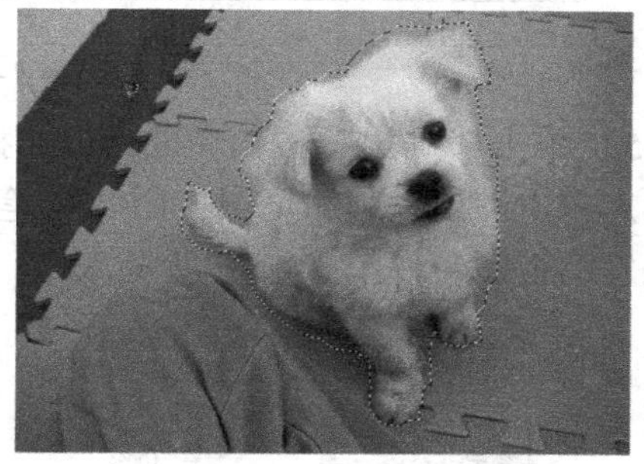

图 5-4-12 用“套索”工具建立选区

3）单击“套索”工具属性栏中的“调整边缘”按钮，打开“调整边缘”对话框，这时图像呈现黑白视图模式。勾选“智能半径”复选框，拖动滑块将半径值设为“220”，这时可以看到小狗的毛发逐渐清晰起来，其他参数设置如图 5-4-13 所示。

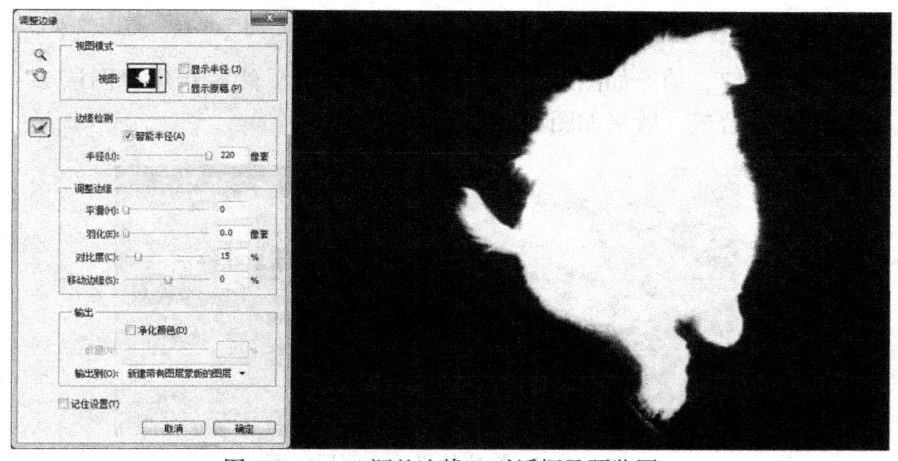

图 5-4-13 “调整边缘”对话框及预览图

4）在视图模式的下拉菜单中选择“黑底”模式，可以直观地看到选择的状态，如图5-4-14所示。

图5-4-14 “黑底”模式预览图

5）单击“确定”按钮完成精确选择，该操作自动为图层添加了图层蒙版，如图5-4-15所示。单击图层蒙版缩览图，用“画笔”工具编辑蒙版，清除小狗以外的图像，完成精细到毛发的抠图，如图5-4-16所示。

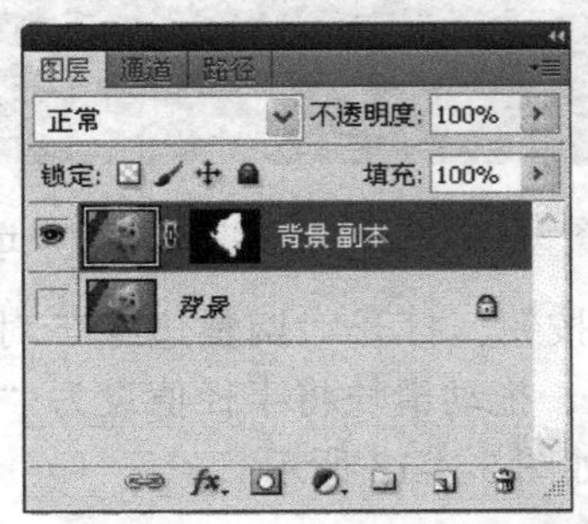

图5-4-15 “图层”面板

图5-4-16 抠图效果

6）新建“图层1”，填充如图5-4-17所示的渐变背景，然后新建“图层2”，为小狗添加阴影，完成图像的合成，效果如图5-4-17所示。

图5-4-17 合成效果及“图层”面板

考证要点

1. 下列哪些内容能够添加图层蒙版（　　）？

A. 图层组　　B. 文字图层　　C. 透明图层　　D. 背景图层

2. 下面对图层蒙版的显示、关闭和删除的描述哪些是正确的（　　）？

A. 按住“Shift”键的同时单击“图层”面板中的蒙版缩览图就可关闭蒙版，使之不在图像中显示

B. 当在“图层”面板的蒙版缩览图上出现一个黑色的×记号，表示将图层蒙版暂时关闭

C. 图层蒙版可以通过“图层”面板中的“垃圾桶”图标进行删除

D. 创建图层蒙版后就不能被删除

3. 如果在图层上增加一个蒙版，当要单独移动蒙版时，下面哪种操作是正确的（　　）？

A. 首先单击图层上面的蒙版，然后选择“移动”工具就可移动了

B. 首先单击图层上面的蒙版，然后执行“选择”/“全选”命令，用“选择”工具拖拉

C. 首先要解掉图层与蒙版之间的锁，然后选择“移动”工具就可移动了

D. 首先要解掉图层与蒙版之间的锁，再选择蒙版，然后选择“移动”工具就可移动了

4. 准备素材，制作一张婚纱照。

5. 自己准备几张照片，利用图层蒙版制作合成效果，合成的照片要自然而逼真。

单元6 路径的应用

6

任务1 设计制作流光溢彩壁纸

知识目标：

1. 了解路径的概念和基本组成元素。
2. 掌握路径工具的使用规则和使用技巧。

技能目标：

1. 掌握“路径”面板的使用方法。
2. 掌握路径的创建与编辑方法。
3. 掌握描边路径的应用方法。

任务描述

在Photoshop的图像处理过程中，路径的使用非常灵活，它可以精确勾画和调整图像区域（对象）的轮廓，且适用于不规则的、难以使用其他工具进行选择的图像区域。Photoshop的路径在特殊图像的选取、特效字的制作、图案制作、标记设计等方面的应用最为广泛。本次任务是利用路径制作流光溢彩壁纸，完成效果如图6-1-1所示。

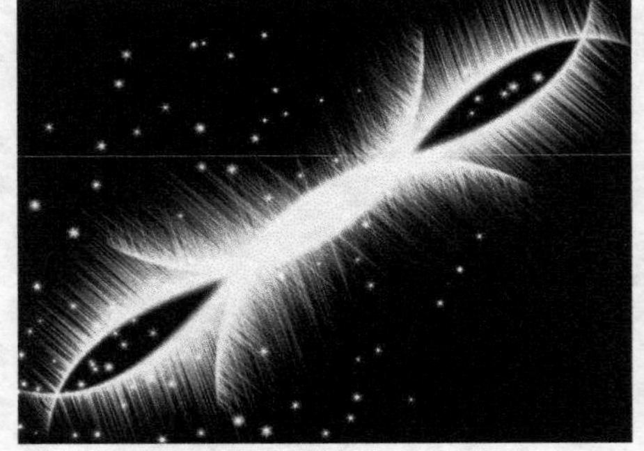

图6-1-1 流光溢彩壁纸完成效果

任务分析

完成本任务需要掌握“钢笔”工具、“路径”面板、“描边路径”的应用方法。“钢笔”工具是最基本的路径绘制工具，利用它可以绘制直线或曲线路径。“路径”面板的主要功能是储存路径和修改选区，无论用何种选择工具选出的选区，使用它都能转换为路径，并能精细修改，还可以将修改好的路径再转换为选区。“描边路径”是指用“钢笔”工具画好路径后，用画笔描边路径，应在工具栏里先选好要描边的颜色和画笔笔触等。

操作步骤：新建文件→新建图层→用“钢笔”工具创建路径→设置画笔→路径描边→隐藏路径→“风”滤镜→自由变换→添加点光→渐变填充。

1. 路径的定义

路径在 Photoshop 中是使用贝赛尔曲线所构成的一段闭合或者开放的曲线段。路径在图像显示效果中表现为一些不可打印的矢量形状，用户可以沿着产生的线段或曲线对路径进行填充和描边，还可以将其转换成选区后进行图像处理，也就是说，路径和选区可以相互转换。

2. 路径的基本组成元素（见图 6-1-2）

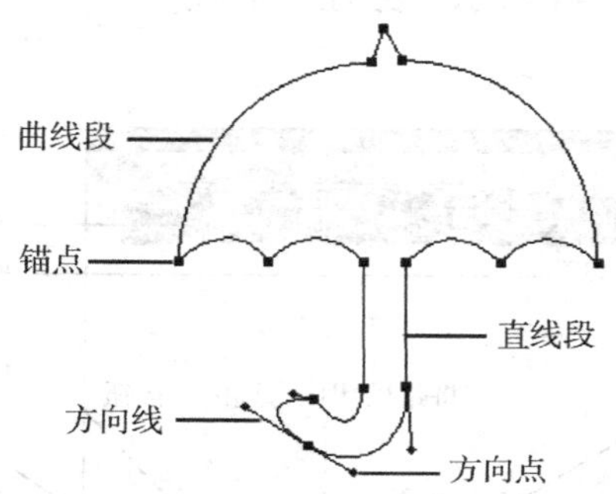

图 6-1-2　路径的基本组成元素

3. “钢笔”工具的使用

（1）“钢笔”工具属性栏　“钢笔”工具可用于创建直线路径和曲线路径，其属性栏如图 6-1-3 所示。

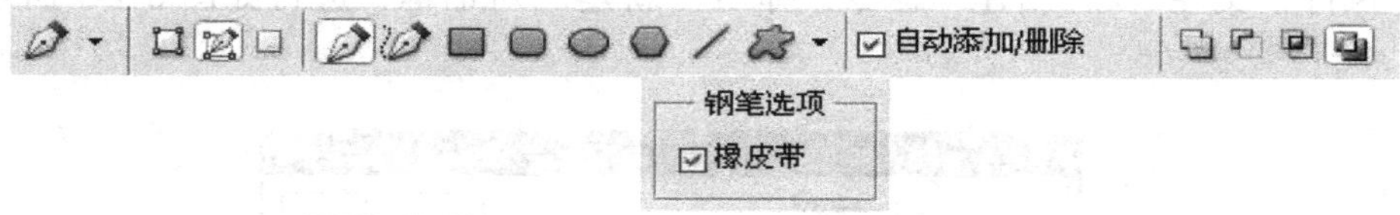

图 6-1-3　“钢笔”工具属性栏

1）“形状图层”按钮：选择该项后，所绘路径会形成一个图形，不仅在“路径”面板中可见，而且在“图层”面板中会形成一个矢量遮罩层。

2）“路径”按钮：选择该项后，所绘路径会在“路径”面板中形成可见路径。

3）“填充像素”按钮：第三个路径类型选项，当“形状”工具被选择时可用。选择该项后，创建的路径会形成填充区域。

4）“图标”按钮：该组按钮用于在“钢笔”工具、“自由钢笔”工具以及各种“形状”工具间进行切换，以便用不同的工具来创建所需路径。

5）“橡皮带”复选框：当“钢笔”工具被选择时，在“钢笔”下拉列表中可用。在鼠标单击前，可预览即将创建的路径。

6）“自动添加/删除”复选框：当“钢笔”工具被选择时可用，允许使用正常的“钢笔”工具添加（删除）锚点。

7）“路径查找” 按钮：路径间的添加、减去、并集、交集。

（2）使用“钢笔”工具创建路径

1）绘制直线路径：在图像窗口中的适当位置单击鼠标创建直线路径的起点，即第一个锚点，然后移动鼠标指针至另一位置单击，将与起点之间创建一条直线路径。

2）绘制曲线路径：在图像窗口中创建曲线路径的起点，按住鼠标左键并拖动该锚点，将从起点处建立一条方向线，释放鼠标后，将在起点与终点之间创建一条曲线路径。

4. 认识“路径”面板

路径的新建、保存和复制等基本操作都是通过“路径”面板来实现的，执行“窗口”/“路径”命令可以打开如图6-1-4所示“路径”面板。

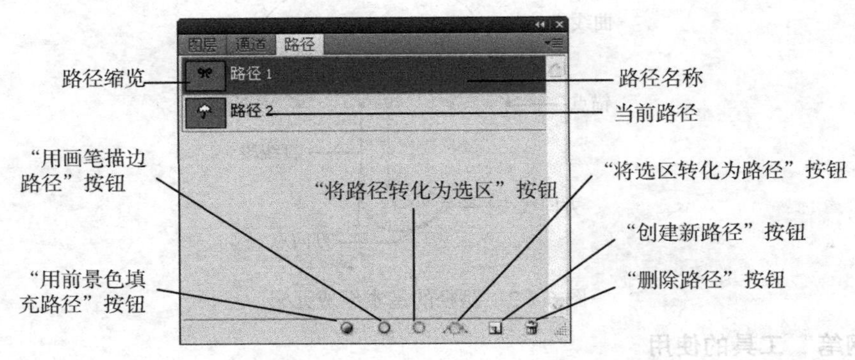

图6-1-4 “路径”面板

任务实施

1）执行“文件”/“新建”命令，弹出“新建”对话框，进行如图6-1-5所示的参数设置。

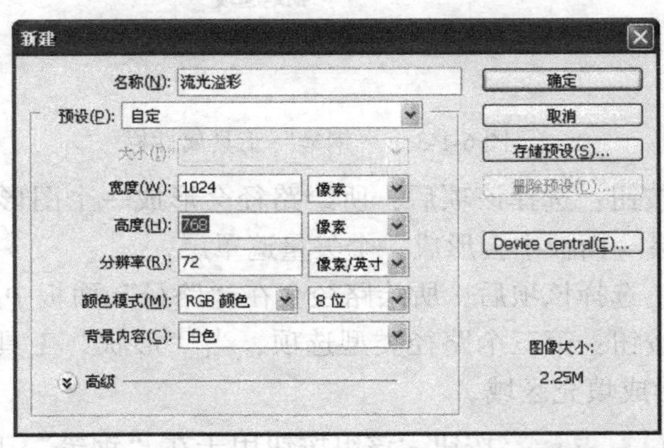

图6-1-5 “新建”对话框

2）设置前景色为黑色，按快捷键“Alt + Delete”，填充黑色。

3）新建“图层1”，选择“钢笔”工具，绘制曲线路径，如图6-1-6所示。选择“画笔”工具，设置画笔笔触参数，如图6-1-7所示。

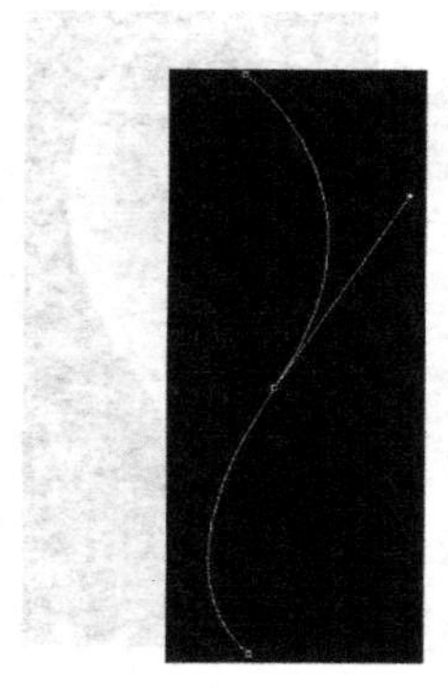

图 6-1-6 曲线路径

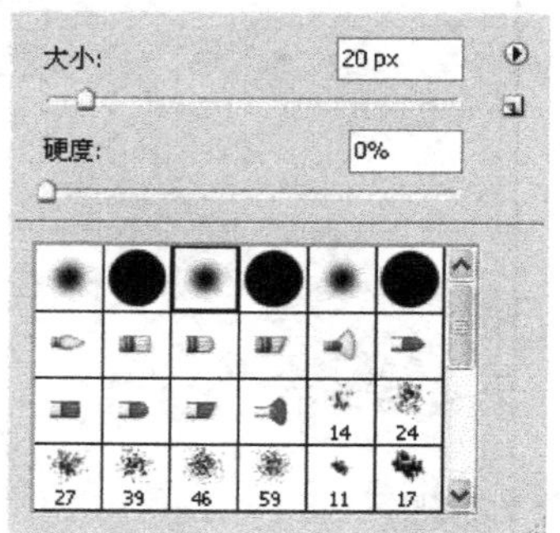

图 6-1-7 选择画笔笔触样式

教你一招 使用“钢笔”工具创建路径时，按住“Shift”键不放，可以创建水平、垂直或45°方向的直线路径。

4）打开“路径”面板，在曲线路径图层上单击鼠标右键，在快捷菜单中选择“描边路径”，弹出“描边路径”对话框，进行如图 6-1-8 所示的参数设置，效果如图 6-1-9 所示。

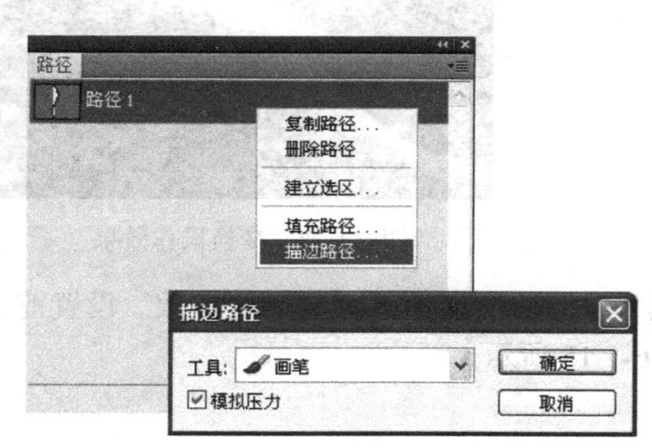

图 6-1-8 “描边路径”对话框

图 6-1-9 路径描边效果

5）执行“视图”/“显示”/“目标路径”命令，或按快捷键“Shift + Ctrl + H”，隐藏路径。

6）执行“滤镜”/“风格化”/“风”命令，弹出“风”对话框，进行如图 6-1-10 所示的参数设置，完成后单击“确定”按钮。按快捷键“Ctrl + F”，重复执行两次“滤镜”/“风格化”/“风”命令，然后执行“滤镜”/“模糊”/“动感模糊”命令，弹出“动感模糊”对话框，设置角度为“0”，距离为“3 像素”，效果如图 6-1-11 所示。

7）按快捷键“Ctrl + J”，复制生成图层 2，执行“编辑”/“变换”/“水平翻转”命令，然后执行“编辑”/“变换”/“旋转”命令，合并除背景层以外的图层，效果如图 6-1-12 所示。复制图层 1，生成图层 1 副本，选中图层 1 和图层 1 副本，执行“编辑”/“变换”/“旋转”命令，并调整其位置，效果如图 6-1-13 所示。

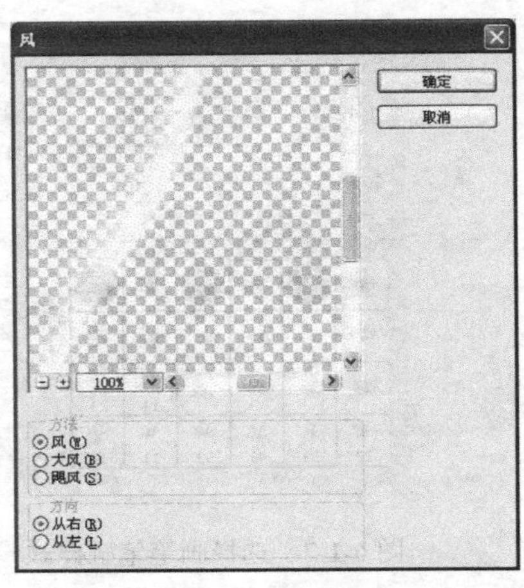

图 6-1-10 “风”对话框

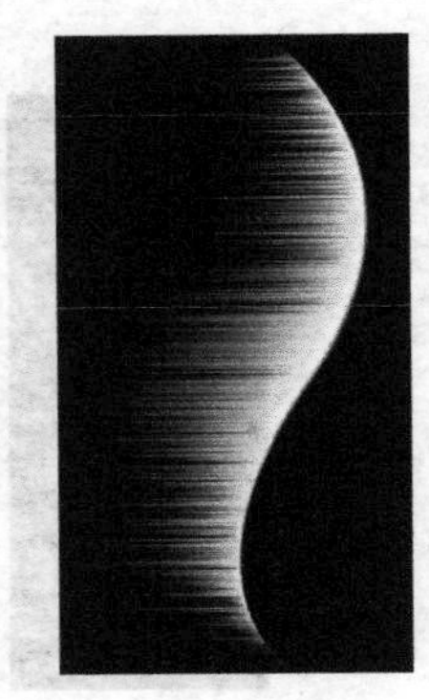

图 6-1-11 “风”滤镜应用效果

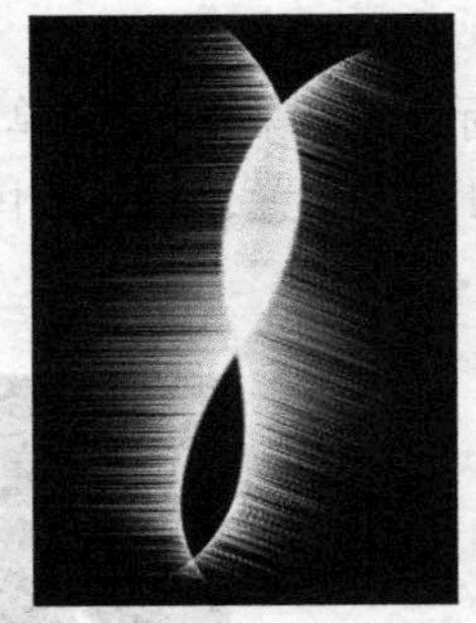

图 6-1-12 变换操作

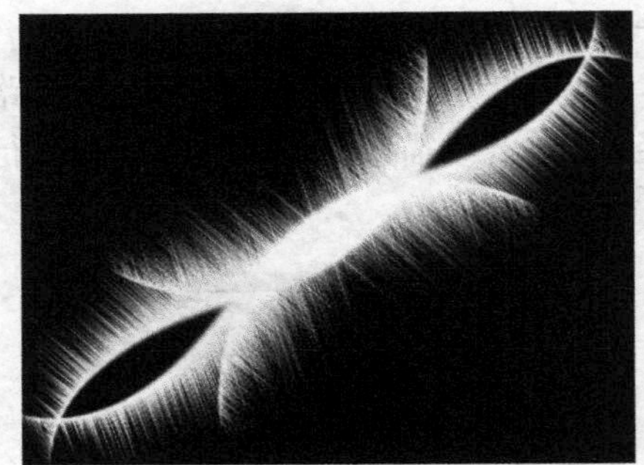

图 6-1-13 变换操作效果

8）新建“图层 2”，选择“画笔”工具，按图 6-1-14 所示设置画笔参数。设置前景色为白色，在图像窗口中绘制点光，效果如图 6-1-15 所示。

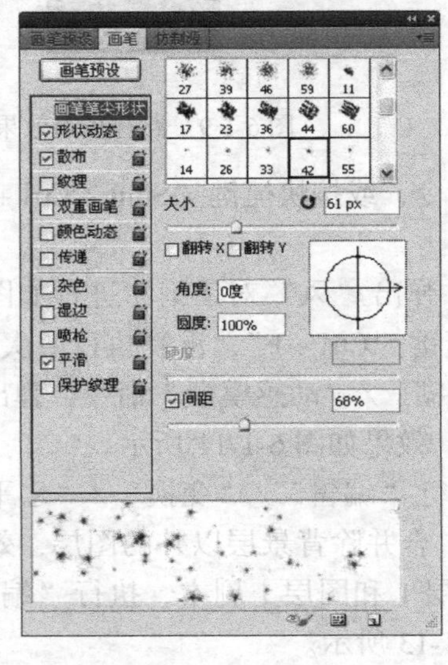

图 6-1-14 “画笔”面板

图 6-1-15 绘制点光效果

9）新建“图层3”，选择“渐变”工具，按图6-1-16所示设置参数，然后在图像窗口中由左上角向右下角进行线性填充，设置该图层的混合模式为柔光，最终效果如图6-1-1所示。

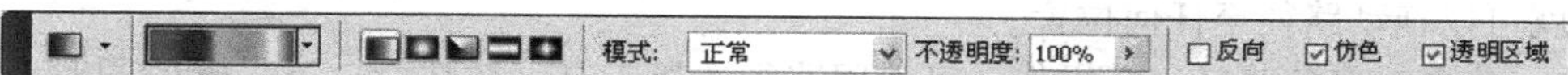

图6-1-16 “渐变”工具属性栏

**教你一招** 创建路径时，若想将路径转换为选区，则要求路径必须为闭合路径，即路径的起点和终点重合。

想一想 如何制作花朵壁纸效果？

新建黑色背景文件，利用“钢笔”工具绘制曲线路径并描边路径，使用“风”滤镜和“动感模糊”滤镜制作出花瓣效果。复制并旋转花瓣制作出花朵效果。新建图层填充渐变色，并设置该图层混合模式为柔光，效果如图6-1-17所示。

图6-1-17 花朵壁纸效果

检查评议

序 号	能力目标及评价项目	评 价 成 绩
1	能正确使用“钢笔”工具	
2	能正确使用“路径”面板	
3	能正确使用“画笔”工具	
4	能正确使用“风”滤镜	
5	能正确使用“动感模糊”滤镜	
6	信息收集能力	
7	沟通能力	
8	团队合作能力	
9	综合评价	

问题及防治

路径是由多个节点的矢量线条构成的图形，即路径是由贝塞尔曲线构成的图形。路径在图像显示效果中表现为一些不可打印的矢量形状。使用路径时应注意以下规则：

1）修改路径时，在点选调整路径上的一个锚点后，按住“Alt”键，在锚点上单击鼠标左键，此时其中一根“调节线”将会消失，再单击下一个锚点时就会不受影响了。

2）使用“钢笔”工具创建了一条路径，且当前“钢笔”工具正在使用状态下，只要按下数字键盘上的“Enter”键，即可将路径作为选区载入。

3）按快捷键“Ctrl + H”可隐藏路径，但如果有参考线，则参考线也会被隐藏，可以用“Esc”键来隐藏，但需要把工具切换到路径工具组上。

4）如果需要移动整条或是多条路径，可选择所需移动的路径，然后按快捷键“Ctrl + T”，就可以拖动路径至任何位置。

5）若要对多条路径进行操作，可使用路径选择工具，按住“Shift”键的同时点选多条路径。

扩展知识

1. “自由钢笔”工具

（1）“自由钢笔”工具的属性　“自由钢笔”工具是 Photoshop 中用于随意绘制路径的工具，其属性栏如图 6-1-18 所示。

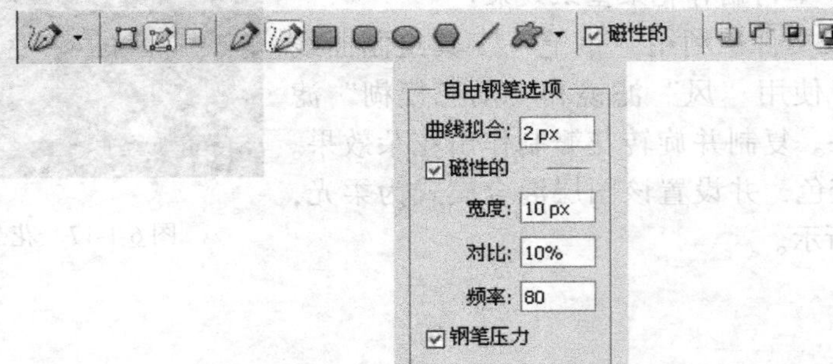

图 6-1-18　“自由钢笔”工具属性栏

1）“曲线拟合”选项：输入的数值在自由绘制路径时决定添加贝兹手柄时的精度。数值越高，结果越精确，取值范围为 0．5 ~ 10px。

2）“磁性的”复选框：勾选该项后，路径会吸附到像素上。磁性的选项有：限定路径跨越区域的宽度，吸附路径的像素对比度，路径锚点的添加频率。

3）“钢笔压力”复选框：勾选该项后，根据绘画板承受的压力决定钢笔的宽度。

（2）“自由钢笔”工具的使用方法　“自由钢笔”工具在使用方法上与选择工具中的“磁性套索”工具基本一致，只需要在图像上创建一个初始点后即可随意拖动鼠标徒手绘制路径，如图 6-1-19 所示。

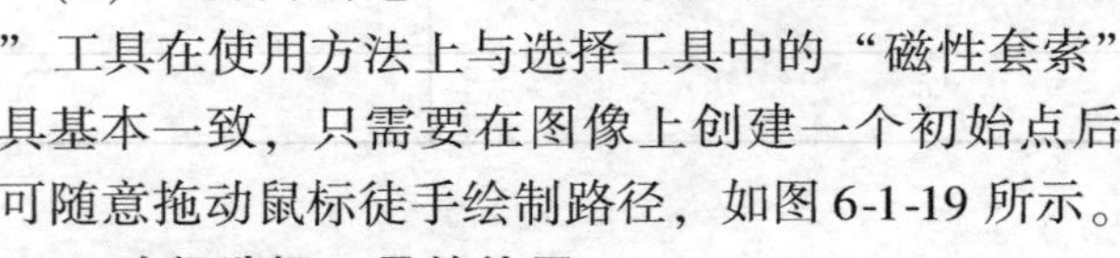

图 6-1-19　用“自由钢笔”工具创建路径

2. 路径选择工具的使用

利用路径选择工具可以选择路径并进行编辑操作。选择路径的工具包括“路径选择”工具和“直接选择”工具两种。

（1）“路径选择”工具　“路径选择”工具可用于选择和移动整个路径。将光标移动到路径中的某一位置，单击即可选中该路径，再拖动鼠标便可以移动路径的位置，如图 6-1-20 所示。在“路径选择”工具属性栏中勾选“显示定界框”复选框，则在路径外将出现变换框，可对路径进行变形操作。

图 6-1-20 选择并移动路径

（2）“直接选择”工具 “直接选择”工具可以移动某个锚点的位置，并可以对锚点进行变形操作。使用“直接选择”工具单击路径上的某个锚点，使其以实心显示，拖动鼠标可以移动锚点的位置，路径形状也随之改变。单击某个锚点，出现方向线后，单击并拖动鼠标可以改变该处路径的形状。

考证要点

1. 在使用“钢笔”工具创建直线路径时，按住（　　）键不放，可以创建水平、垂直或45°方向的直线路径。

A. “Shift”　　B. “Ctrl”　　C. “Alt”　　D. “Shift + Ctrl”

2. 使用下面哪种方法不能进行路径的创建（　　）？

A. 使用“钢笔”工具　　B. 使用“自由钢笔”工具

C. 使用“添加锚点”工具　　D. 先建立选区，再将选区转化为路径

3. 使用（　　）工具可以移动某个锚点的位置，并可以对锚点进行变形操作。

A. “钢笔”　　B. “自由钢笔”　　C. “路径选择”　　D. “直接选择”

4. 打开一幅图像文件，练习使用“钢笔”工具选取图像。

5. 利用“钢笔”工具设计并创建花瓣路径图案。

6. 利用“钢笔”工具并结合滤镜功能设计制作流光溢彩的壁纸效果。

任务2 设计制作放飞梦想壁纸

知识目标：

1. 了解利用“钢笔”工具创建路径的方法。
2. 掌握“钢笔”工具的使用规则和技巧。

技能目标：

1. 通过实例的制作，掌握“钢笔”工具及图层样式的应用方法。
2. 灵活运用“路径”面板。

任务描述

树立信念，放飞梦想，你将随它到达美丽的地方。树立信念，放飞梦想，你将拥有更加灿烂的明天。让梦想飞翔，让信念开花。告诉自己，有梦想就要去追。扇动梦想的翅膀，飞

翔吧！本次任务是利用路径及图层样式制作放飞梦想壁纸，效果如图 6-2-1 所示。

图 6-2-1　放飞梦想壁纸效果

任务分析

完成本任务需要掌握“钢笔”工具、“路径”面板、“渐变”工具、“图层样式”命令的应用方法。其中，“钢笔”工具用于绘制蝴蝶翅膀轮廓，利用它可以绘制直线或曲线路径；“路径”面板用于储存路径和修改选区，对路径进行填充和描边；“渐变”工具用于填充背景颜色及对蝴蝶的翅膀进行填色；“图层样式”命令用于修改图像的色彩，或增加立体效果。

操作步骤：新建文件→新建图层”→用“钢笔”工具创建路径→将路径转为选区→用“渐变”工具填充路径→描边路径→盖印图层→执行“自由变换”命令→导入素材。

相关知识

1. “添加锚点”工具

“添加锚点”工具用于对创建好的路径添加锚点。将光标置于要添加锚点的路径上，单击鼠标左键，即可添加一个锚点。添加的锚点以实心显示，表示为当前工作锚点。添加锚点后，光标会自动变为“直接选择”工具的光标编辑状态 ↖，此时拖动该锚点可以变换此锚点处路径的形状，如图 6-2-2 所示。

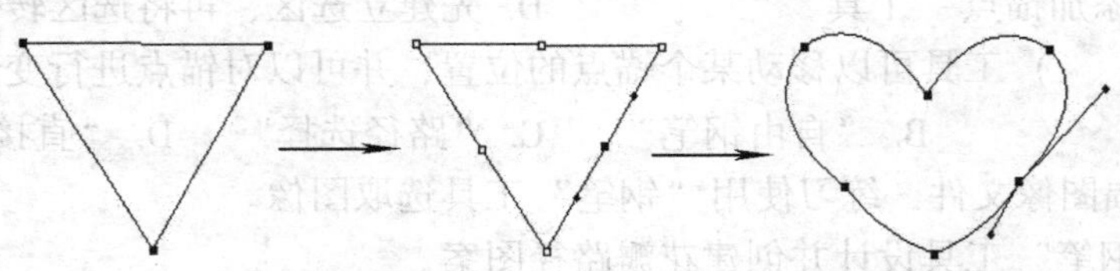

图 6-2-2　使用“添加锚点”工具的效果

2. “删除锚点”工具

“删除锚点”工具用于删除不需要的锚点。将光标置于要删除的锚点上，单击鼠标左键，即可删除一个锚点，同时路径的形状也会发生相应的变化，如图 6-2-3 所示。

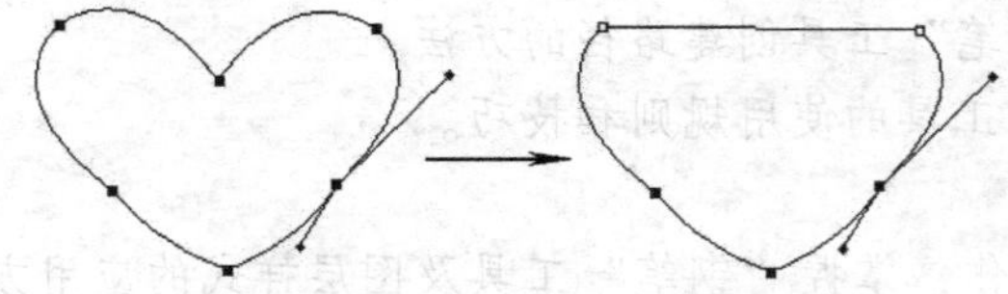

图 6-2-3　删除锚点

3. “转换点”工具

使用“转换点”工具可以在平滑点（表示曲线的节点）和角点（表示直线的节点）间相互转换。将光标移动到要转换的锚点上，单击鼠标左键即可进行转换。如果单击的是平滑点，将由平滑点转换为没有方向的角点。单击转换后的锚点并进行拖动，将会出现平滑点的方向线和方向点，表示已将角点转换为平滑点状态，如图 6-2-4 所示。

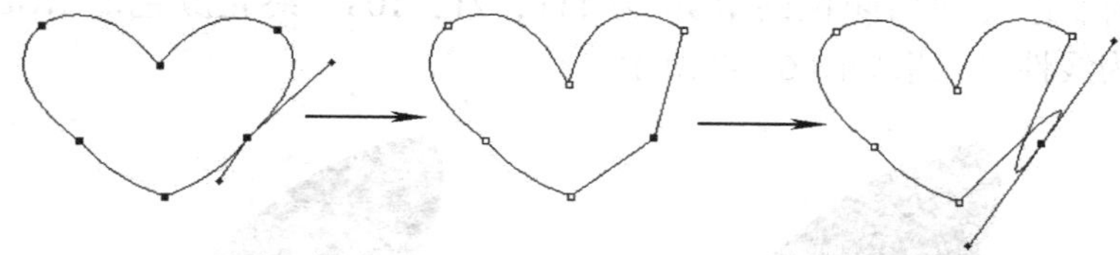

图 6-2-4　“转换点”工具的使用效果

任务实施

1）执行“文件”/“新建”命令，弹出“新建”对话框，设置宽度为“1024 像素”，高度为“768 像素”，分辩率为“72 像素/英寸”，背景色为白色，完成后单击“确定”按钮。选择“渐变”工具，填充渐变颜色（起始颜色的 RGB 为 41，137，204，终止颜色的 RGB 为 255，255，255），渐变方式为线性渐变。

2）新建“图层 1”，选择“钢笔”工具，绘制蝴蝶翅膀外轮廓路径，在“路径”面板中单击“将路径转换成选区”按钮，填充为黑色，按快捷键“Ctrl + D”，取消选区，效果如图 6-2-5 所示。

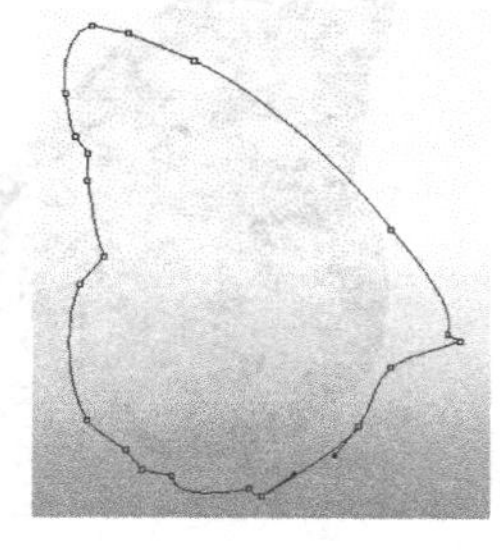
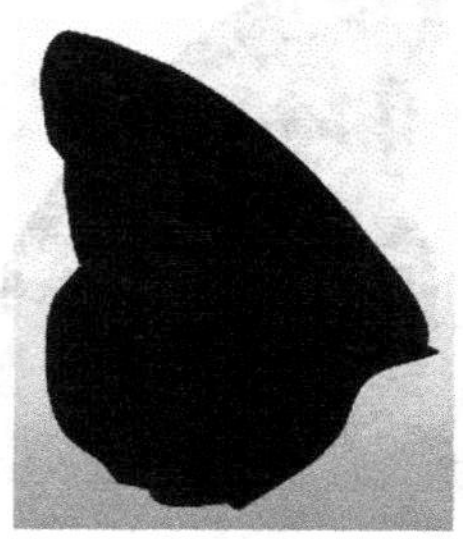

图 6-2-5　蝴蝶翅膀效果

3）新建“图层 2”，利用“钢笔”工具绘制出蝴蝶翅膀上部彩色的范围，然后选择“渐变”工具，填充渐变色（起始颜色的 RGB 为 111，21，108，终止颜色的 RGB 为 253，124，0），渐变方式为线性，效果如图 6-2-6 所示。

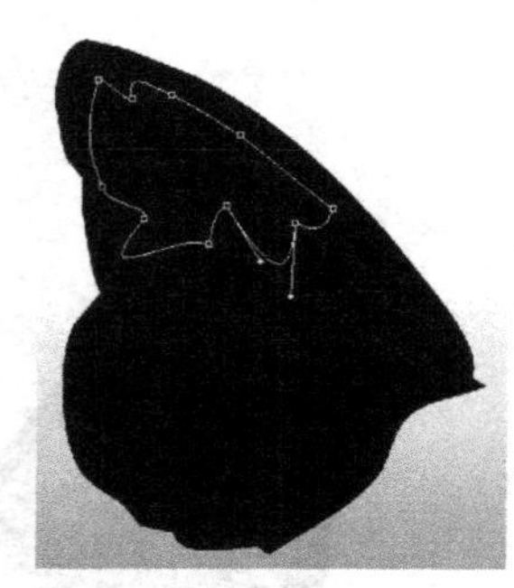

图 6-2-6　蝴蝶翅膀内部效果（一）

4）新建“图层 3”，利用“钢笔”工具绘制出蝴蝶翅膀下部彩色的范围，然后选择渐变工具，填充渐变色（起始颜色的 RGB 为 111，21，108，终止颜色的 RGB 为 253，124，0），渐变方式为线性，效果如图 6-2-7 所示。

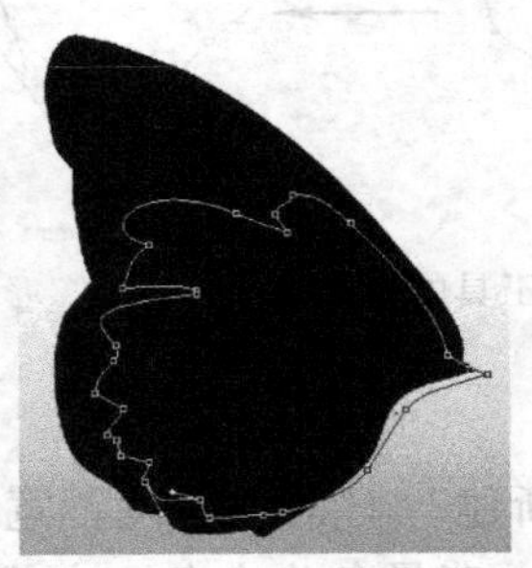

图 6-2-7　蝴蝶翅膀内部效果（二）

5）新建“图层 4”，利用“钢笔”工具绘制出蝴蝶翅膀骨架。选择“画笔”工具，设置笔刷大小为 3px，设置前景色为白色，在“路径”面板中单击“用画笔描边路径”按钮，对蝴蝶翅膀骨架进行描边处理，按快捷键“Ctrl + H”隐藏路径，效果如图 6-2-8 所示。

图 6-2-8　描边路径

教你一招　使用“钢笔”工具勾勒线条时，线条不能自动结束，需在单击第二点后按快捷键“Esc”，或再单击“钢笔”工具，可结束这一段线条。

6）执行“滤镜”／“模糊”／“动感模糊”命令，设置模糊半径为“3.2 像素”，设置该图层的混合模式为叠加，效果如图 6-2-9 所示。

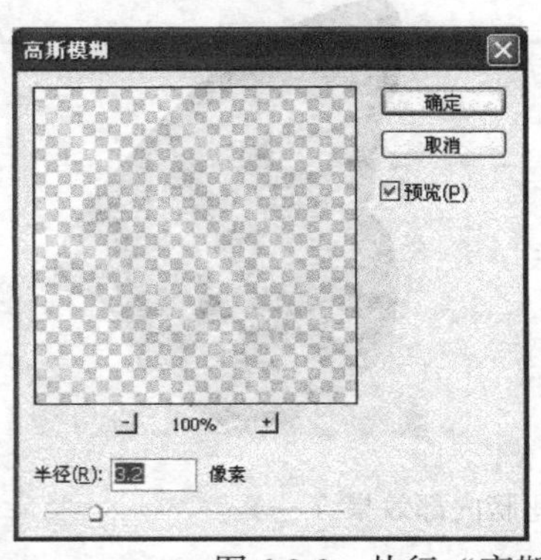

图 6-2-9　执行“高斯模糊”命令的效果

7）新建“图层5”，设置前景色为黑色。选择“画笔”工具，设置笔刷大小为2px。按快捷键“Ctrl＋H”，显示骨架路径。在“路径”面板中，单击“用画笔描边路径”按钮，对蝴蝶翅膀骨架进行描边处理，再次隐藏骨架路径，效果如图6-2-10所示。

8）新建“图层6”，设置前景色为白色。选择“画笔”工具，在蝴蝶翅膀上绘制白色斑点，效果如图6-2-11所示。

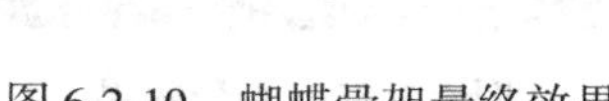

图6-2-10　蝴蝶骨架最终效果

图6-2-11　添加白色斑点效果

9）隐藏背景图层，在图层最上方执行快捷键“Ctrl＋Shift＋Alt＋E”操作，盖印图层并生成图层7。复制图层7，执行“编辑”/“变换”命令，调整其位置及形状，显示背景图层，效果如图6-2-12所示。

10）新建“图层8”，选择“钢笔”工具，先画出蝴蝶头部路径，将路径转为选区并填充为黑色，再绘制蝴蝶身体路径，将路径转为选区并填充颜色（RGB为127，93，1）。选择“减淡”工具，把蝴蝶肚子的条纹减谈并增加身体的立体效果。利用“钢笔”工具绘制触角路径，用黑色、笔刷大小为3px的画笔进行描边处理，效果如图6-2-13所示。

图6-2-12　变换操作效果

图6-2-13　绘制蝴蝶身体

11）隐藏背景图层，在图层最上方执行快捷键“Ctrl＋Shift＋Alt＋E”操作，盖印图层并生成图层9，显示背景图层并隐藏图层1～图层8。

12）打开“素材库”\“单元6”\“素材图片2”、“素材图片3”，选择“移动”工具，将两张素材图片移到新建的文件中，分别调整其大小及位置。选择天空图层，执行“滤镜”/“渲染”/“镜头光晕”命令，弹出“镜头光晕”对话框，在太阳中心添加光晕，并进行图6-2-14所示的参数设置，效果如图6-2-15所示。

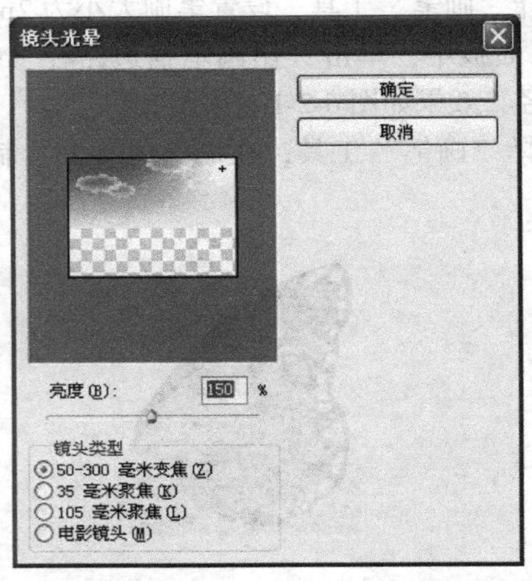

图 6-2-14　“镜头光晕”对话框

图 6-2-15　光晕效果

13）复制图层 9，执行“编辑”/“自由变换”命令，将复制后的蝴蝶放大并移动到手心中，按“Enter”键结束变换命令。执行“图像”/“调整”/“色相/饱和度”命令，调整蝴蝶的颜色，并进行图 6-2-16 所示的参数设置，效果如图 6-2-17 所示。

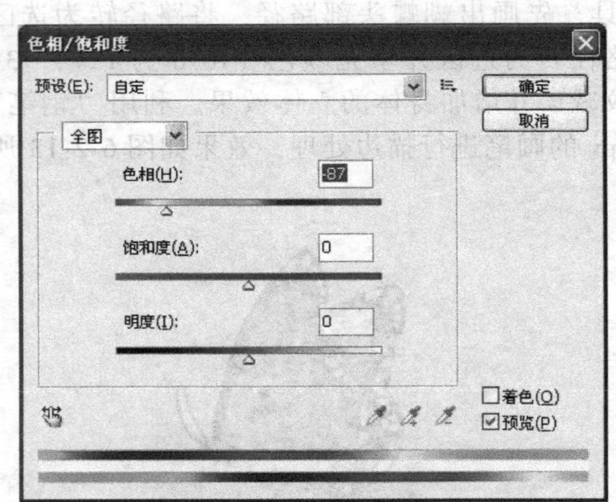

图 6-2-16　“色相/饱和度”对话框

图 6-2-17　调整后的效果

14）复制图层 9，执行“编辑”/“自由变换”命令，调整复制后的蝴蝶大小及位置。选择“横排文本”工具，输入红色文字“放飞梦想”，执行“编辑”/“变换”/“斜切”命令，对文字进行变形处理，最终效果如图 6-2-1 所示。

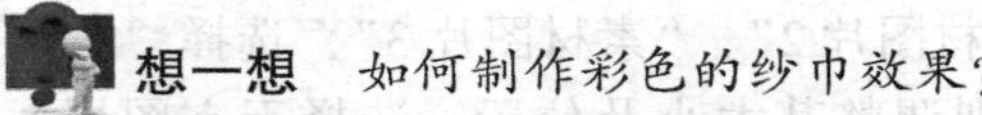

想一想　如何制作彩色的纱巾效果？

1）执行“文件”/“新建”命令，将宽度和高度均设置为“500 像素”，背景色为透明。用“钢笔”工具创建一条波浪线。选择“画笔”工具，设置笔刷大小为 1px。在“路径”面板中右击工作路径，选择“描边路径”，在对话框中选择画笔，单击“确定”按钮。在“路径”面板的空白处单击鼠标，设置前景色为黑色。选择“画笔”工具，执行“编辑”/“定义画笔预设”命令，输入画笔名称为“丝带”。再执行“窗口”/“画笔”命令，按图 6-2-18 所示设置画笔参数。

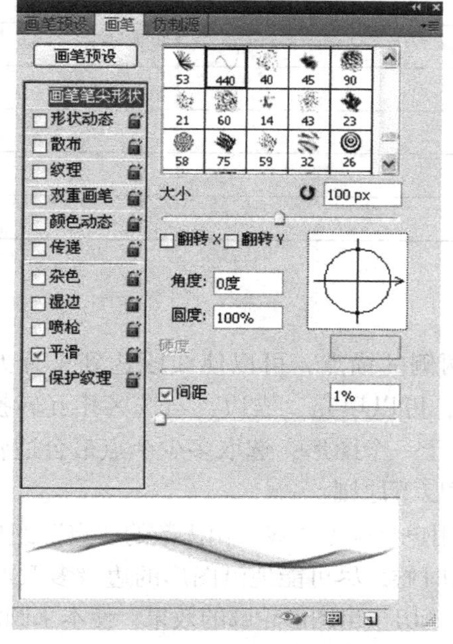

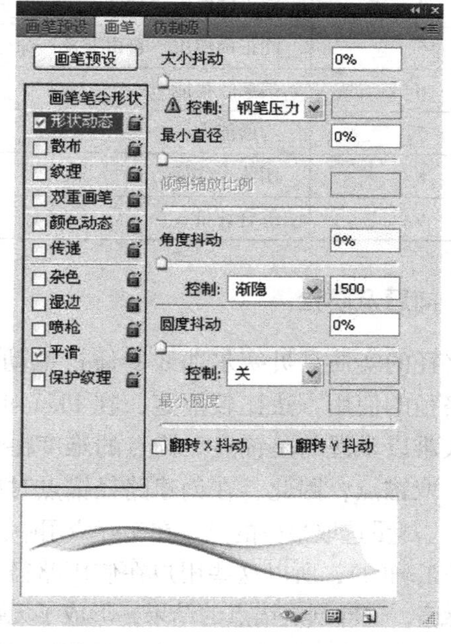

图 6-2-18　设置画笔参数

2）新建“图层 1”并填充白色，设置不同的前景色，绘制彩色纱巾，效果如图 6-2-19 所示。

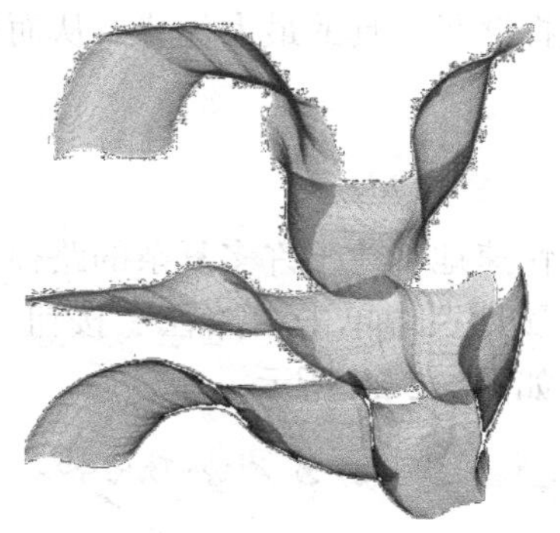

图 6-2-19　纱巾效果

检查评议

序　　号	能力目标及评价项目	评 价 成 绩
1	能正确使用“钢笔”工具	
2	能正确使用“路径”面板	
3	能正确使用“画笔”工具	

（续）

序　　号	能力目标及评价项目	评价成绩
4	能正确使用“高斯模糊”滤镜	
5	能正确使用“自由变换”命令	
6	信息收集能力	
7	沟通能力	
8	团队合作能力	
9	综合评价	

问题及防治

路径的实质是贝塞尔曲线。通过拖动线段两侧的锚点，可以使线段达到千变万化的效果。路径的使用方法比较固定，在 Photoshop 中，可以填充、描边、与选区相互转换等。但最让人难以掌握的是锚点。锚点的难度在于，对于一个图形，选取多少个点最合适？在哪个位置上取锚点？因此，在创建路径锚点时应注意以下原则：

1）尽量选取最少的点。在实际应用中，有些用户会认为“线”由无数的“点”组成（这种观点是正确的），所以这些用户在使用路径工具的时候，尽可能地沿图形的边缘多取点。可是，事与愿违，这样创建锚点的结果，形成了无数直线“切”出图形轮廓的效果，使本来圆滑的图形边缘，变成了许多的棱角。因此，使用路径锚点的原则之一就是“尽量选取最少的点”。只有用最少的点，才能创造出更加圆滑的曲线，这就是贝塞尔曲线带给我们的方便之处。

2）选择最佳位置创建锚点。上面提到的原则是尽量选取最少的点，而图形上的最佳取点位置是保证选取最少的点的关键。也就是说，只有在图形的最佳位置创建锚点，才能使锚点的数量最少，才能更好地发挥路径工具的最大优势，从而作出更加符合图形轮廓的曲线。

扩展知识

1. 用形状工具创建路径

通过自定义形状工具可以快速地创建出许多复杂的路径，无需手动绘制。在工具箱中选择任意一种形状工具，在工具属性栏中单击“路径”按钮，再在图像窗口中单击鼠标左键并拖动即可得到所需的路径，如图 6-2-20 所示。

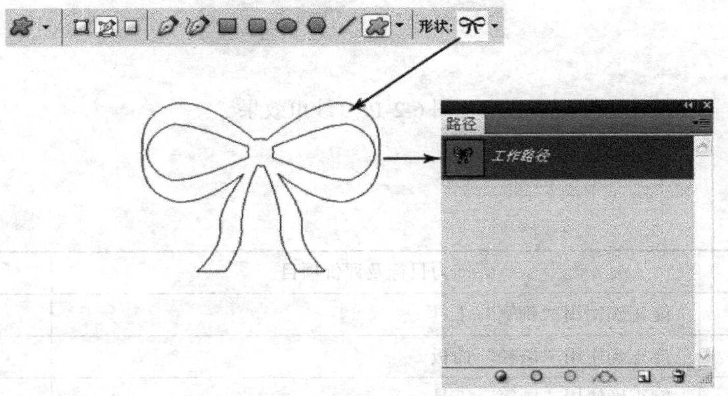

图 6-2-20　创建形状路径

2. 将文字转换为路径

在对文字进行特殊效果制作时，通常可以将文字转换为路径，以便制作一些异形文字效果。在文档中输入文本后，执行“图层”/“栅格化”/“文字”命令，将文本图层进行栅格化处理，再载入文字图层的选区。在“路径”面板中，将“路径”作为选区载入，在工具箱中选择“直接选择”工具，可以对文字路径进行任意的变形操作，如图 6-2-21 所示。

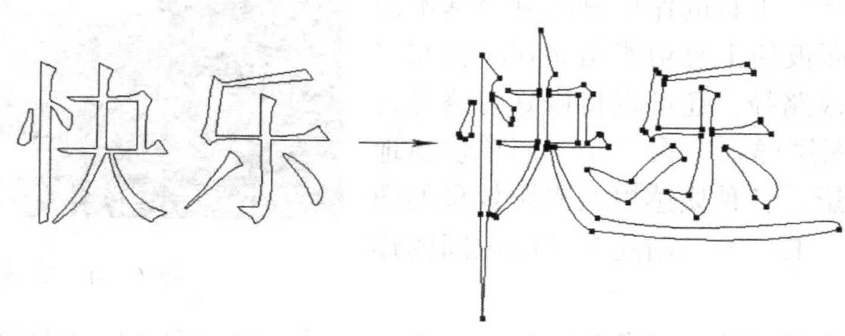

图 6-2-21 文字路径

考证要点

1. 矢量图形是由下列选项中的（ ）组成的。

A. 多线 B. 直线 C. 曲线 D. 射线

2. 路径还是一种灵活创建（ ）的工具。

A. 图层 B. 蒙版 C. 选区 D. 通道

3. 使用“路径”面板可以把封闭的路径作为（ ）载入。

A. 图形 B. 图层 C. 选区 D. 通道

4. 利用“钢笔”工具绘制蝴蝶图案。

5. 利用“形状”工具创建路径，并填充颜色。

6. 利用“钢笔”工具并结合图层样式设计制作曲线壁纸效果。

任务3 设计制作天使之翼壁纸

知识目标：

1. 掌握“钢笔”工具的使用规则和使用技巧。
2. 掌握“路径选择”工具的使用规则和使用技巧。

技能目标：

1. 掌握路径的创建与编辑、“路径”面板的使用方法。
2. “渐变”工具、图层样式与路径的综合应用。

任务描述

通过上一课的学习，我们知道利用“路径”工具可以很精确地创建路径，但路径是一个选区的轮廓边缘线，它不能运用图层样式效果和滤镜等命令产生丰富的特殊效果，只有将路径描边或转换成选区后，才能实现这些效果。本次任务是利用路径制作天使之翼壁纸，完成效果如图 6-3-1 所示。

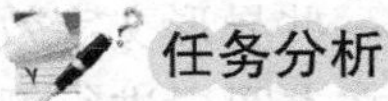

任务分析

图 6-3-1　完成效果

完成本任务需要掌握“钢笔”工具、“路径”面板、“图层样式”命令、“渐变”工具的应用方法。其中，“钢笔”工具的作用是绘制最基本的路径；“路径”面板的主要功能是储存路径和修改选区，精细修改路径，还可以将修好的路径再转换为选区；“图层样式”命令用于简单快捷地制作各种立体投影，各种质感以及光影效果的图像特效；“渐变”工具可以创建多种颜色间的逐渐混合。

操作步骤：新建文件→“渐变”工具→新建图层→用“钢笔”工具创建路径→设置画笔→路径描边→复制图层→自由变换→设置图层样式→导入素材。

相关知识

1. 路径的新建

单击“路径”面板右上角的“菜单”按钮，在弹出的下拉菜单中选择“新路径”命令（或在“路径”面板中单击“新建路径”按钮），弹出如图 6-3-2 所示“新建路径”对话框，在“名称”文本框中输入新路径名称，完成后单“确定”按钮，即可新建空白路径。

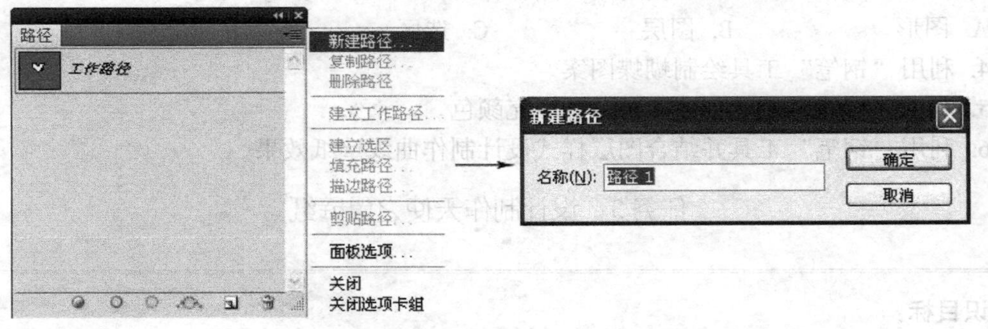

图 6-3-2　新建路径

2. 路径的复制

通过复制路径可以为路径制作副本，当在副本路径上操作失误时可以删除此路径，然后再重新复制原路径制作副本，从而避免了误操作对原路径的损害。复制路径的方法是，拖动工作路径到“路径”面板底部的“创建新路径”按钮上，再释放鼠标即可。

3. 路径的重命名

在“路径”面板中双击要重命名的路径，然后输入新的路径名称后单击任意位置即可。

4. 路径的删除

选中需要删除的路径，单击“路径”面板中“删除路径”按钮，在打开的提示对话框中单击“是”按钮。也可以用鼠标将要删除的路径直接拖到路径面板底部的“删除路径”

按钮上释放鼠标即可。

任务实施

1）执行“文件”/“新建”命令，弹出“新建”对话框，设置宽度为“1024 像素”，高度为“768 像素”，分辨率为“72 像素/英寸”，背景色为白色，完成后单击“确定”按钮。

2）选择“渐变”工具，填充渐变颜色（起始颜色的 RGB 为 111，21，108，终止颜色的 RGB 为 167，1，173），渐变方式为左上角至右下角线性渐变。设置前景色为白色，选择“画笔”工具，按图 6-3-3 所示设置参数，在背景层上绘制枫叶。

图 6-3-3 “画笔”工具属性栏

3）执行“窗口”/“路径”命令，打开路径面板，新建工作路径，命名为“翅膀”。选择“钢笔”工具，创建翅膀曲线路径，如图 6-3-4 所示。

4）选择“直接选择”工具，在翅膀路径上单击，出现锚点后，调整路径的形状，如图 6-3-5 所示。

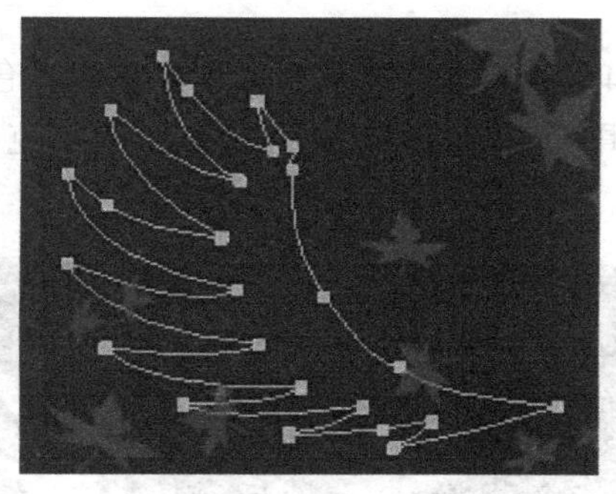

图 6-3-4 创建翅膀路径

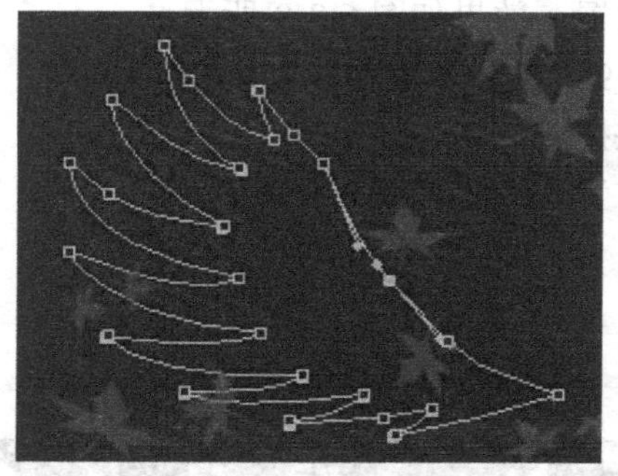

图 6-3-5 调整翅膀路径形状

教你一招 使用“钢笔”工具创建路径时，按住“Alt”键不放，可以将“钢笔”工具切换至“转换点”工具，对路径的方向、弧度进行调整。

5）在“路径”面板中，单击面板底部“将路径作为选区载入”按钮，将路径变为选区。单击“图层”面板，新建“图层 1”，填充白色，按快捷键“Ctrl + D”取消选区，效果如图 6-3-6 所示。

图 6-3-6 填充翅膀路径

6）双击图层 1，弹出“图层样式”对话框，添加外发光效果，按图 6-3-7 所示设置参数。

7）按两次快捷键“Ctrl + J”，复制生成图层 1 副本和图层 1 副本 2，分别对图层 1 副本和图层 1 副本 2 执行“编辑”/“自由变换”命令，调整翅膀大小及位置，效果如图 6-3-8 所示。

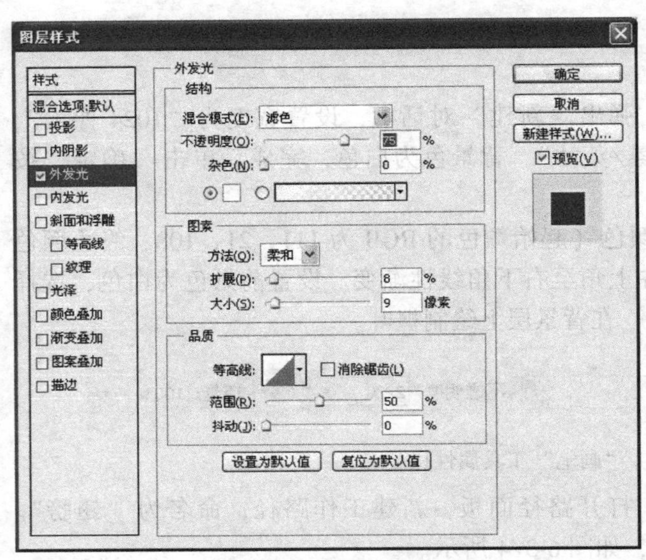

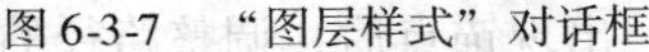
图 6-3-7 “图层样式”对话框

图 6-3-8 左侧翅膀效果

8）复制左侧翅膀图层，执行“编辑”/“变换”/“水平翻转”命令，调整右侧翅膀的位置，效果如图 6-3-9 所示。

9）打开“素材库”/“单元 6”/“素材图片 4”，选择“魔棒”工具，单击白色区域，按快捷键“Delete”，将白色区域删除，执行“编辑”/“自由变换”命令，调整芭比娃娃的位置，效果如图 6-3-10 所示。

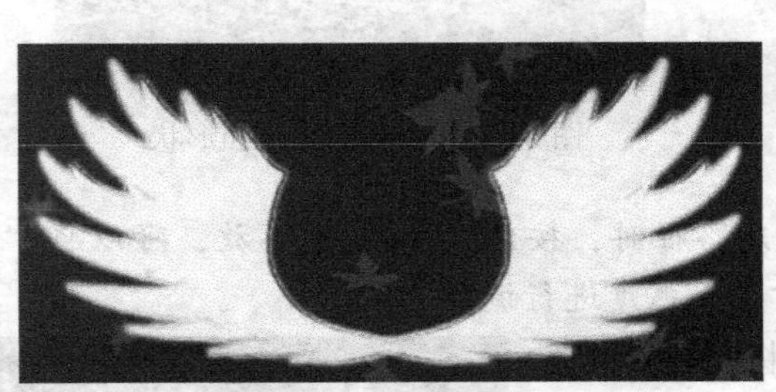
图 6-3-9 翅膀整体效果

图 6-3-10 导入素材效果

10）选择“横排文字”工具，按图 6-3-11 所示设置参数，输入文字“天使之翼”。

图 6-3-11 “文字”工具属性栏

11）选择文本图层，在该图层上单击鼠标右键，弹出快捷菜单，选择“栅格化文字”命令，将文本图层转为普通图层。

12）载入文字选区，选择“渐变”工具，给文字填充渐变色，颜色为色谱。执行“滤镜”/“艺术效果”/“塑料包装”命令，弹出“塑料包装”对话框，参数设置如图 6-3-12 所示。最终效果如图 6-3-1 所示。

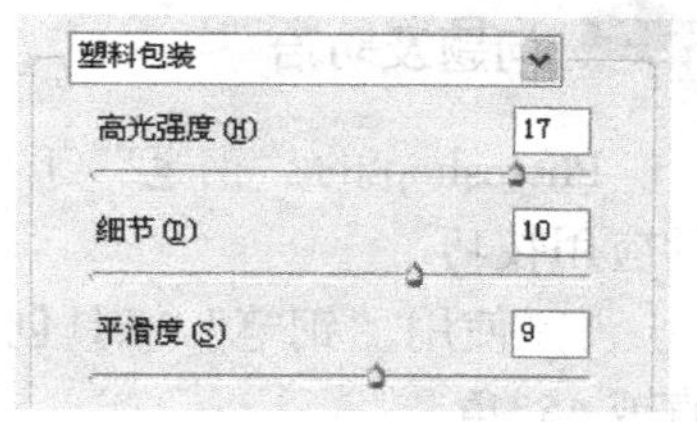

图 6-3-12 “塑料包装”对话框

想一想

1. 如何绘制米老鼠头像？

执行“文件”/“新建”命令，将宽度和高度均设置为“500 像素”，背景色为白色。选择“椭圆”工具，在其工具属性栏中单击“路径”按钮，按住“Shift”键的同时绘制正圆路径，按快捷键，“Ctrl + Enter”将路径转为选区，新建图层并填充黑色。以相同的方法分别绘制两个耳朵。设置前景色（RGB 为 255，204，153），利用“椭圆”工具绘制眼睛及下巴，效果如图 6-3-13 所示。

2. 如何制作标志效果？

执行“文件”/“新建”命令，将宽度和高度均设置为“500 像素”，背景色为白色。选择“多边形”工具，在工具属性栏中单击“路径”按钮，设置多边形边数为“3”，绘制三角形。按快捷键“Ctrl + Enter”将路径转为选区，设置前景色为黑色。新建“图层 1”，执行“编辑”/“描边”命令，添加黑色描边效果。新建“图层 2”，将三角形路径转为选区，填充土黄色，按快捷键“Ctrl + D”去掉选区。选择“自行车形状”工具，绘制自行车路径，将路径转为选区。新建“图层 3”，填充黑色，去掉选区，效果如图 6-3-14 所示。

图 6-3-13 米老鼠头像效果

图 6-3-14 标志效果

检查评议

序 号	能力目标及评价项目	评价成绩
1	能正确使用“钢笔”工具	
2	能正确使用“路径”面板	
3	能正确使用“图层样式”命令	
4	能正确使用“自由变换”命令	
5	能正确使用“渐变”工具	
6	信息收集能力	
7	沟通能力	
8	团队合作能力	
9	综合评价	

问题及防治

Photoshop 的“钢笔”工具是非常重要的造型工具，下面为大家介绍一些“钢笔”工具的应用技巧。

1）使用“钢笔”工具创建路径时按住“Shift”键，可以控制路径或方向线呈水平、垂直或45°角。

2）使用“钢笔”工具创建路径时按住“Ctrl”键可暂时切换到“路径选择”工具，可移动锚点的位置。

3）按住“Alt”键将光标移至黑色节点上单击可以改变方向线的方向，使曲线能够转折。按住“Alt”键的同时将光标移至路径上，可将“钢笔”工具暂时切换到“添加锚点”工具，可增加锚点。

4）使用“路径选择”工具时按住“Ctrl + Alt”键将光标移至路径上，会切换到“添加锚点”工具与“转换点”工具。

5）单击“路径”面板上的空白区域，或按住“Shift”键后在“路径”面板的路径上单击鼠标可关闭所有路径的显示。

扩展知识

1. 路径工具的运算属性（见图 6-3-15）

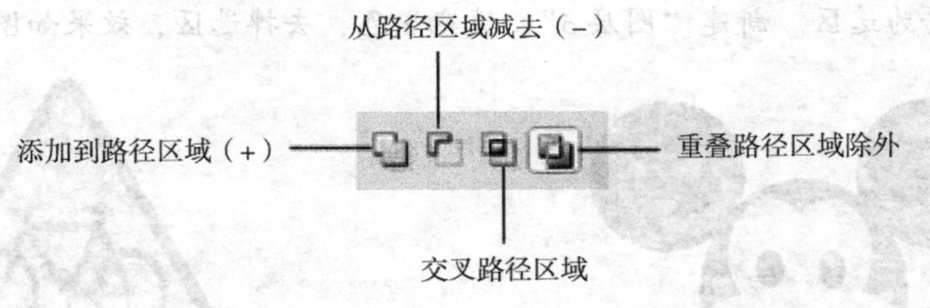

图 6-3-15　路径工具的运算属性

2. 运算属性的妙用

1）添加到路径区域属性（+）。该属性用来将两个路径合并，相交的部分将被删除，运算完成后两个路径将生成一个新的路径，如图 6-3-16 所示。

2）从路径区域中减去属性（−）。该属性用来将一个路径从另一个路径中减去，相交的部分将被删除，运算完成后两个路径将生成一个新的路径，如图 6-3-17 所示。

图 6-3-16　添加到路径区域效果

图 6-3-17　从路径区域中减去效果

3）交叉路径区域属性。该属性用来将两个路径相交的部分保留下来，删除不相交的路径，如图 6-3-18 所示。

4）重叠路径区域除外属性。该属性用来将两个路径合并，重叠的区域将被删除但路径不变，在将该路径转换为选区后，重叠的区域不能填充上颜色，如图 6-3-19 所示。

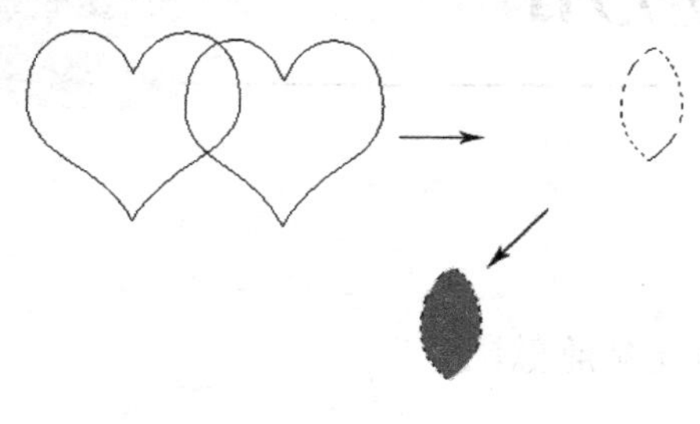

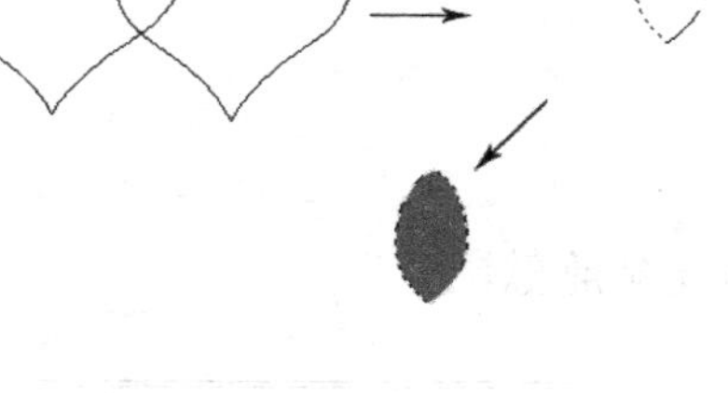

图 6-3-18 交叉路径区域效果

图 6-3-19 重叠路径区域除外效果

考证要点

1. 复制路径的方法是在“路径”面板中将要复制的图层拖动到面板底部的（　　）按钮上松开鼠标。

A. “创建新路径”　B. “描边路径”　C. “删除路径”　D. “填充路径”

2. 按（　　）键可以删除选中的路径。

A. “Enter”　B. “Esc”　C. “Delete”　D. “Ctrl + Enter”

3. 用于在“钢笔”工具和“自由钢笔”工具间切换的快捷键是（　　）。

A. “E”　B. “S”　C. “T”　D. “P”

4. 利用“钢笔”工具绘制心形路径，练习路径的复制、移动、重命名、删除。

5. 利用“钢笔”工具及“文本”工具创建路径文本。

6. 利用“自选图形”工具创建工作路径，制作桌面壁纸效果。

单元7 滤镜的应用

7

任务1 设计制作水光潋滟效果

知识目标：

1. 了解滤镜的新增功能。
2. 掌握滤镜的使用规则和使用技巧。

技能目标：

1. 掌握应用“云彩”滤镜制作特效的方法。
2. 掌握应用“查找边缘”滤镜制作特效的方法。

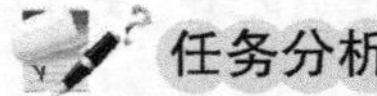

任务描述

依山傍水、清凉宜居的风景住宅深受大家的喜爱。在酷暑中，庭院周围植被茂密，尽享自然清凉，如此惬意的居住环境设计，一定不可缺少水光潋滟。本次任务就是制作水光潋滟效果，如图7-1-1所示。

图7-1-1 水光潋滟效果

任务分析

完成本任务需要掌握“云彩”滤镜、“查找边缘”滤镜和“色阶”工具、“颜色减淡”工具的应用方法。其中，“云彩”滤镜的作用是使用介于前景色与背景色之间的随机值，生成柔和的云彩图案；“查找边缘”滤镜的作用是标志图像中有明显过渡的区域并强调边缘，并在白色背景上用深色线条勾画图像的边缘。

操作步骤：“云彩”滤镜→“查找边缘”滤镜→“色阶”工具→“颜色减淡”工具。

相关知识

1. “云彩”滤镜

该滤镜利用当前的前景色和背景色进行运算，产生随机云彩效果。和“云彩”滤镜相似的还有一种滤镜，叫“分层云彩”滤镜。它们的功能基本相同，只是“云彩”滤镜只依据前景色和背景色产生图像，而“分层云彩”滤镜除了参照颜色以外，还参照原有的图像，因此“云彩”滤镜连续使用多次后的效果和第一次使用后看起来差不多，而“分层云彩”滤镜连续使用多次（或次数越多）后，图像中的云雾边缘会更加锐利。

2.“查找边缘”滤镜

该滤镜用相对于白色背景的黑色线条勾勒图像的边缘，常用于设计创造具有绘画效果的作品，如速写和铅笔画。为了能产生作品艺术效果，要求原图像应该有强烈反差的边界和有明显的直线条；相反，如果原图像边界反差不强烈或包含反差层次较多，应用此滤镜时可能会导致不容易找到边界，不能产生预期效果。

任务实施

1）执行“文件”/“新建”命令，打开“新建”对话框，设置名称为“池水”，宽度为“400 像素”，高度为“400 像素”，分辨率为“96 像素/英寸”，颜色模式为 RGB 颜色，背景内容为白色，完成后单击“确定”按钮。

2）按“D”键，复位色板，执行“滤镜”/“渲染”/“云彩”命令，效果如图 7-1-2 所示。

教你一招 在使用“云彩”滤镜时，若要产生更多明显的云彩图案，可先按住“Alt”键，再执行“滤镜”/“渲染”/“云彩”命令；若要生成低漫射云彩效果，可先按住“Shift”键，再执行该命令。

3）执行“滤镜”/“风格化”/“查找边缘”命令，效果如图 7-1-3 所示。

图 7-1-2 “云彩”滤镜应用效果

图 7-1-3 “查找边缘”滤镜应用效果

教你一招 在“滤镜”窗口里，按“Alt”键，“取消”按钮会变成“复位”按钮，可恢复初始状况。想要放大在滤镜对话框中预览图像的尺寸，可直接按“Ctrl”键，用鼠标单击预览区域即可放大；反之，按“Alt”键，则预览区内的图像便迅速变小。

4）执行“图像”/“调整”/“反向”命令，快捷键为“Ctrl + I”，效果如图 7-1-4 所示。

5）执行“图像”/“调整”/“色阶”命令，设置“输入色阶”（RGB 为 0，1，64），如图 7-1-5 所示。

图 7-1-4　反向效果

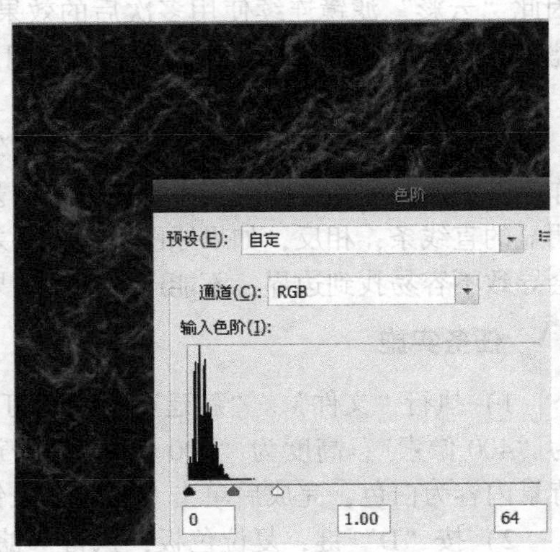

图 7-1-5　应用色阶

6）执行“图像”/“旋转画布”/“90 度（逆时针）”命令。

7）在“图层”面板中单击“创建新图层”按钮，创建“图层 1”，如图 7-1-6 所示。

8）在工具栏中单击“设置前景色”按钮，弹出“拾色器（前景色）”对话框，设置前景色（RGB 为 5，203，205），如图 7-1-7 所示。

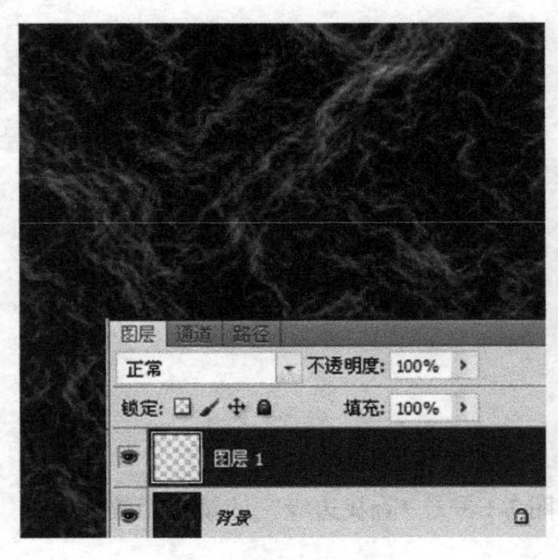

图 7-1-6　创建“图层 1”

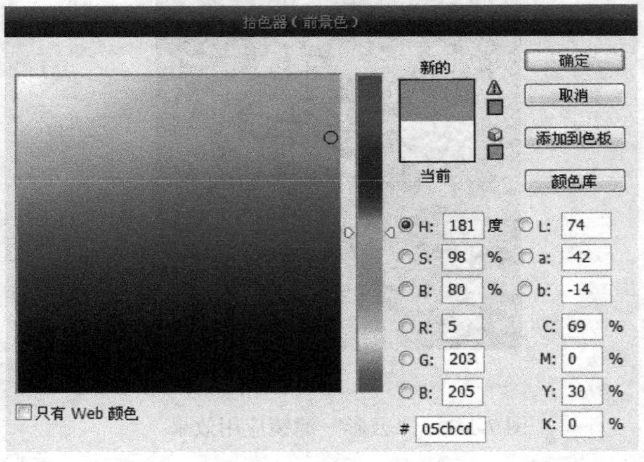

图 7-1-7　设置前景色

9）选中图层 1，按“Alt + Delete”组合键，填充前景色，效果如图 7-1-8 所示。

10）设置图层混合模式为“线性减淡（添加）”，设置填充为“79%”，池水制作完成，效果如图 7-1-9 所示。

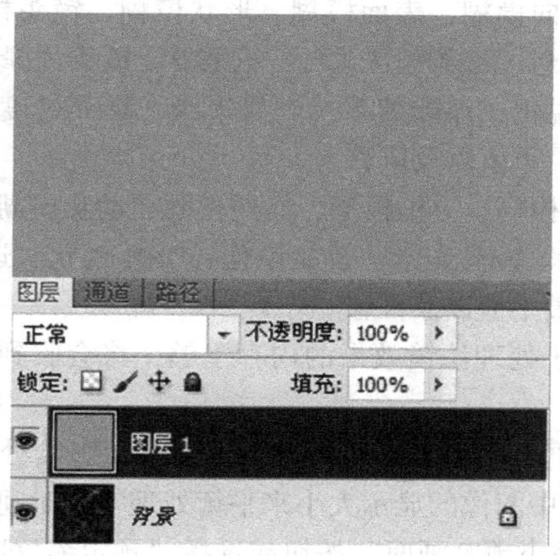

图 7-1-8 填充前景色效果

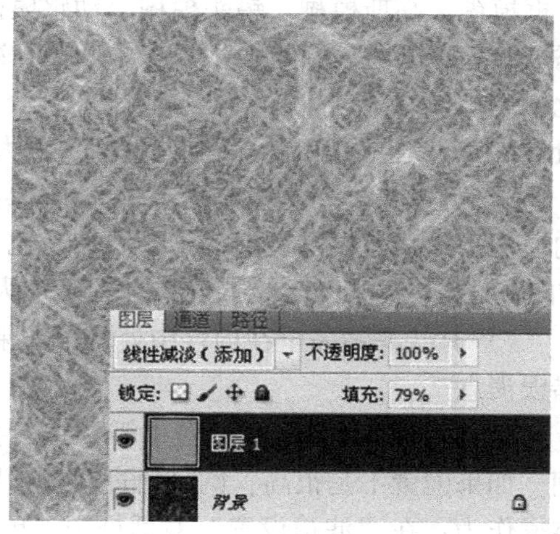

图 7-1-9 图层混合模式

11）打开“素材库”\“单元7”\“素材图片1”，将其拖入“池水.psd”文件中。应用“快速蒙版”工具，选择“画笔”工具，按“D”键复位色板，进行蒙版编辑。编辑完成后设置图层填充为“80%”，完成水光潋滟效果，如图 7-1-1 所示。

想一想 在第2步中，应用“云彩”滤镜时，最终效果和前景色、背景色有很大关系。设置不同的前景色和后景色，效果会如何？

检查评议

序 号	能力目标及评价项目	评 价 成 绩
1	能正确使用“云彩”滤镜	
2	能正确使用“查找边缘”滤镜	
3	能正确使用“色阶”工具	
4	能正确使用“旋转画布”工具	
5	能正确设置前景色	
6	能正确应用图层混合模式——线性减淡	
7	信息收集能力	
8	沟通能力	
9	团队合作能力	
10	综合评价	

问题及防治

滤镜使用规则：

1）对于8位/通道的图像，可以通过“滤镜库”累积应用大多数滤镜，所有滤镜都可以单独应用。

2）不能将滤镜应用于位图模式或索引颜色的图像。

3）有些滤镜只对 RGB 图像起作用。

4）可以将所有滤镜应用于8位图像。

5）可以将下列滤镜应用于16位图像：液化、消失点、平均模糊、模糊、进一步模糊、方框模糊、高斯模糊、镜头模糊、动感模糊、径向模糊、表面模糊、形状模糊、镜头校正、添加杂色、去斑、蒙尘与划痕、中间值、减少杂色、纤维、云彩 1、云彩 2、镜头光晕、锐化、锐化边缘、进一步锐化、智能锐化、USM 锐化、浮雕效果、查找边缘、曝光过度、逐行、NTSC 颜色、自定、高反差保留、最大值、最小值以及位移。

6）可以将下列滤镜应用于 32 位图像：平均模糊、方框模糊、高斯模糊、动感模糊、径向模糊、形状模糊、表面模糊、添加杂色、云彩、镜头光晕、智能锐化、USM 锐化、逐行、NTSC 颜色、浮雕效果、高反差保留、最大值、最小值以及位移。

7）有些滤镜完全在内存中处理，如果可用于处理滤镜效果的内存不够，将会收到一条错误消息。

8）滤镜在处理图像过程中需要进行大量的数据运算，图像文件的大小会影响处理时间。如果配置不是很高，则可通过设置预览区域中图像的显示大小来平衡处理等待时间，具体操作为：在“滤镜设置”对话框中，单击“缩小预览画面”按钮或选择“预定缩放比例”

扩展知识

1. Photoshop CS5 新增功能——自动镜头校正

数码成像技术逐步向专业领域深入，数码相机成像品质成为摄影爱好者关心的问题，但数码相机（包括很多顶级数码设备）会存在影像失真的情况。同一个镜头使用在不同的数码相机上，会产生不同的成像效果，比如会产生不同的畸变、晕影和色差等失真现象。为了解决上述失真问题，Adobe 公司在升级 Photoshop CS5 时，嵌入了自动镜头校正功能。主要的改进是增加了利用数码图片拍摄数据信息自动修正图像的几何失真（包括桶形或枕形失真），修饰图像周边曝光不足的暗角晕影以及修复边缘出现彩色光晕的色相差的功能。执行“滤镜”/“镜头校正”命令，打开“镜头校正”对话框，根据相片拍摄数据信息（Exif）进行如图 7-1-10 所示的设置，首先选择对应相机，再选择欲校正项和勾选“自动缩放图像”

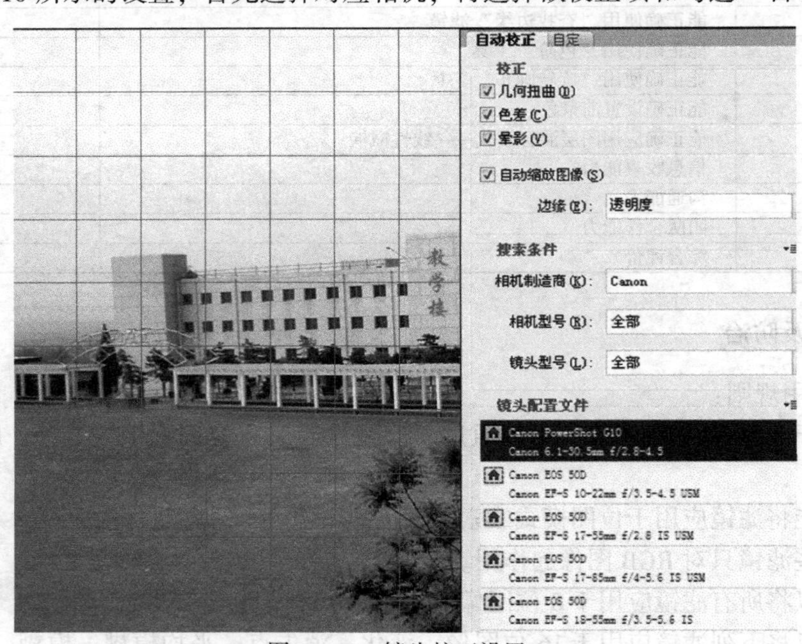

图 7-1-10　镜头校正设置

复选框，即可完成在原图的基础上进行几何扭曲、色差、晕影等的校正处理，完成后较原图在各方面会有很大改进。

2. Photoshop“抽出”滤镜

Photoshop“抽出”滤镜是常用的抠图工具，不过自从 CS4 和 CS5 版本之后，没有将其放在安装程序中，用户可以单独安装 Photoshop“抽出”滤镜插件。首先下载“抽出”滤镜插件，解压后得到滤镜文件 ExtractPlus. 8BF，然后把这个文件直接放到 Plug-ins 插件目录中，重新启动 Photoshop，即可完成“抽出”滤镜的安装。“抽出”滤镜会出现在“滤镜”菜单中，如图 7-1-11 所示。

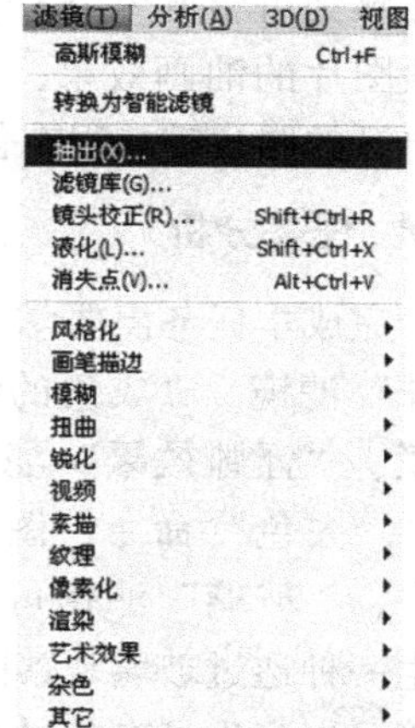

图 7-1-11 “滤镜”菜单

考证要点

1. 下面对“色彩平衡”命令描述正确的是（ ）。

A. “色彩平衡”命令只能调整图像的中间调

B. “色彩平衡”命令能将图像中的青色趋于红色

C. “色彩平衡”命令可以校正图像中的偏色

D. “色彩平衡”命令不能用于索引颜色模式的图像

2. 滤镜中的“木刻”效果属于哪种类型的滤镜（ ）？

A. 风格化　B. 渲染　C. 艺术效果　D. 纹理

3. 下面对“图像尺寸”命令描述正确的是（ ）。

A. “图像尺寸”命令用来改变图像的尺寸

B. “图像尺寸”命令可以将图像放大，而图像的清晰程度不受任何影响

C. “图像尺寸”命令不可以改变图像的分辨率

D. “图像尺寸”命令可以改变图像的分辨率

4. 自己用数码相机照一张照片，利用自动镜头校正功能进行相关参数校正。

5. 下载 Photoshop 抽出滤镜插件，进行安装，并练习将图片的主体内容抠出。

任务2　设计制作油画效果

知识目标：

1. 掌握滤镜的基础知识。
2. 掌握滤镜的使用规则和使用技巧。

技能目标：

1. 熟悉各滤镜组的使用方法。
2. 掌握创建与编辑智能滤镜的方法。
3. 了解特殊功能滤镜的使用。

任务描述

看到别人画的油画，你有没有心动的感觉呢？在心动的同时是不是又为自己没有学过油

画而感到可惜呢？本任务就是用 Photoshop 制作一般图片的油画效果，如图 7-2-1 所示。也可以用自己的照片哦，很有创意！

图 7-2-1　油画效果

任务分析

完成本任务需要掌握“玻璃”滤镜、“绘画涂抹”滤镜、“成角的线条”滤镜、“纹理化”滤镜、“浮雕效果”滤镜、“色相/饱和度”命令、“去色”命令、图层混合模式的应用方法。其中，“玻璃”滤镜可以制造一系列细小纹理，产生一种透过玻璃观察图片的效果；“绘画涂抹”滤镜可以产生具有涂抹感的模糊效果，“成角的线条”滤镜可以产生斜笔画风格的图像；“纹理化”滤镜可以在图像中加入各种纹理；“浮雕效果”滤镜能让图像的角度、凸出的厚度和纹理很清楚地被看到。

操作步骤：“色相/饱和度”命令→“玻璃”滤镜→“绘画涂抹”滤镜→“成角的线条”滤镜→“纹理化”滤镜→“去色”命令→“叠加”模式→“浮雕效果”滤镜。

相关知识

利用“色相/饱和度”命令可以改变图像的颜色、纯度和明暗度，“去色”命令能制作黑白图像，“叠加”模式可以将混合色与基色叠加，并保持基色的亮度，而基色不会被代替，但会与混合色混合，以反映原色的明暗度。

任务实施

1）打开“素材库”\“单元 7”\“素材图片 2”图片文件，如图 7-2-2 所示。

2）执行“图像”/“调整”/“色相/饱和度”命令（或按“Ctrl + U”键），弹出“色相/饱和度”对话框，设置饱和度为“27”，明度为“20”，单击“确定”按钮，效果如图 7-2-3 所示。

图 7-2-2　风景素材

图 7-2-3　使用“色相/饱和度”命令调整后的效果

3）执行“滤镜”/“扭曲”/“玻璃”命令，弹出“玻璃”对话框，进行如图 7-2-4 所示的参数设置，设置完成后单击“确定”按钮，效果如图 7-2-5 所示。

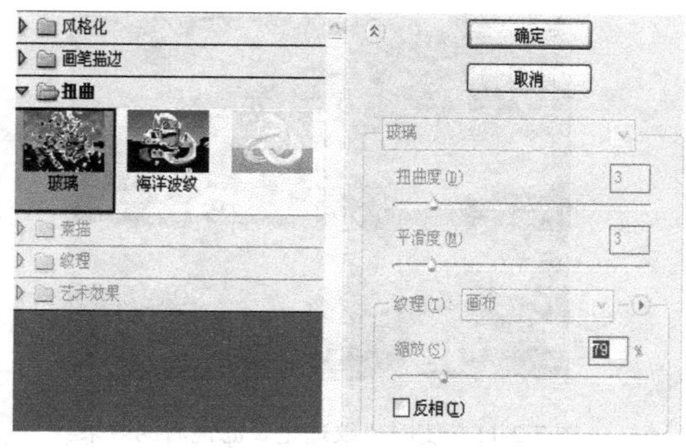

图 7-2-4 “玻璃”对话框

图 7-2-5 使用“玻璃”滤镜后的效果

4）执行“滤镜”/“艺术效果”/“绘画涂抹”命令，弹出“绘画涂抹”对话框，进行如图 7-2-6 所示的参数设置，设置好后单击“确定”按钮，效果如图 7-2-7 所示。

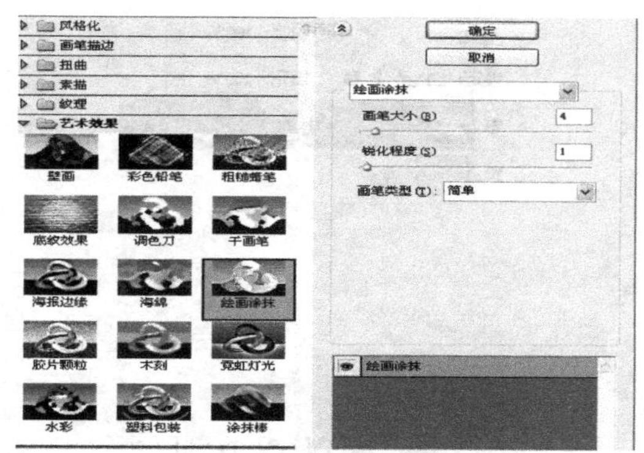

图 7-2-6 “绘画涂抹”对话框

图 7-2-7 使用“绘画涂抹”滤镜后的效果

5）执行“滤镜”/“画笔描边”/“成角的线条”命令，弹出“成角的线条”对话框，进行如图 7-2-8 所示的参数设置，设置好后单击“确定”按钮，效果如图 7-2-9 所示。

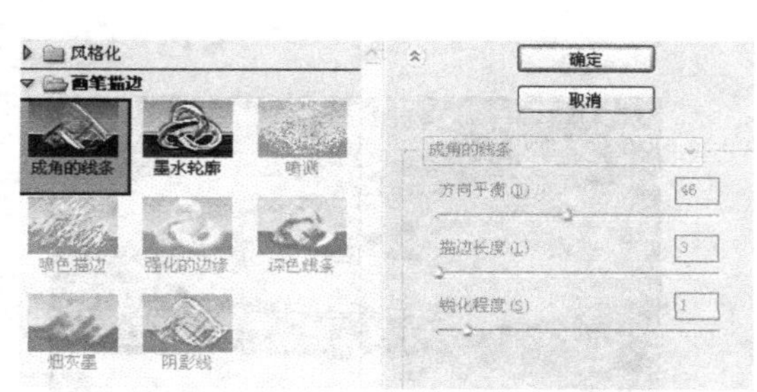

图 7-2-8 “成角的线条”对话框

图 7-2-9 使用“成角的线条”滤镜后的效果

6）执行“滤镜”/“纹理”/“纹理化”命令，弹出“纹理化”对话框，进行如图 7-2-10 所示的参数设置，设置完成后单击“确定”按钮，效果如图 7-2-11 所示。

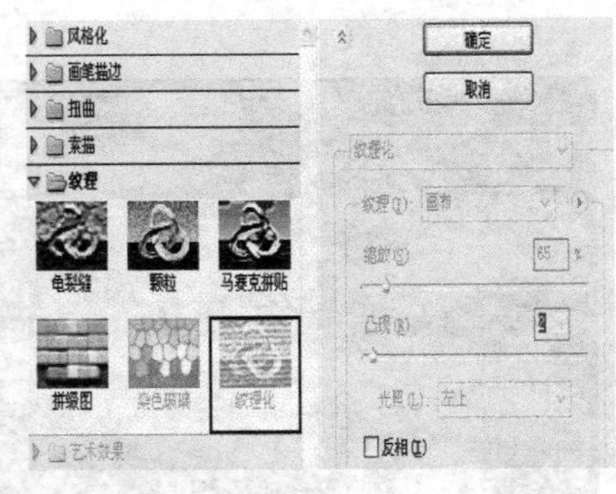

图 7-2-10　“纹理化”对话框

图 7-2-11　使用“纹理化”滤镜后的效果

7）按快捷键“Ctrl + J”，复制背景层生成图层 1。执行“图像”/“调整”/“去色”命令（或按“Ctrl + Shift + U”键），对图像进行去色处理，得到如图 7-2-12 所示效果。将该图层混合模式设为“叠加”，如图 7-2-13 所示。

图 7-2-12　使用“去色”命令后的效果

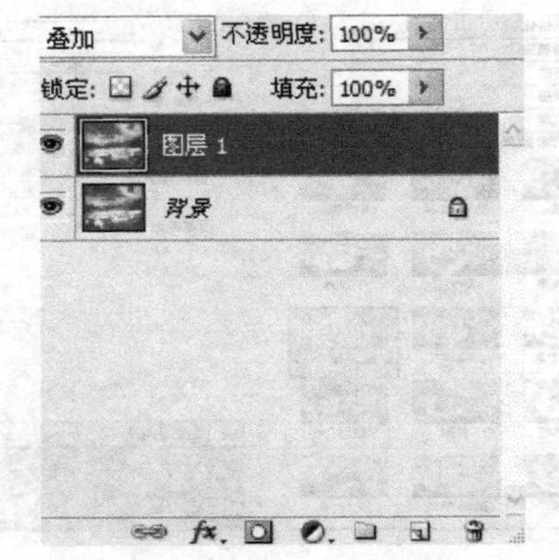

图 7-2-13　设置图层混合模式为“叠加”

8）执行“滤镜”/“风格化”/“浮雕效果”命令，弹出“浮雕效果”对话框，参数设置如图 7-2-14 所示，得到如图 7-2-15 所示效果图。

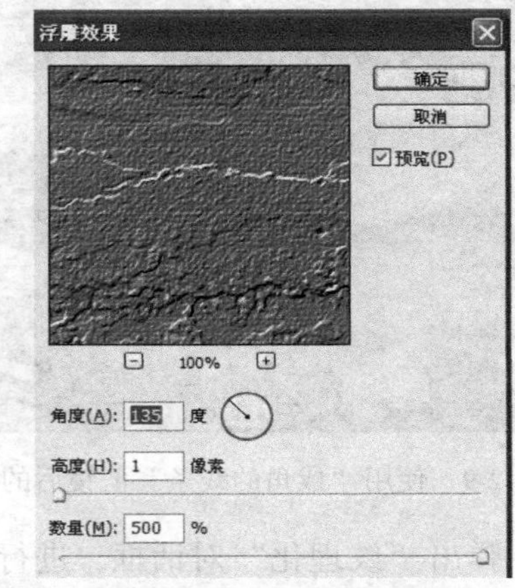

图 7-2-14“浮雕效果”对话框

图 7-2-15　使用“浮雕”滤镜后的效果

9）将图层1不透明度设置为“40%”，最终效果如图7-2-1所示。

想一想 利用“去色”命令、“浮雕效果”滤镜和“光照效果”滤镜制作素材图片3的浮雕效果，如图7-2-16所示。

图7-2-16 浮雕效果

检查评议

序 号	能力目标及评价项目	评价成绩
1	能正确使用“色相/饱和度”命令	
2	能正确使用“玻璃”滤镜、“绘画涂抹”滤镜	
3	能正确使用“成角的线条”滤镜、“纹理化”滤镜	
4	能正确使用“去色”命令	
5	能正确设置“浮雕效果”滤镜	
6	能正确应用图层混合模式——叠加	
7	信息收集能力	
8	沟通能力	
9	团队合作能力	
10	综合评价	

扩展知识

1. Photoshop CS5 新增功能——“内容识别”填充

使用“内容识别”填充功能，可以删除任何图像的细节或对象。这一突破性的技术与光照、色调及噪声相结合，使删除的图像内容看上去似乎本来就不存在，如图7-2-17所示。

图 7-2-17 使用“内容识别”填充功能删除图像

2. Photoshop 笔刷的安装

在用 Photoshop 处理图像的时候，熟练地运用“画笔”工具是必须掌握的技能，有时候更可以起到一些意想不到的效果。

安装方法：首先要知道 Photoshop 笔刷的名称格式为“ * . abr”，Photoshop 8. 0 以上版本安装路径为“安装 Photoshop 的文件夹”/“预置”/“画笔”/“将下载的笔刷解压到这里面”。打开 Photoshop，单击画笔载入，如图 7-2-18 所示。

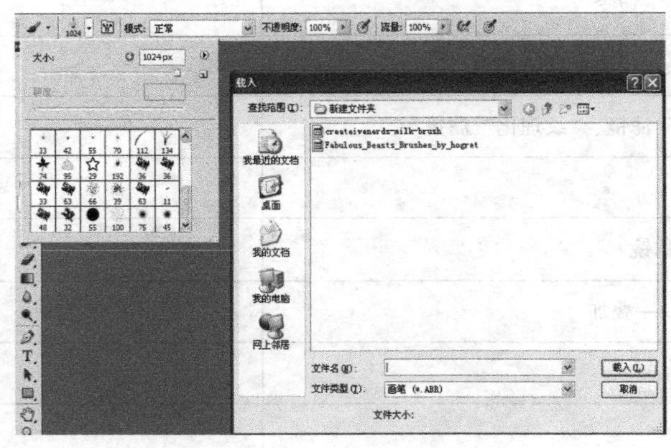

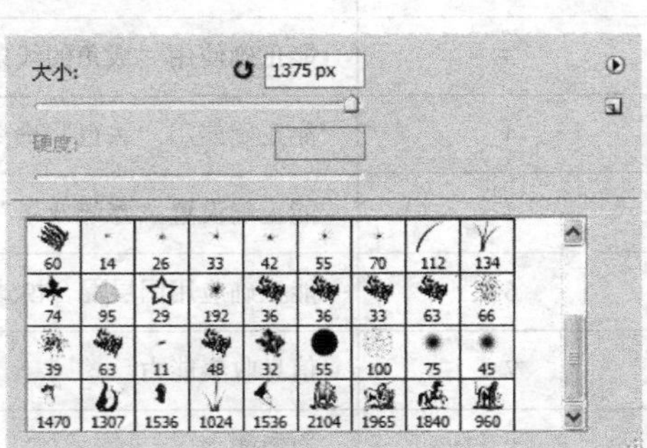

图 7-2-18 安装 Photoshop 笔刷

考证要点

1. （　　）命令是唯一一个不丢失颜色信息的命令。

A. 阈值　　B. 去色　　C. 黑白　　D. 色调均化

2. 下列关于色阶对图像的调整的说法，不正确的一项是（　　）。

A. 使用色阶只能针对图像中较暗的区域进行调整

B. 使用色阶可以对图像的整体亮度进行调整

C. 使用色阶可以对图像的色相进行调整
D. 使用色阶可以对图像的饱和度进行调整
3. 对于图层蒙版，下列哪些说法是不正确的（　　）？
A. 用黑色的画笔在图层蒙版上涂抹，图层上的像素就会被遮住
B. 用白色的画笔在图层蒙版上涂抹，图层上的像素就会显示出来
C. 用灰色的画笔在图层蒙版上涂抹，图层上的像素就会出现渐隐的效果
D. 图层蒙版一旦建立，就不能被修改
4. 打开一幅图片，练习用“内容识别”填充功能，将多余的图像去掉。
5. 下载 Photoshop 笔刷，并进行安装。

任务3　设计制作木版画效果

知识目标：

1. 了解滤镜的基础知识。
2. 掌握“查找边缘”滤镜、“纹理化”滤镜、“干画笔”滤镜、“切变”滤镜的使用。

技能目标：

1. 通过制作木版画、淡彩素描、粉笔画效果，掌握“查找边缘”滤镜的使用方法。
2. 掌握多种滤镜的综合运用方法。

任务描述

如今的木版画成为了一种非常流行的家居装饰品，是现代人对传统木版画的一种延续和发展。为使木版画更加富有个性，可以使用自己的照片或者图片制作。本次任务就是制作木版画效果，如图 7-3-1 所示。

图 7-3-1　木版画效果

任务分析

完成本任务需要掌握“查找边缘”滤镜、“纹理化”滤镜、“干画笔”滤镜、“切变”滤镜的应用方法。其中，“查找边缘”滤镜的作用是标志图像中有明显过渡的区域并强调边缘，并在白色背景上用深色线条勾画；“纹理化”滤镜用于在图像中产生系统给出的纹理效果或向图像中添加纹理效果；“干画笔”滤镜用于产生一种不饱和的、干燥的油画效果；“切变”滤镜用于在垂直方向上按设定的弯曲路径扭曲图像。

操作步骤：“查找边缘”滤镜→“反向”命令→储存图像→新建文件→“云彩”滤镜→“添加杂色”命令→“干画笔”滤镜→“亮度/对比度”命令→“切变”滤镜→“纹理化”滤镜。

相关知识

1. “杂色”滤镜

通过“杂色”滤镜可以向图像随机添加一些细小的颗粒状像素。“添加杂色”对话框（见图7-3-2）中选项的含义如下：

（1）数量　用于调整杂点的数量，值越大，效果越明显。

（2）分布　用于设定杂点的分布方式。

（3）单色　用于设置添加的杂点是彩色的还是灰色的。

2. “切变”滤镜

“切变”滤镜可以在垂直方向上按设定的弯曲路径来扭曲图像。“切变”对话框（见图7-3-3）中选项的含义如下：

（1）未定义区域　用于设置扭曲后图像空白区域的填充方式。

（2）方格调整框　可以设置扭曲路径，在方格上单击生成一些控制点，拖动这些控制点可随意创造扭曲路径，将控制点拖出框外即可删除该控制点。

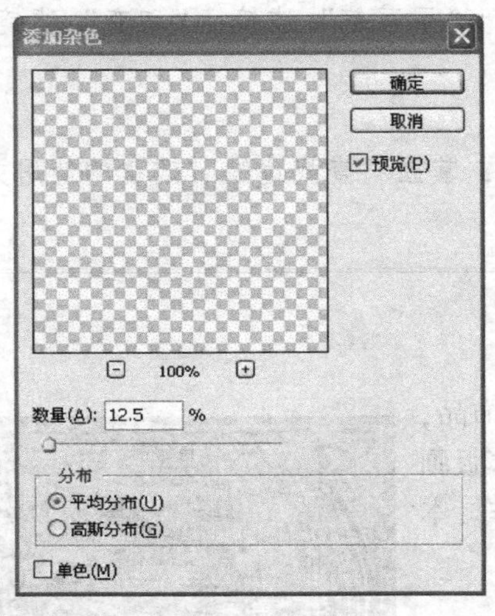

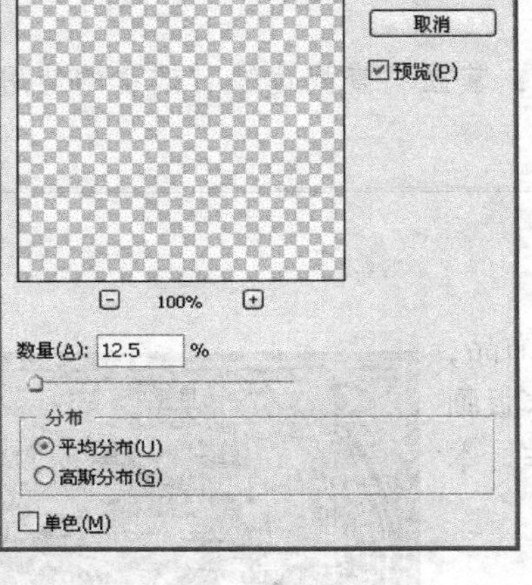

图7-3-2　“添加杂色”对话框

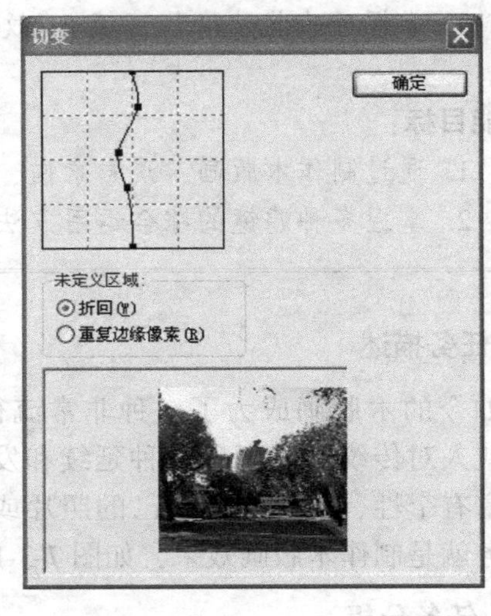

图7-3-3　“切变”对话框

3. “干画笔”滤镜

“干画笔”滤镜用来产生一种不饱和的、干燥的油画效果。“干画笔”对话框（见图7-3-4）中选项的含义如下：

（1）画笔大小　用于设置模拟笔刷的尺寸，值越大，笔刷越粗。

（2）画笔细节　用于设置模拟笔刷的细腻程度，值越大，从图像中捕获的色彩层次越多。

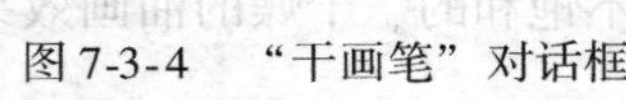

图7-3-4　“干画笔”对话框

（3）纹理　调节效果颜色之间的过渡平滑度，值越小，效果越光滑。

任务实施

1）打开“素材库”\“单元7”\“素材图片5”，执行“滤镜”/“风格化”/“查找边缘”命令，效果如图 7-3-5 所示。单击工具箱中的“矩形选框”工具，创建如图 7-3-6 所示选区。

图 7-3-5 查找边缘效果

图 7-3-6 创建选区

2）执行“选择”/“反向”命令，按“Delete”键删除选区内的图像，再次执行“选择”/“反向”命令。

3）执行“编辑”/“描边”命令，弹出“描边”对话框，进行如图 7-3-7 所示的参数设置，设置完成后单击“确定”按钮。按快捷键“Ctrl + D”，将选区去掉，效果如图 7-3-8 所示。

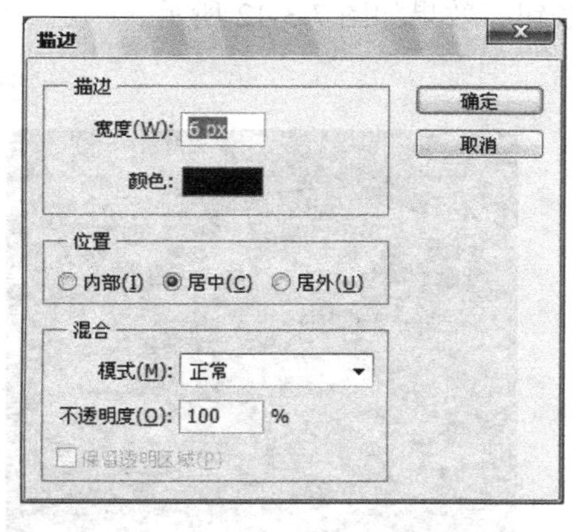

图 7-3-7 “描边”对话框

图 7-3-8 描边效果

4）执行“文件”/“存储为”命令，弹出“存储为”对话框，在“格式”下拉列表框中选择“*.PSD”格式，输入文件名为“纹理”，将文件保存到桌面，设置完成后单击“保存”按钮。

5）执行“文件”/“新建”命令，弹出“新建”对话框，输入名称为“木版画”，宽度为“500 像素”，高度为“438 像素”，分辨率为“72 像素/英寸”，颜色模式为 RGB 颜色，背景内容为白色，设置完成后单击“确定”按钮。

教你一招 新建空白文档的尺寸，可以根据导入素材的尺寸来设定，还可随时更改画布的大小。

6）设置前景色（RGB 为 156，108，39）和背景色（RGB 为 70，43，5）。执行“滤镜”/“渲染”/“云彩”命令，添加云彩效果，如图 7-3-9 所示。

7）执行“滤镜”/“杂色”/“添加杂色”命令，弹出“添加杂色”对话框，设置数量为“6%”，选中“高斯分布”单选按钮并勾选“单色”复选框，设置完成后单击“确定”按钮，效果如图 7-3-10 所示。

图 7-3-9　云彩效果

图 7-3-10　添加杂色效果

8）执行“滤镜”/“艺术效果”/“干画笔”命令，弹出“干画笔”对话框，进行如图 7-3-11 所示的参数设置，完成后单击“确定”按钮，效果如图 7-3-12 所示。

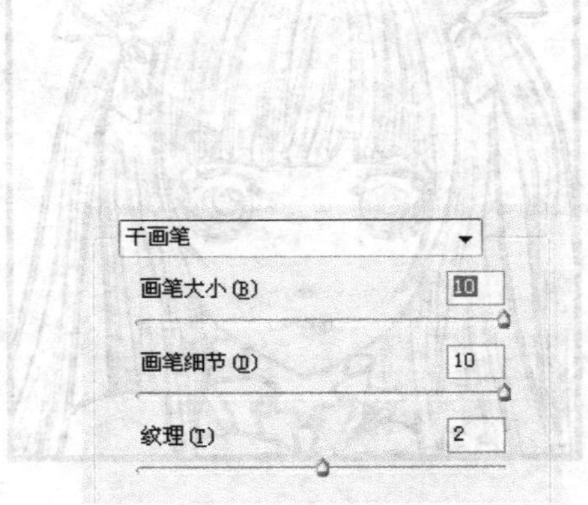

图 7-3-11　“干画笔”对话框

图 7-3-12　“干画笔”滤镜效果

9）执行“图像”/“调整”/“亮度/对比度”命令，弹出“亮度/对比度”对话框，设置亮度为“-22”，对比度为“40”，设置完成后单击“确定”按钮。执行“滤镜”/“扭曲”/“切变”命令，弹出“切变”对话框，进行如图 7-3-13 所示的参数设置，完成后单击“确定”按钮，效果如图 7-3-14 所示。

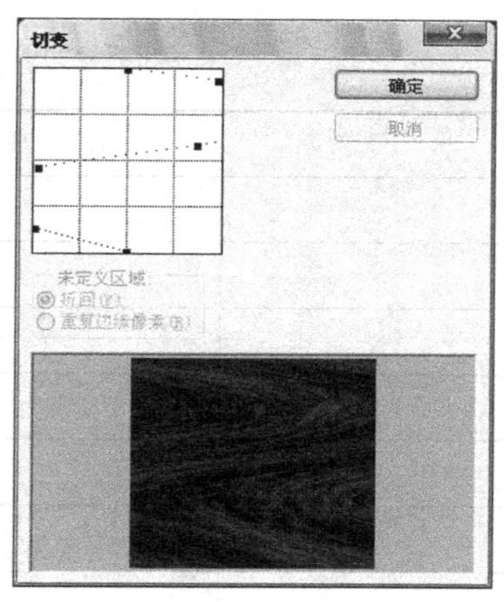

图 7-3-13 “切变”对话框

图 7-3-14 切变滤镜效果

10）执行“滤镜”/“纹理”/“纹理化”命令，弹出“纹理化”对话框，单击参数设置区右上角的“▾≡”按钮，在弹出的下拉列表框中选择“载入纹理”选项，弹出“载入纹理”对话框，选择步骤4中保存的文件“纹理.psd”，单击“打开”按钮，返回“纹理化”对话框，进行如图7-3-15所示的参数设置。

11）完成后得到最终效果，如图7-3-1所示。

图 7-3-15 “纹理化”对话框

想一想

1. 如何制作淡彩素描效果？

打开“素材库”\“单元7”\“素材图片6”，执行“滤镜”/“风格化”/“曝光过度”命令，产生图像正片和负片混合的效果，再执行“滤镜”/“风格化”/“查找边缘”命令，搜寻主要色彩变化的区域并强化其过渡的像素，制作出淡彩素描效果，如图7-3-16所示。

2. 如何制作粉笔画效果？

打开“素材库”\“单元7”\“素材图片7”，执行“滤镜”/“风格化”/“查找边缘”命令，搜寻主要色彩变化的区域并强化其过渡的像素。执行“图像”/“调整”/“去色”命令，去除图像色彩。执行“图像”/“调整”/“反相”命令，将图像色彩反相。执行“滤镜”/“风格化”/“扩散”命令，制作出粉笔画效果，如图7-3-17所示。

图 7-3-16 淡彩素描效果

图 7-3-17 粉笔画效果

检查评议

序　号	能力目标及评价项目	评价成绩
1	能正确使用“云彩”滤镜	
2	能正确使用“查找边缘”滤镜	
3	能正确使用“亮度/对比度”工具	
4	能正确使用“干画笔”滤镜	
5	能正确使用“切变”滤镜	
6	信息收集能力	
7	沟通能力	
8	团队合作能力	
9	综合评价	

问题及防治

使用滤镜库可以预览常用滤镜效果，还可以同时对一幅图像应用多个滤镜效果，打开或关闭滤镜效果等。要使用滤镜库，可执行“滤镜”/“滤镜库”命令，使用时应注意以下规则：

1）滤镜库中放置了一些常用滤镜效果，而且分别对应不同的滤镜组，要使用滤镜时，应先选择其所在滤镜组名，展开滤镜文件夹，再单击所需滤镜即可。

2）要一次使用多个滤镜，可在“滤镜库”对话框右下角设置区中单击“新建效果图层”按钮，添加滤镜效果图层即可一次使用多个滤镜。

3）单击滤镜效果图层前的“眼睛”图标，可以显示或隐藏某个滤镜的效果。

4）选中某个滤镜效果图层后，单击“删除效果图层”按钮，可以删除某个滤镜效果。

5）在滤镜库中增加新滤镜：执行“编辑”/“首选项”/“增效工具”命令，弹出“首选项”对话框，勾选“附加的增效工具文件夹”复选框，单击“选取”按钮，弹出“浏览文件夹”对话框，选择要增加的新滤镜，单击“确定”按钮，在重新启动Photoshop软件时，即可查看到新增加的滤镜。

扩展知识

1. “波浪”滤镜

“波浪”滤镜用于根据设定的波长产生波浪效果。“波浪”对话框如图7-3-18所示。其中，“生成器数”用于设置产生波浪的波源数目；“波长”用于控制波峰间距；“波幅”用于设置波动幅度；“比例”用于调整水平和垂直方向的波动幅度；“类型”用于设置波动类型；“随机化”可以随机改变波动效果。

2. “扩散亮光”滤镜

“扩散亮光”滤镜能使图像产生光热弥漫效果，常用来表现光线强烈和烟雾效果。“扩散亮光”对话框（见图7-3-19）中选项的含义如下：

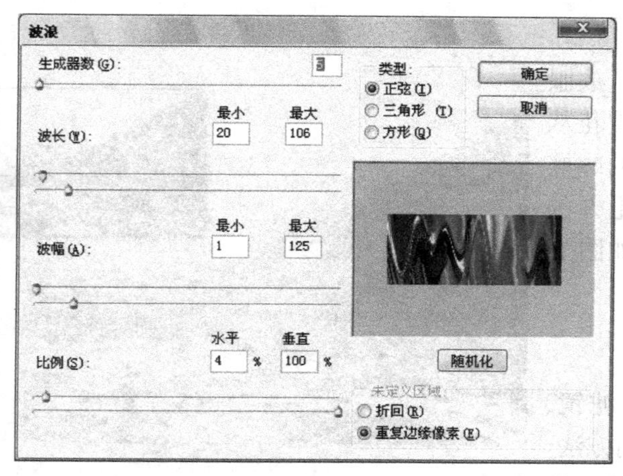

图 7-3-18 “波浪”对话框

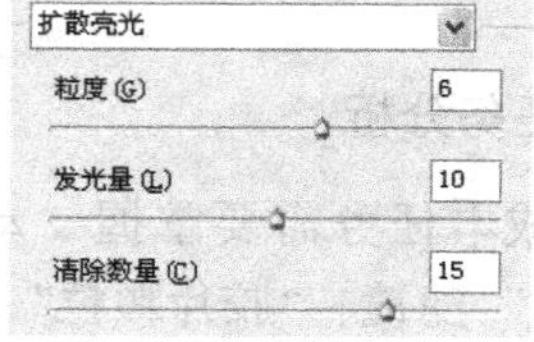

图 7-3-19 “扩散亮光”对话框

(1) 粒度　用于控制辉光中的颗粒度，值越大，颗粒越多。

(2) 发光量　用于调整辉光的强度，该值不宜过大。

(3) 清除数量　用于控制图像受滤镜影响区域的范围，值越大，受影响的区域越少。

考证要点

1. 执行（　　）滤镜命令，可以在垂直方向上按设定的弯曲路径来扭曲图像。

A. 水波　B. 挤压　C. 切变　D. 波浪

2. 执行（　　）滤镜命令，可以向图像随机地混合杂点，并添加一些细小的颗粒状像素。

A. 添加杂色　B. 中间值　C. 去斑　D. 蒙尘与划痕

3. （　　）滤镜用来产生一种不饱和的、干燥的油画效果。

A. 彩色铅笔　B. 干画笔　C. 粗糙蜡笔　D. 塑料包装

4. 利用“波浪”滤镜制作胶片效果。

5. 利用“极坐标”滤镜制作羽毛效果。

6. 利用“扩散亮光”滤镜制作浓雾效果。

任务4　设计制作北国风光效果

知识目标：

1. 掌握“动感模糊”滤镜的使用规则和使用技巧。
2. 掌握“点状化”滤镜的使用方法。
3. 掌握“胶片颗粒”滤镜的使用规则和使用技巧。

技能目标：

1. 通过制作下雪、下雨效果，掌握“动感模糊”滤镜的使用方法。
2. 掌握使用“点状化”滤镜制作特效的方法。

任务描述

“北国风光，千里冰封，万里雪飘。”放眼眺望，到处都是白茫茫的，大片大片的雪花从银灰色的天空悠悠地飘下，像满天白色的蝴蝶在迎风起舞。感受北方，就必须感受北方的雪。本次任务就是制作北国风光效果，如图 7-4-1 所示。

图 7-4-1　北国风光效果

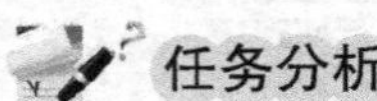

任务分析

完成本任务需要掌握“动感模糊”滤镜、“点状化”滤镜、“胶片颗粒”滤镜的使用方法。其中，“动感模糊”滤镜的作用是增强图像中雪花的动感效果；“点状化”滤镜可以在图像中将颜色分解为随机分布的网点，形成雪花效果；“胶片颗粒”滤镜可以将平滑图案应用于阴影和中间色调，将一种更平滑、饱和度更高的图案添加到亮区，制作地面积雪的效果。

操作步骤：复制红通道→“胶片颗粒”滤镜→载入通道选区→返回 RGB 通道并填充白色→“点状化”滤镜→“阈值”命令→“动感模糊”滤镜→设置图层混合模式。

相关知识

1. “动感模糊”滤镜

该滤镜采用模仿拍摄运动物体的手法，通过对某一方向上的像素进行线性位移来产生运动模糊效果。“动感模糊”对话框（见图 7-4-2）中选项的含义如下：

（1）角度　用于控制运动模糊的方向，可以通过改变文本框中的数字或直接拖动指针来调整。

（2）距离　用于控制像素移动的距离，即模糊的强度。

2. “胶片颗粒”滤镜

该滤镜可以产生胶片颗粒纹理的效果。“胶片颗粒”对话框（见图 7-4-3）中选项的含义如下：

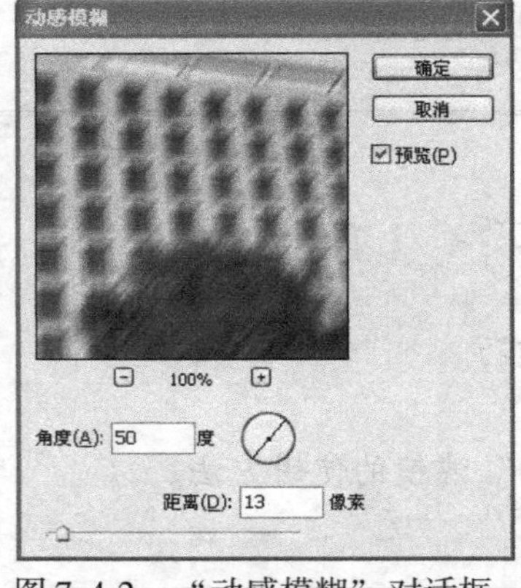

图 7-4-2　“动感模糊”对话框

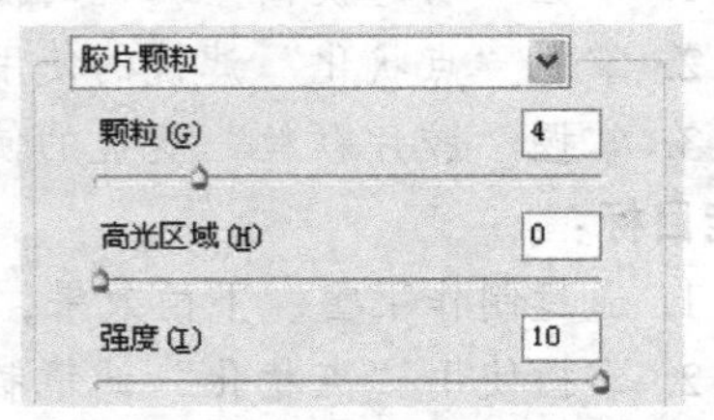

图 7-4-3　“胶片颗粒”对话框

（1）颗粒　用于调节颗粒纹理的稀疏程度，值越大，颗粒越多，颗粒纹理越明显。

（2）高光区域　用于设置高亮度区域的范围，值越大，亮度区域也越大。

（3）强度　用于调节图像的局部亮度，值越大，亮度强的位置颗粒就越少。

3. “点状化”滤镜

该滤镜可以产生随机的彩色斑点效果，点与点间的空隙用当前背景色填充，可用于生成点彩派作品的效果。

任务实施

1）打开“素材库”\“单元7”\“素材图片8”。在“通道”面板中选择较亮的红通道，复制得到红副本通道，如图7-4-4所示。

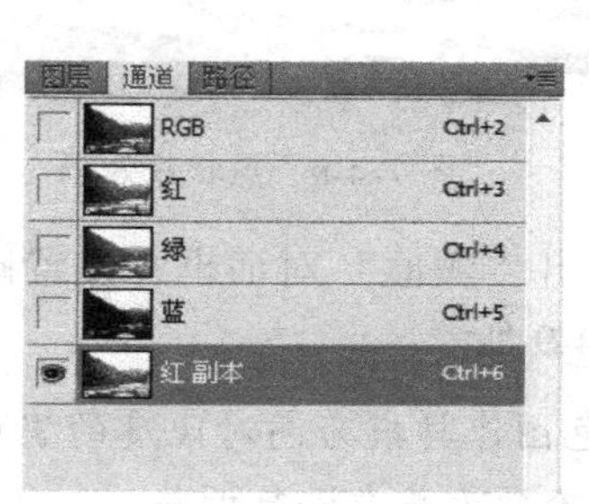

图7-4-4　复制红通道效果

2）在红副本通道中，执行“滤镜”/“艺术效果”/“胶片颗粒”命令，弹出“胶片颗粒”对话框，设置颗粒为“1”，高光区域为“2”，强度为“10”，设置完成后单击“确定”按钮，效果如图7-4-5所示。

教你一招　在消除混合的条纹和将各种来源的图素在视觉上进行统一时，“胶片颗粒”滤镜非常有用。

3）按下“Ctrl”键的同时，用鼠标单击红副本通道缩览图，载入红副本通道选区，单击RGB复合通道，如图7-4-6所示。

图7-4-5　胶片颗粒效果

图7-4-6　操作示意图（一）

4）返回“图层”面板，新建“图层1”。在选区中填充白色，按快捷键“Ctrl+D”，去掉选区，如图7-4-7所示。

5）复制背景图层，生成背景副本图层，并置为当前图层。执行“滤镜”/“像素化”/“点状化”命令，弹出“点状化”对话框，设置单元格大小“5”，单击“确定”按钮，效果如图7-4-8所示。

图7-4-7　操作示意图（二）

图7-4-8　点状化效果

6）执行“图像”/“调整”/“阈值”命令，弹出“阈值”对话框，设置阈值色阶为“178”，设置完成后单击“确定”按钮，效果如图7-4-9所示。

教你一招　“阈值”命令可将灰度或彩色图像转换为高对比度的黑白图像。使用“阈值”命令时，参数值不易过大，要以保留原图轮廓为基准进行调整。

7）执行“滤镜”/“模糊”/“动感模糊”命令，弹出“动感模糊”对话框，设置角度为“50度”，距离为“4像素”，设置完成后单击“确定”按钮，效果如图7-4-10所示。将背景副本图层的混合模式设置为“滤色”。

图7-4-9　阈值应用效果

图7-4-10　动感模糊效果

8）完成最终效果，如图7-4-1所示。

想一想

1. 如何制作下雨效果？

打开“素材库”\“单元7”\“素材图片9”。新建图层并填充黑色，执行“滤镜”/“杂色”/“添加杂色”命令，弹出“添加杂色”对话框，将数量设为“30%”，选中“高斯分布”单选按钮，勾选“单色”复选框，单击“确定”按钮。执行“图像”/

“调整”/“阈值”命令，弹出“阈值”对话框，设置阈值色阶为“130”，单击“确定”按钮。执行“滤镜”/“模糊”/“动感模糊”命令，弹出“动感模糊”对话框，设置角度为“50 度”，距离为“20 像素”，单击“确定”按钮。设置该图层混合模式为“滤色”，效果如图 7-4-11 所示。

图 7-4-11　下雨效果

2. 如何制作梦幻艺术效果？

打开“素材库”\“单元 7”\“素材图片 10”。复制两次背景图层，设置两个图层的图层混合模式为“强光”，分别对两个图层执行“滤镜”/“模糊”/“动感模糊”命令，弹出“动感模糊”对话框，设置角度为“50 度”，距离为“50 像素”，单击“确定”按钮。合并所有图层，执行“滤镜”/“艺术效果”/“绘画涂抹”命令，弹出“绘画涂抹”对话框，设置画笔大小为“1”，锐化程度为“2”，画笔类型为“简单”，单击“确定”按钮，效果如图 7-4-12 所示。

3. 如何制作点彩画效果？

打开“素材库”\“单元 7”\“素材图片 11”。双击背景图层，将背景图层转换为普通图层。复制该图层，分别对两个图层执行“滤镜”/“像素化”/“点状化”命令，弹出“点状化”对话框，设置单元格大小为“5”，单击“确定”按钮。再将复制后的图层混合模式设置为“叠加”，并适当降低透明度。效果如图 7-4-13 所示。

图 7-4-12　梦幻艺术效果

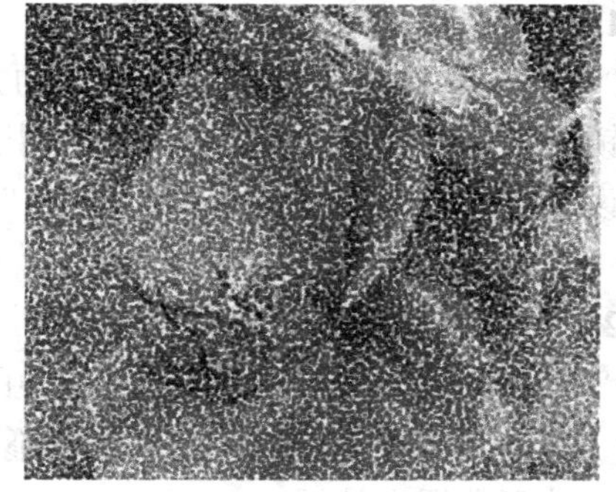

图 7-4-13　点彩画效果

检查评议

序　号	能力目标及评价项目	评价成绩
1	能正确使用“动感模糊”滤镜	
2	能正确使用“点状化”滤镜	
3	能正确使用“胶片颗粒”滤镜	
4	能正确使用“阈值”命令	
5	能正确使用图层混合模式	
6	信息收集能力	
7	沟通能力	
8	团队合作能力	
9	综合评价	

问题及防治

使用“滤镜”命令时的常见问题：

1）使用滤镜调整图像前，可先复制图层，得到图层副本，这样可以防止破坏原图像。

2）利用“高斯模糊”滤镜制作铅笔画效果时，模糊参数不易过大，否则铅笔的效果会不明显。

3）“高斯模糊”滤镜与柔光混合模式进行组合使用时，能够使两个图层中的图像混合后产生一种发光效果。

4）对于“模糊”滤镜组中的所有命令，除了能在复合通道中执行外，还可以在单色通道中执行。由于单色通道记录了图像的颜色信息，所以在单色通道中执行“模糊”滤镜组的命令，只会影响所在通道中的颜色像素。

5）图像锐化是一种损坏性操作，为了在保证图像质量的情况下使图像清晰，可以在Lab颜色模式下锐化图像。在Lab颜色模式中，并不是直接锐化图像，而是在明度通道中锐化，从而锐化图像的明暗关系，在颜色不改变的情况下使图像保持清晰。

6）在使用“锐化”滤镜时，不能够一次性地在一幅图像中设置过大的参数，而需要设置小参数，这样才能显示出更多的细节，不会造成图像锐化过度或锐化不当。

7）使用“锐化”滤镜后，若感觉锐化过度，还可以通过降低图层的不透明度参数值，来降低图像边界的锐化程度。

扩展知识

1. “镜头模糊”滤镜

“镜头模糊”滤镜可以模仿镜头的方式对图像进行模糊。其中，“深度模糊”选项用于设置镜头模糊的远近；“光圈”选项用于设置光圈的形状和模糊的范围；“镜面高光”选项用于设置模糊镜面亮度的强弱；“杂色”选项用于模糊过程中所添加的杂点的多少及分布方式。

2. “高斯模糊”滤镜

“高斯模糊”滤镜根据高斯算法中的曲线对图像进行选择性地模糊，可产生浓厚的模糊效果。其中“半径”选项用来设置图像的模糊程度，值越大，模糊效果越明显。同时，值越大，处理数据也越慢。

3. “锐化”滤镜组

“锐化”滤镜组中的滤镜通过增加相邻像素的对比度将图像画面调整得清晰、鲜明。

（1）“USM锐化”滤镜　查找图像中颜色发生显著变化的区域，调整其对比度，并在每侧生成一条亮线和一条暗线，使图像的边缘突出，图像更加清晰，如图7-4-14所示。

（2）“锐化”滤镜和“进一步锐化”滤镜　“锐化”滤镜作用于图像中的全部像素，提高像素的颜色对比度，增加图像的清晰度。而“进一步锐化”滤镜的效果类似于执行多次“锐化”滤镜的效果。两个滤镜都没有设置选项，是直接执行的命令，如图7-4-15所示。

（3）“锐化边缘”滤镜　用于锐化图像的边缘，同时保留图像总体的平滑度。该滤镜没有设置选项，是一个直接执行的命令，如图7-4-16所示。

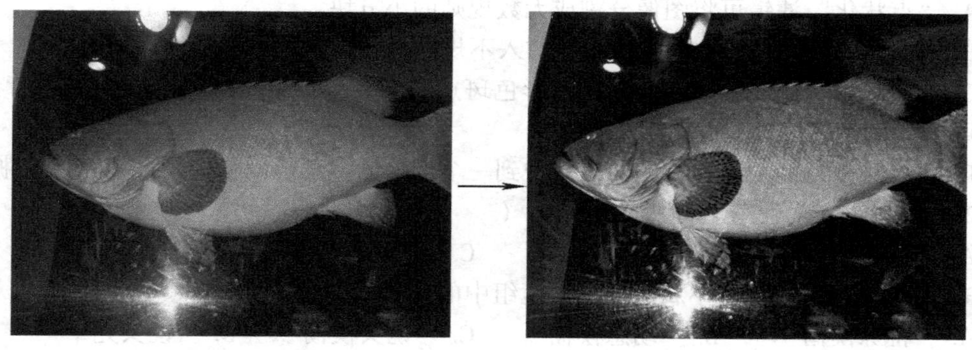

图 7-4-14 USM 锐化前后效果

图 7-4-15 锐化和进一步锐化效果

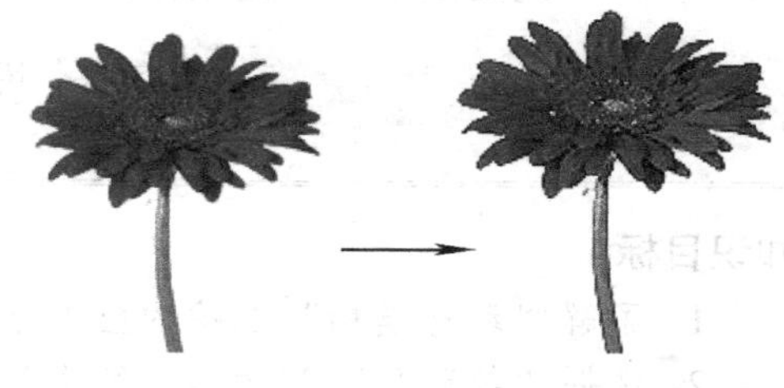

图 7-4-16 锐化边缘前后效果

（4）“智能锐化”滤镜 通过设置锐化算法来锐化图像，使图像的锐化效果控制得更加精确，并且可以分别控制阴影和高光中的锐化量。其中，“数量”选项用于调整锐化的程度；“半径”选项用于设置锐化的范围；“移去”选项用于设置对图像进行锐化的算法；“更加准确”复选框可以更精确地锐化图像。智能锐化前后效果如图 7-4-17 所示。

图 7-4-17 智能锐化前后效果

考证要点

1. 下面关于“点状化”滤镜描述正确的是（ ）。

A. “点状化”滤镜可将图像分割成无数规则的小方块

B. “点状化”滤镜可在图像中随机加入不规则的颗粒来产生颗粒纹理效果

C. “点状化”滤镜可以产生随机的彩色斑点的效果，点与点间的空隙用当前背景色填充，可用于生成点彩派作品效果

D. “点状化”滤镜将相近的像素集中到一个像素的多角形网格中，可使图像清晰化

2. “胶片颗粒”滤镜属于哪个滤镜组（　　）？

A. 风格化　　B. 渲染　　C. 艺术效果　　D. 纹理

3. 下面（　　）滤镜不属于模糊滤镜组中的滤镜（　　）。

A. “特殊模糊”　　B. “动感模糊”　　C. “镜头模糊”　　D. “镜头光晕”

4. 打开模糊素材图片，利用“锐化”滤镜组中的滤镜处理模糊图片。

5. 利用“镜头模糊”滤镜制作人物特写效果。

任务5　设计制作飞天效果

知识目标：

1. 了解“动感模糊”滤镜的应用方法。

2. 掌握“纹理化”滤镜、“纤维”滤镜、“镜头光晕”滤镜的使用规则和使用技巧。

技能目标：

1. 通过制作飞天、木纹纹理效果，掌握“纤维”滤镜的使用方法。

2. 掌握“镜头光晕”滤镜的应用方法。

3. 掌握多种滤镜功能的综合运用方法。

任务描述

天空无边无际，每当我们抬起头仰望天空时，总会看见鸟儿在飞。如果自己有一双翅膀，就能像小鸟一样在天空中自由自在地飞翔。本次任务是制作飞天——壁画效果，如图7-5-1所示。

图7-5-1　飞天效果

任务分析

完成本任务需要掌握“纹理化”滤镜、“纤维”滤镜、“动感模糊”滤镜、“镜头光晕”滤镜的应用方法。其中，“纹理化”滤镜的作用是制作壁画画布纹理效果；“纤维”滤镜可以根据前景色和背景色来生成纤维效果，制作光线特效；“动感模糊”滤镜用于制作光线动感效果；“镜头光晕”滤镜可以使图像产生明亮光线进入相机镜头的眩光效果，即模拟太阳光。

操作步骤：打开素材→“镜头光晕”滤镜→创建矩形选区→“纤维”滤镜→“动感模

糊”滤镜 →“自由变换”命令→导入素材→“纹理化”滤镜。

相关知识

1. “纹理化”滤镜

应用“纹理化”滤镜可以在图像中产生系统给出的纹理效果，或根据另一个文件的亮度值向图像中添加纹理效果。“纹理化”对话框（见图7-5-2）中选项的含义如下：

（1）纹理　用设置纹理的类型，用户还可以选择“载入纹理”添加其他纹理效果。

（2）缩放　用于调整纹理的尺寸。

（3）凸现　用于调整纹理产生的厚度。

（4）光照　用于调整光照的方向。

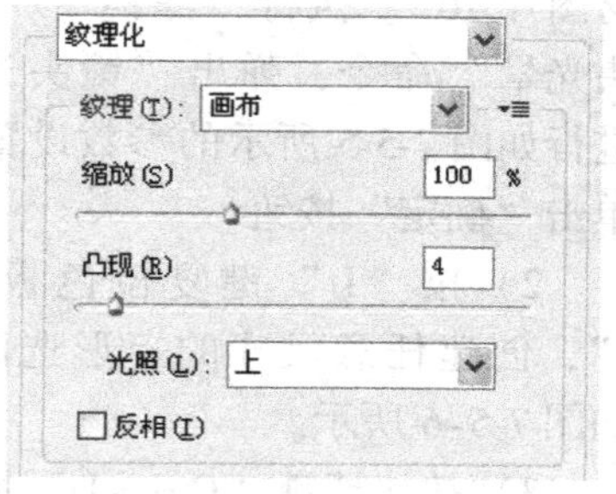

图7-5-2　“纹理化”对话框（一）

2. “纤维”滤镜

应用“纤维”滤镜可根据当前系统设置的前景色和背景来生成一种纤维效果。“纤维”对话框（见图7-5-3）中选项的含义如下：

（1）差异　用于调整纤维的变化纹理形状。

（2）强度　用于设置纤维的密度。

3. “镜头光晕”滤镜

应用“镜头光晕”滤镜可以模拟强光照射在摄像机镜头上产生的眩光效果，并可自动调节眩光的位置。“镜头光晕”对话框（见图7-5-4）中选项的含义如下：

（1）光晕中心　用于调整闪光的中心，可直接在预览框中用鼠标单击选取闪光中心。

（2）亮度　用于调节反光的强度。

（3）镜头类型　用于设置眩光点的大小。

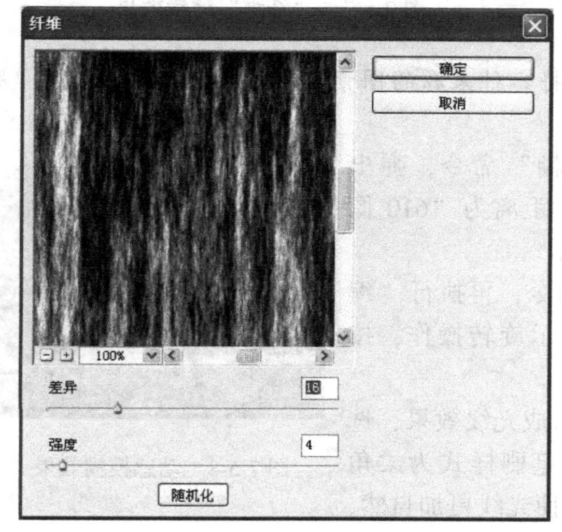

图7-5-3　“纤维”对话框

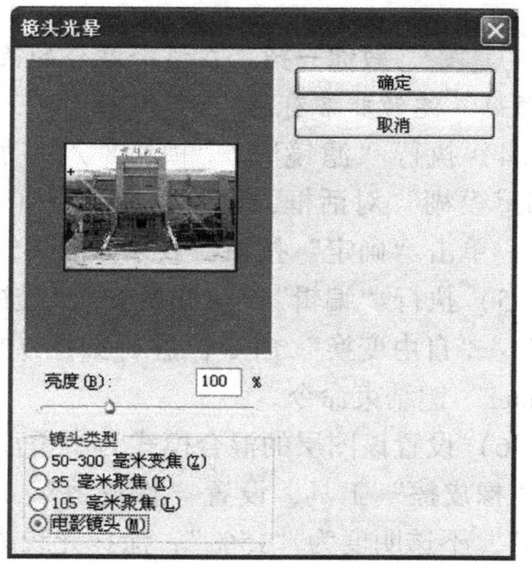

图7-5-4　“镜头光晕”对话框

任务实施

1）打开“素材库”\“单元7”\“素材图片16”。执行“滤镜”/“渲染”/“镜头光晕”命令，弹出“镜头光晕”对话框，进行如图7-5-5所示的参数设置，设置完成后单击“确定”按钮。

图7-5-5 “镜头光晕”滤镜效果

2）按“D”键复位色板。新建“图层1”，创建任意尺寸的矩形选区并填充黑色，如图7-5-6所示。

3）按快捷键“Ctrl＋D”取消选区后，执行“滤镜”/“渲染”/“纤维”命令，弹出“纤维”对话框，设置差异值为“16”，强度值为“4”，单击“确定”，效果如图7-5-7所示。

图7-5-6 创建矩形选区并填充黑色

图7-5-7 “纤维”滤镜效果

教你一招 在消除混合的条纹和将各种来源的图素在视觉上进行统一时，“胶片颗粒”滤镜非常有用。

4）执行“滤镜”/“模糊”/“动感模糊”命令，弹出“动感模糊”对话框，设置角度为“90度”，距离为“610像素”，单击“确定”按钮，效果如图7-5-8所示。

图7-5-8 动感模糊效果

5）执行“编辑”/“变换”/“透视”命令，再执行“编辑”/“自由变换”命令，进行如图7-5-9所示旋转操作，按“Enter”键结束命令。

6）设置该图层的混合模式为“叠加”，形成光线效果，选择“橡皮擦”工具，设置“橡皮擦”工具的笔刷样式为柔角“70”、不透明度为“15%”，涂抹光线边界，使光线更加自然，如图7-5-10所示。

7）打开“素材库”\“单元7”\“素材图片17”“素材图片18”，分别创建女孩及

图 7-5-9　透视、旋转效果

海鸥选区，选择“移动”工具，将选区中的图像移至“飞天 . psd”文件中，调整其大小及位置，如图 7-5-11 所示。

图 7-5-10　混合模式的应用

图 7-5-11　抠图后的效果（一）

8）单击女孩所在的图层，设该图层不透明度为“65%”。单击海鸥图层，选择“磁性套索”工具，创建如图 7-5-12 所示选区。再单击女孩图层，将该图层的不透明度调整为“100%”，删除选区中的图像，效果如图 7-5-13 所示。

图 7-5-12　创建选区

图 7-5-13　抠图后的效果（二）

9）单击“图层”面板中最上面的图层，按快捷键“Ctrl + Alt + Shift + E”盖印图层。执行“滤镜”/“纹理”/“纹理化”命令，进行如图 7-5-14 所示的参数设置，设置完成后单击“确定”按钮。

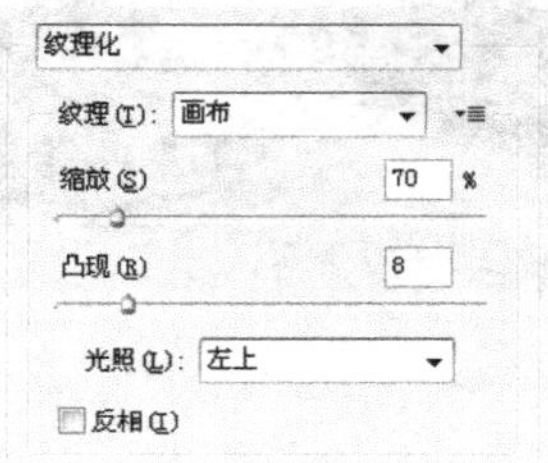

图 7-5-14　“纹理化”对话框（二）

10）完成最终效果，如图 7-5-1 所示。

教你一招　盖印图层是将处理后图像的效果盖印到新的图层上，功能与合并图层相似，但不改变其他图层的效果。盖印图层可以任意删除，不影响之前操作的图层。

想一想

1. 如何制作球体效果？

打开“素材库”\“单元7”\“素材图片19”，选择“椭圆选框”工具，按住“Shift”键的同时创建正圆选区，按快捷键“Ctrl + J”复制选区中的图像并生成图层1。按“Ctrl”键的同时单击图层上的缩览图，载入该图层选区，执行“滤镜”/“扭曲”/“球面化”命令，弹出“球面化”对话框，设置数量为“100%”，单击“确定”按钮。按快捷键“Ctrl + D”去掉选区，执行“滤镜”/“渲染”/“镜头光晕”命令，添加镜头光晕效果。载入球体选区，选中背景图层并执行“选择”/“反向”命令，再执行“滤镜”/“模糊”/“动感模糊”命令，制作背景动感效果。最终制作的球体效果如图7-5-15所示。

2. 如何制作砖墙效果？

执行“文件”/“新建”命令，弹出“新建”对话框，设置宽度、高度均为“500像素”，背景内容为白色，单击“确定”按钮。设置前景色（RGB为157，77，29），按快捷键“Alt + Delete”填充前景色。执行“滤镜”/“纹理”/“纹理化”命令，弹出“纹理化”对话框，设置纹理为“砖形”，缩放为“200%”，凸现为“15”，光照为“右上”，单击“确定”按钮，效果如图7-5-16所示。

3. 如何制作木纹纹理效果？

执行“文件”/“新建”命令，弹出“新建”对话框，设置宽度为“300像素”、高度为“500像素”，背景内容为白色，单击“确定”按钮。设置前景色（RGB为177，12，12），背景色为黑色。执行“滤镜”/“渲染”/“纤维”命令，弹出“纤维”对话框，设置差异为“16”，强度为“4”，单击“确定”按钮，制作出木质纹理效果。选择“矩形选框”工具，创建宽度为“80像素”、高度为“120像素”的矩形选区，执行“滤镜”/“扭曲”/“旋转扭曲”命令，弹出“旋转扭曲”对话框，设置角度为“150度”，单击“确定”按钮，制作木节子效果。最终制作的木纹纹理效果如图7-5-17所示。

图7-5-15　球体效果

图7-5-16　砖墙效果

图7-5-17　木纹纹理效果

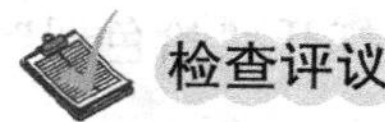

检查评议

序　　号	能力目标及评价项目	评 价 成 绩
1	能正确使用“纹理化”滤镜	
2	能正确使用“纤维”滤镜	
3	能正确使用“动感模糊”滤镜	
4	能正确使用“镜头光晕”滤镜	
5	能正确使用图层混合模式	
6	信息收集能力	
7	团队合作能力	
8	综合评价	

问题及防治

使用滤镜时的常见问题：

1）在使用“光照效果”滤镜时，若要在对话框内复制光源，先按住“Alt”键，再拖动光源即可。若要删除一个光源，可按“Delete”键。按下“Shift”键拖动一个结点，则能够在不改变光源在整个区域中影响的情况下改变光照角度。

2）利用滤镜制作文字特效时，先要将文字图层转换为普通图层，否则无法应用滤镜功能。

3）执行“渐隐”命令时，只有在执行过一个滤镜命令后，该命令才可以使用。

4）使用“纤维”滤镜时，所填充的颜色取决于当前工具箱中的前景色和背景色。因此，若想使用该滤镜得到所需效果，应用先设置前景色和背景色的颜色。

5）使用纹理化滤镜时，若需载入外部纹理，则载入的纹理文件必须为“. psd”格式的文件。

扩展知识

1. “光照效果”滤镜

“光照效果”滤镜的设置和使用比较复杂，其主要作用是通过光源、光色、物体的反射特性等产生光照效果。“光照效果”对话框（见图 7-5-18）中各选项的含义如下：

（1）样式　用于定义灯光在舞台上产生的不同灯光效果。

（2）光照类型　用于设置灯光类型，该选项在勾选“开”复选框后有效。

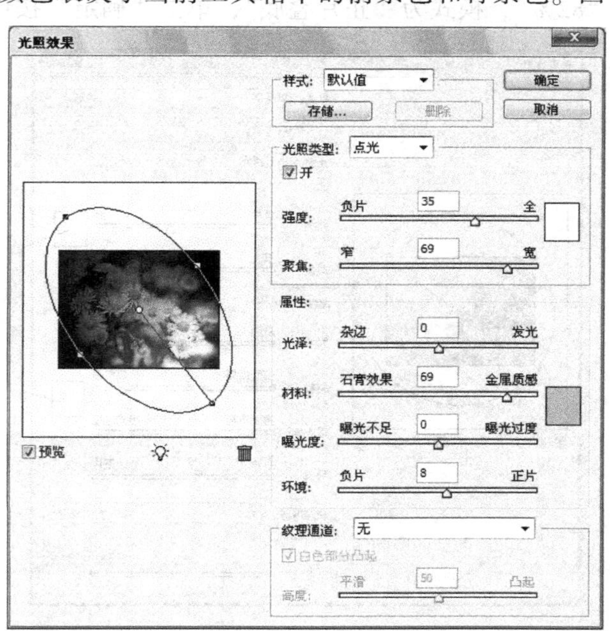

图 7-5-18　“光照效果”对话框（一）

（3）强度　用于控制光的强度，值越大，光越强。单击右侧的色块，可打开“拾色器”对话框，进行灯光颜色的设置。

（4）聚焦　用于扩大椭圆区内光线的照射范围，此项对有些光源无效。

（5）光泽　用于设置反光物体的表面粗糙度。

（6）材料　决定反射光色彩是反射光源的色彩还是反射物体本身的色彩。

（7）曝光度　用于调整整个图像的受光程度。

（8）环境　用于产生一种舞台灯光的弥漫效果。单击右侧的色块，可打开“拾色器”对话框，进行灯光颜色的设置。

（9）纹理通道　用于在图像中加入纹理，产生一种浮雕效果。

（10）高度　当勾选“白色部分凸起”复选框时，此项才可用。勾选此复选框，则纹理的凸出部分用白色表示；反之，则以黑色来表示。

2. Photoshop 滤镜的渐隐

“渐隐”命令用于把执行滤镜后的效果与原图像进行混合。执行“编辑”/“渐隐”命令或按“Ctrl + Shift + F”组合键，弹出“渐隐”对话框，其选项的含义为：“不透明度”文本框用于设置滤镜效果的强弱，值越大，滤镜效果越明显；“模式”下拉列表框用于设置滤镜色彩与原图色彩以哪种模式进行混合；勾选“预览”复选框，当参变化时，图像的效果也将同步变化。

3. 应用“渐隐”命令

打开“素材库”\“单元7”\“素材图片21”。执行“滤镜”/“渲染”/“光照效果”命令，弹出“光照效果”对话框，进行如图7-5-19所示的参数设置，完成后单击“确定”按钮。执行“编辑”/“渐隐”命令，弹出“渐隐”对话框，设置不透明度为“82%”，模式为“正片叠底”，单击“确定”按钮，效果如图7-5-20所示。

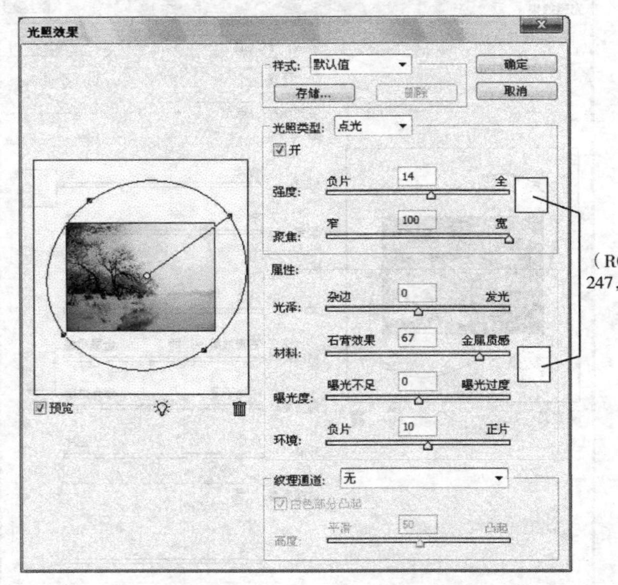

图7-5-19　“光照效果”对话框（二）

图7-5-20　应用“渐隐”命令后的效果

考证要点

1. 执行“滤镜”/“纹理”子菜单下的（　　）命令，可以在图像中产生系统给出的纹理效果或根据另一个文件的亮度值向图像中添加纹理效果。

A. 颗粒　　B. 马赛克拼贴　　C. 龟裂缝　　D. 纹理化

2. 下列滤镜中，（　　）滤镜不属于渲染滤镜组？

A. “镜头光晕”　　B. “扩散亮光”　　C. “云彩”　　D. “纤维”

3. 当执行一个滤镜命令后，按（　　）组合键，可快速重复上次执行的滤镜命令。

A. “Ctrl + T”　　B. “Ctrl + J”

C. “Ctrl + Shift + F”　　D. “Ctrl + F”

4. 利用“光照效果”滤镜制作阳光灿烂效果。

5. 利用“渐隐”命令制作水彩画效果。

任务6　设计制作蝶舞效果

知识目标：

1. 了解“镜头模糊”滤镜、“径向模糊”滤镜、“旋转扭曲”滤镜在实例中的应用。
2. 掌握“抽出”滤镜的使用规则和使用技巧。

技能目标：

1. 通过制作蝶舞效果，掌握“抽出”滤镜的使用方法。
2. 掌握用“抽出”滤镜抠图的技巧。
3. 综合运用多种滤镜功能。

任务描述

蝴蝶拥有美丽的外表，奇异的花纹，迷人的色彩，娇美的外形，在花丛中翩翩起舞。本次任务就是制作蝶舞效果，如图7-6-1所示。

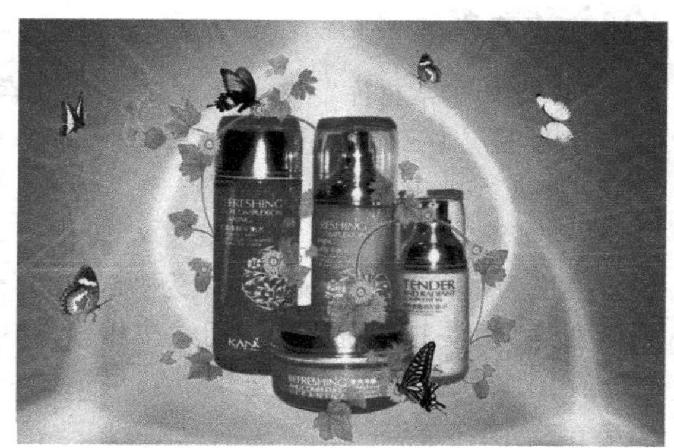

图7-6-1　蝶舞效果

任务分析

完成本任务需要掌握“抽出”滤镜、“镜头光晕”滤镜、“径向模糊”滤镜、“铜版雕刻”滤镜、“旋转扭曲”滤镜的应用方法。其中，“抽出”滤镜的作用是抠取蝴蝶图像；“镜头光晕”滤镜用于在图像中添加光晕，制作背景特效；“铜版雕刻”滤镜用于将镜头光晕以直线条形式显示；“径向模糊”滤镜用于增强背景光晕的动感效果；“旋转扭曲”滤镜用于制作背景光晕的扭曲效果。

操作步骤："镜头光晕"滤镜→"铜版雕刻"滤镜→"径向模糊"滤镜→"旋转扭曲"滤镜→"抽出"滤镜→自由变换。

相关知识

"抽出"滤镜常用于从背景较复杂的图像中快速分离出某一部分图像，如人和动物等。"抽出"对话框（见图7-6-2）中各选项的含义如下：

图7-6-2 "抽出"对话框

用于勾画出需要抽出的图像边缘；用于填充所选区域的颜色；用于平移预览框中的图像；用于擦除选择有误的边缘区域；用于当"强制前景"复选框被勾选时，挑出所要保留的颜色；用于放大或缩小预览框中的图像。

任务实施

1）打开"素材库"\"单元7"\"素材图片22"。隐藏化妆品图层，在背景图层上面新建"图层1"并填充黑色。

2）执行"滤镜"/"渲染"/"镜头光晕"命令，弹出"镜头光晕"对话框，设置亮度为"100%"，镜头类型为"50-300毫米变焦"，单击"确定"按钮。按相同方法，在图像中添加"镜头光晕"效果，如图7-6-3所示。

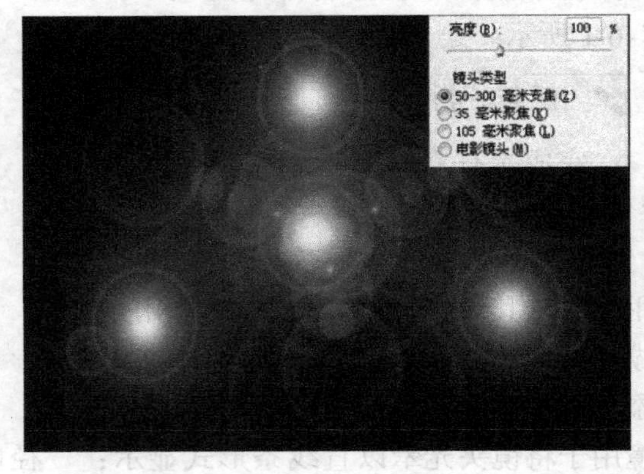

图7-6-3 添加镜头光晕效果

3）执行"滤镜"/"像素化"/"铜版雕刻"命令，弹出"铜版雕刻"对话框，设置类型为"中长直线"，单击"确定"按钮。执行"滤镜"/"模糊"/"径向模糊”命令，弹出“径向模糊”对话框，进行如图7-6-4所示的参数设置，完成后单击“确定”按钮。重复应用径向模糊滤镜，效果如图7-6-5所示。

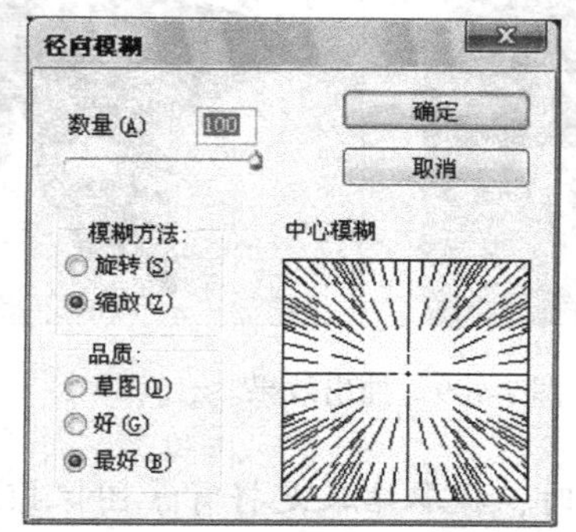

图7-6-4 “径向模糊”对话框

图7-6-5 径向模糊效果

4）按快捷键“Ctrl + J”两次，分别对图层1副本和图层1副本2执行“滤镜”/“扭曲”/“旋转扭曲”命令，打开“旋转扭曲”对话框，将角度分别设为“360度”和“-360度”，单击“确定”按钮，然后将两个图层的混合模式设置为滤色，如图7-6-6所示。

5）盖印可见图层，隐藏图层1至图层1副本2的所有图层。

6）单击图层2，按快捷键“Ctrl + U”，弹出“色相/饱和度”对话框，设置色相为“-95”，饱和度和明度均为“0”，单击“确定”按钮。设置该图层的混合模式为滤色，效果如图7-6-7所示。

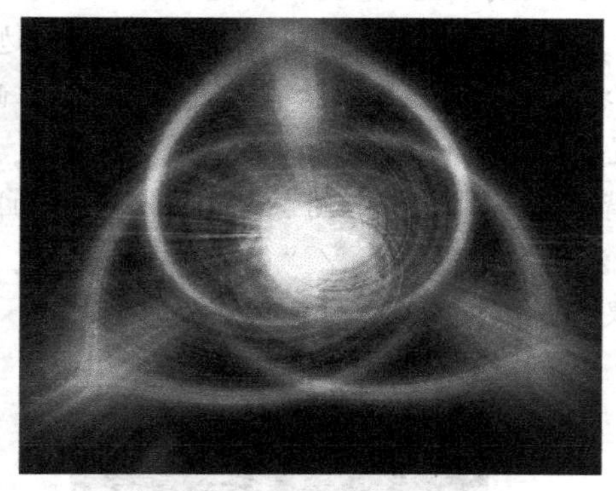

图7-6-6 旋转扭曲效果

图7-6-7 应用图层混合模式

7）打开“素材库”\“单元7”\“素材图片23”。执行“滤镜”/“抽出”命令，弹出“抽出”对话框，选择工具，设置画笔大小为“20”，在预览框中，按住鼠标左键在蝴蝶边缘进行涂抹，将蝴蝶的触角也一同选中，如图7-6-8所示。

8）在“抽出”对话框中单击工具，然后在选取的图像区域中单击，填充该区域中的图像，单击“确定”按钮，效果如图7-6-9所示。

图 7-6-8　涂抹效果　　　　图 7-6-9　抽出效果

教你一招　利用“抽出”滤镜提取图像时，提取结果是将背景图像擦除，只保留选择的图像，若当前图层为背景图层，则自动将其转换为普通图层。

9）选择“移动”工具，将蝴蝶移至“蝶舞”文件中。按快捷键“Ctrl + T”，调整蝴蝶的大小及位置，效果如图 7-6-1 所示。

10）按步骤 7 ~ 9 的方法，将其他蝴蝶图案添加到“蝶舞”文件中，完成实例制作。

想一想

1. 如何利用“抽出”滤镜？

打开“素材库”\“单元 7”\“素材图片 24”。执行“滤镜”/“渲染”/“镜头光晕”命令，制作阳光照射效果。打开“素材库”\“单元 7”\“素材图片 25”。执行“滤镜”/“抽出”命令，抽取白兔图像，制作图像合成效果，如图 7-6-10 所示。

2. 如何制作梦幻花朵？

执行“文件”/“新建”命令，弹出“新建”对话框，设置宽度、高度均为“500 像素”，背景色为黑色，单击“确定”按钮。新建“图层 1”，选择“画笔”工具，设置笔刷为硬边圆笔刷，笔刷大小为“2 像素”，在工作区中绘制任意形状的白色折线段。执行“滤镜”/“扭曲”/“旋转扭曲”命令，弹出“旋转扭曲”对话框，设置角度为“360 度”，单击“确定”按钮，制作出花瓣效果。复制多个花瓣图层并进行旋转，隐藏背景图层，单击“图层”面板最上方的图层，按快捷键“Ctrl + Shift + Alt + E”盖印图层。执行“滤镜”/“模糊”/“径向模糊”命令，将花朵边缘进行模糊处理。给新建图层填充渐变色，效果如图 7-6-11 所示。

图 7-6-10　图像合成效果

图 7-6-11　梦幻花朵效果

检查评议

序 号	能力目标及评价项目	评价成绩
1	能正确使用“抽出”滤镜	
2	能正确使用“镜头光晕”滤镜	
3	能正确使用“径向模糊”滤镜	
4	能正确使用“旋转扭曲”滤镜	
5	信息收集能力	
6	沟通能力	
7	团队合作能力	
8	综合评价	

问题及防治

使用滤镜命令时的常见问题：

1）在使用“扭曲”滤镜时，只对当前图层或选区中的图像起作用，如果创建选区，则“扭曲”滤镜对整个图像进行处理。被锁定的图层能应用“扭曲”滤镜。“扭曲”滤镜处理图像时以像素为单位，相同的参数对于分辨率不同的图像所产生的效果是不同的。

2）利用“抽出”滤镜全色抠取图片时，不需勾选“抽出”对话框中的“强制前景”复选框，用“高光器”工具沿边缘描绿色，笔触可小一点，一般为5～10，这样抠取图像时会更精确。每获得一个抠出的图层，都要把图放大检查，用橡皮擦除边缘的杂色，这样才会使抠取的图片更精确。

3）利用“抽出”滤镜单色抠取图像时，若需要强调抠取某一种颜色，例如发丝、羽毛的颜色等，就要勾选“抽出”对话框中的“强制前景”复选框。需要抠取哪一部分颜色，就把强制前景设置为该种颜色，颜色的设置可用吸管工具来提取。

扩展知识

1. Photoshop CS5 新增功能——3D

在Photoshop CS5中，增强了对模型设置灯光、材质、渲染等方面的功能。结合这些功能，在Photoshop中可以绘制透视精确、质感超强的三维效果图，也可以辅助三维软件创建模型的材质贴图。这些功能大大拓展了Photoshop的应用范围。

（1）“3D”面板的使用　执行“窗口”/“3D”命令，即可显示“3D”面板，面板中各选项的含义如图7-6-12所示。

（2）储存3D文件　要保留3D模型的位置、光源、渲染模式和横截面，需将包含3D图层的文件以PSD、PSB、TIFF、PDF格式储存。执行“文件”/“存储”（或“存储为”）命令，选择PSD、PDF、TIFF格式。

2. 制作3D立体文字效果

1）新建文件，输入横排文字“成功”，调整文字大小。执行“3D”/“凸纹”/“文本图层”命令（见图7-6-13），此时会提示是否将文字图层栅格化，单击“是”按钮，弹出“凸纹”对话框，进行如图7-6-14所示的参数设置。

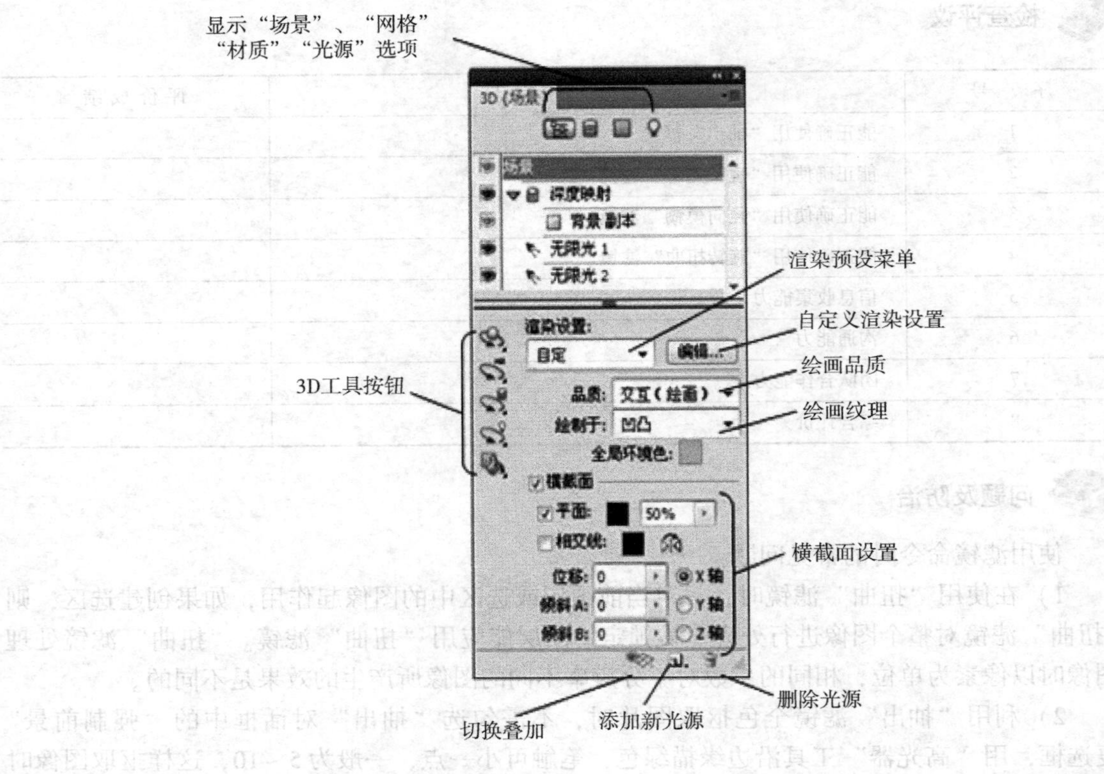

图 7-6-12 "3D"面板

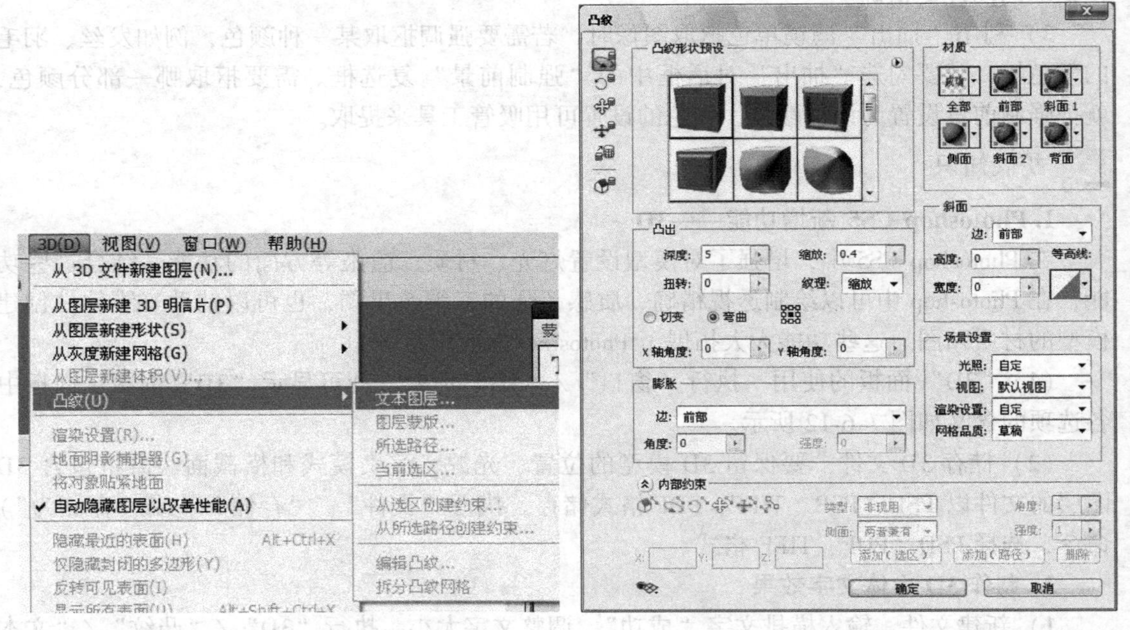

图 7-6-13 菜单命令　　图 7-6-14 "凸纹"对话框

2）选择"3D旋转"工具，在文字上按住鼠标左键拖动，对文字进行旋转变换，如图

7-6-15 所示。

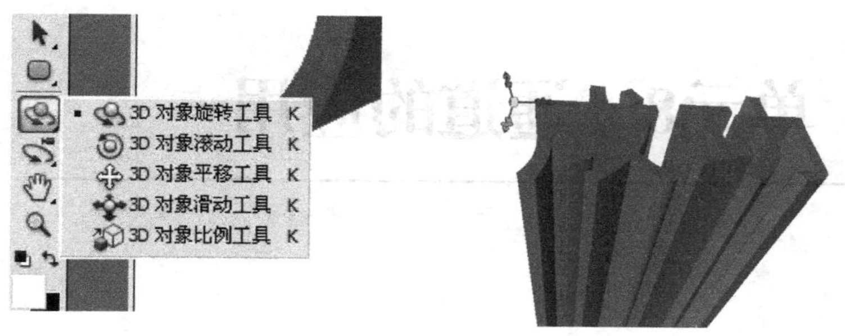

图 7-6-15 用“3D 旋转”工具变换文字

3）显示“3D”面板，单击场景中的“成功凸出材质”选项，再单击“漫射”/“载入纹理”菜单，载入所需纹理，如图 7-6-16 所示。

4）使用相同的方法，在“3D”面板中，单击场景中的“成功前膨胀材质”选项，再单击“漫射”/“载入纹理”菜单，载入所需纹理，效果如图 7-6-17 所示。

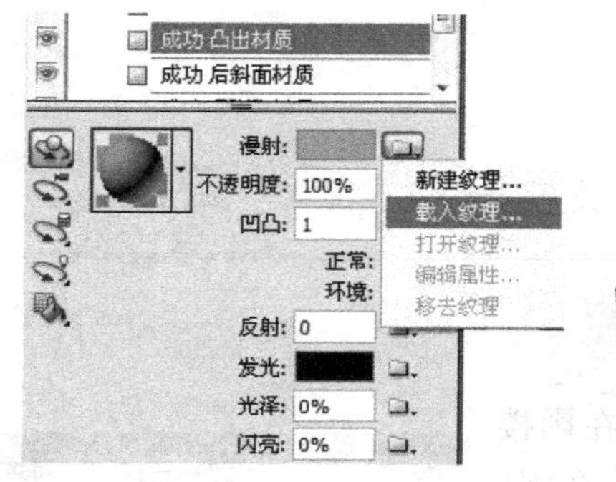

图 7-6-16 载入纹理效果

图 7-6-17 3D 文字效果

考证要点

1. 下列对滤镜描述不正确的是（ ）。

A. Photoshop 可以对选区进行滤镜效果处理，如果没有定义选区，则默认对整个图像进行操作

B. 在索引模式下不可以使用滤镜，有些滤镜不能在 RGB 模式下使用

C. “扭曲”滤镜的主要功能是让一幅图像产生扭曲效果

D. “3D 变换”滤镜可以将平面图像转换成为有立体感的图像

2. 滤镜的处理效果是以（ ）为单位。

A. 像素　　B. 选区　　C. 打印分辨率　　D. 图像分辨率

3. 使用“径向模糊”滤镜时，其模糊方法有以下哪两种（ ）？

A. 旋转　　B. 缩放　　C. 随机　　D. 扭曲

4. 新建一个空白图像文件，利用“扭曲”滤镜组中的滤镜制作梦幻效果。

5. 打开动物素材图片，练习“抽出”滤镜抠图的方法。

6. 利用 3D 功能制作 3D 文字效果，练习“3D”面板的使用。

8

单元8 通道的应用

任务1 设计制作艺术照片

知识目标：

1. 掌握通道的概念。
2. 掌握“通道”面板的基础知识。
3. 掌握图层样式的基础知识。

技能目标：

1. 掌握“通道”面板的使用和技巧。
2. 掌握通道的编辑、复制、删除、拆分与合并技巧。

任务描述

将人物和背景完美融合，并形成唯美效果，是在影楼里经常能看到的场景，羡慕之余，我们还能做些什么呢？这些特效照片，我们也能实现。本次任务就是制作艺术照片，效果如图 8-1-1 所示。

图 8-1-1 艺术照片效果

任务分析

完成本任务需要应用“套索”工具、图层蒙版、Alpha1 通道储存选区和对选区进行编辑，应用“渐变”工具、“高斯模糊”滤镜、“渐变叠加”图层样式和“色阶”命令制作图像背景和图像色彩的唯美效果。

操作步骤：新建文件→“套索”工具→“渐变”工具→“高斯模糊”滤镜→图层蒙版→Alpha1 通道→“渐变叠加”图层样式→“色阶”命令→“特殊效果画笔”工具。

相关知识

1. 通道

通道是选区，也是图像的组成部分，记录着图像的大部分信息。图像的格式将决定通道的数量和模式。在通道中，以白色代替透明，表示要处理的部分（选择区域）；黑色表示不需处理的部分（非选择区域）；灰色区域则表示部分选择区域。通道主要分为复合通道、颜色通道、Alpha 通道和专色通道。

（1）复合通道　复合通道是同时预览并编辑所有颜色通道的一个快捷方式，通常用于在单独编辑完一个或多个颜色通道后返回“通道”面板的默认状态。在 Photoshop 中，图像模式不同，其通道的数量也不同。RGB 模式图像有 RGB、R、G、B 四个通道；CMYK 模式图像有 CMYK、C、M、Y、K 五个通道；Lab 模式图像有 Lab、L、a、b 四个通道；灰度模式图像只有一个颜色通道。

（2）颜色通道　在 Photoshop 中，当图像被打开或者新建图像作品时，就会自动创建颜色通道，将不同色彩模式图像的原色数据信息分开保存在不同的颜色通道中。编辑图像其实就是编辑颜色通道，通过对各颜色通道进行编辑来修补、改善图像的颜色色调。颜色通道把图像分解成一个或多个色彩成分，图像的模式决定了颜色通道的数量，其包含所有用于打印或显示的颜色。当选中查看某个通道的图像时，默认图像窗口中显示的是灰度图像，可通过编辑灰度级的图像，调控掌握各个通道原色的亮度变化。如果要使通道的图像以各自的原色来显示，执行“编辑”/“首选项”/“界面”命令，弹出“首选项”对话框，勾选“用彩色显示通道”复选框即可。

（3）Alpha 通道　Alpha 通道是计算机图形学中的术语，专指特别通道，是为保存选择区域而专门设计的通道。在 Photoshop 中打开或生成图像文件时 Alpha 通道不是必须产生的，一般是在人为处理图像过程中生成的，用于从中读取选区信息。其用途的不同，结果也就不同。比如，在输出制版时，Alpha 通道因与最终生成的图像无关而将被删除；而如果用于 After Effects 这类非线性编辑软件的前期处理，就需要保存 Alpha 通道。

（4）专色通道　专色通道是一种特殊的颜色通道，主要用于印刷，通过使用除了青色、洋红、黄色、黑色以外的颜色来绘制图像，使印刷作品有特色，如增加荧光油墨、套版印制无色系（如烫金）等，即无法用三原色油墨混合而成的特殊颜色的油墨（专色油墨），只有通过专色通道和专色印刷才能使用。

2. “渐变叠加”图层样式

“渐变叠加”图层样式在不破坏图层像素的基础上，通过填充各种渐变颜色，完成图像的各种特殊效果。“图层样式”对话框（见图 8-1-2）中各选项的含义如下：

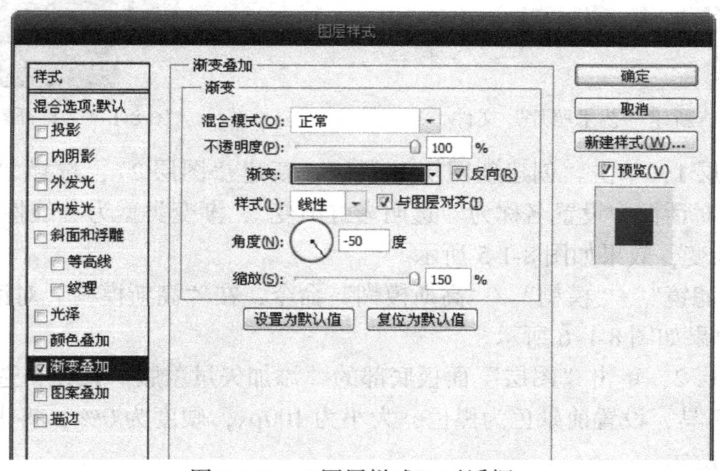

图 8-1-2　“图层样式”对话框

(1) 混合模式　用于控制渐变色与原来颜色进行混合的方式。

(2) 不透明度　用于控制渐变色与原来颜色进行混合的不透明度。

(3) 渐变　用于设置渐变色。

(4) 样式　有线性、径向、角度、对称和菱形五种渐变样式可供选择。

(5) 角度　用于调整渐变的角度。

(6) 缩放　用于调整渐变范围的大小。

任务实施

1) 新建一个文件，设置名称为“艺术照片”（见图8-1-3），宽度为“600像素”，高度为“600像素”，分辨率为“96像素/英寸”，颜色模式为“RGB颜色（8位）”，背景内容为“白色”。

2) 打开“素材库”\“单元8”\“素材图片1”，将其拖进“艺术照片”文件中，命名为“图层1”（见图8-1-4），选择“套索”工具，作出选区，按“Ctrl + Shift + I”组合键反转选区，按“Delete”键清除选区，按“Ctrl + D”组合键取消选区。

教你一招　在使用“套索”工具勾画选区的时候，按“Alt键”可以在“套索”工具和“多边形套索”工具间切换。勾画选区的时候按住“Space”键可以移动正在勾画的选区。

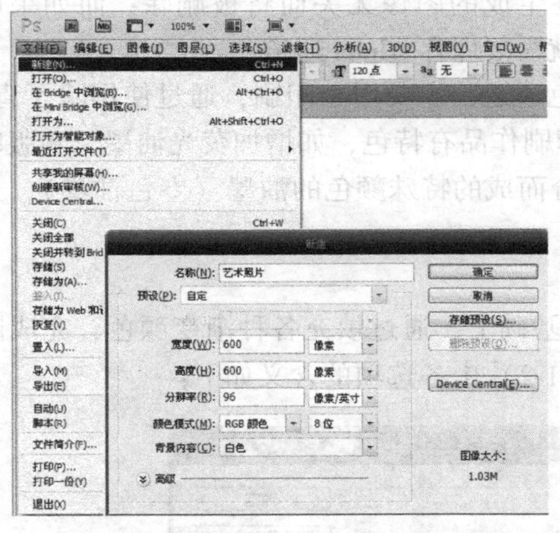

图8-1-3　新建“艺术照片”文件

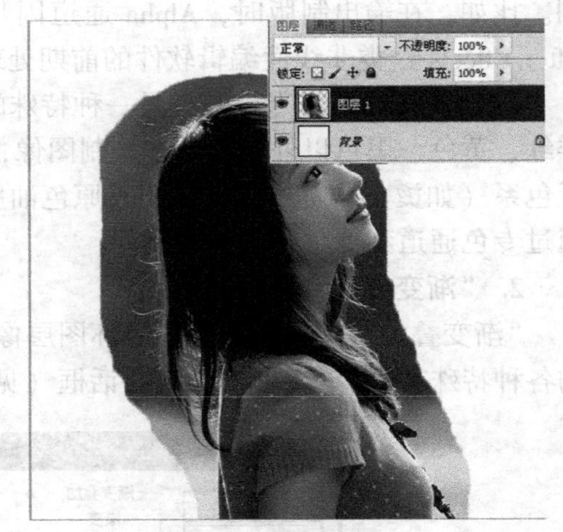

图8-1-4　打开素材

3) 选中图层1，单击“创建新图层”按钮，新建“图层2”，选择“渐变”工具，在“渐变编辑器”对话框中设置名称为“透明彩虹渐变”，渐变类型为“线性渐变”，然后由左上到右下拉出渐变，效果如图8-1-5所示。

4) 执行“滤镜”/“模糊”/“高斯模糊”命令，在“高斯模糊”对话框中将半径设为“250像素”，效果如图8-1-6所示。

5) 选中图层2，单击“图层”面板底部的“添加矢量蒙版”按钮，选中“图层蒙版”，选择“画笔”工具，设置前景色为黑色，大小为100px，硬度为0%，将中间人物部分画出来，如图8-1-7所示。

6) 选中图层1，将其他图层隐藏，进入“通道”面板，选择红通道，如图8-1-8所示。

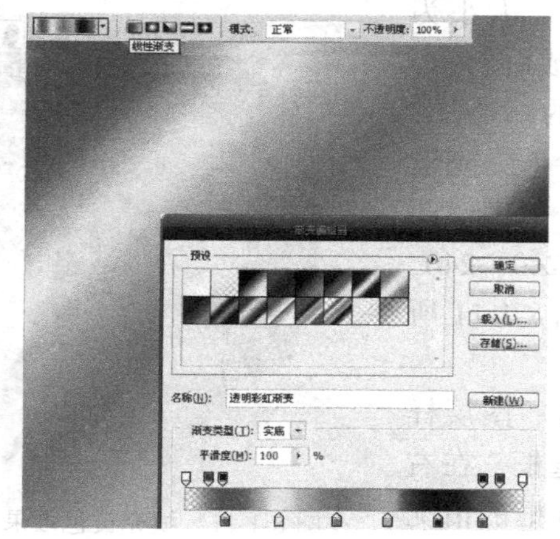

图 8-1-5　渐变效果

图 8-1-6　高斯模糊效果

图 8-1-7　画笔蒙版

图 8-1-8　红通道

7）单击“将通道作为选区载入”按钮，载入选区，效果如图 8-1-9 所示。

教你一招　在“通道”面板中，按住“Ctrl”键，单击“红通道”缩略图，可载入选区。

8）单击“通道”面板底部的“创建新通道”按钮，新建“Alpha1 通道”，保持选区不变，然后填充白色，效果如图 8-1-10 所示。

图 8-1-9　载入选区

图 8-1-10　填充白色效果

9）选择“画笔”工具，设置为白色软边（大小为35px，硬度为0%），用画笔把人物的灰色背景涂成白色。

10）按“Ctrl”键，单击“Alpha1 通道”的缩略图，载入选区，然后执行“选择”/“反向”命令（快捷键“Ctrl + Shift + I”）反转选区，单击“RGB 通道”，回到“图层”面板，新建“图层 3”，填充黄色（RGB 为 240，240，151），按“Ctrl + D”组合键取消选区，效果如图 8-1-11 所示。

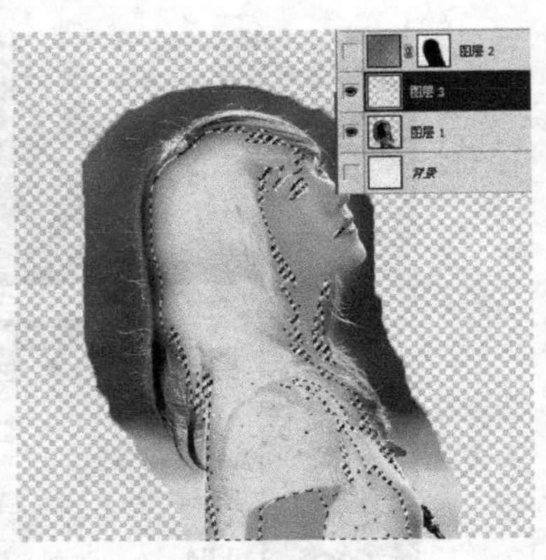

图 8-1-11 填充黄色效果

11）选中图层 3，双击图层右半部分，弹出“图层样式”对话框，在左侧单击选择“渐变叠加”复选框，在右侧设置渐变为“紫绿橙”（在勾选“反向”复选框的情况下），不透明度为“100%”，样式为“线性”，角度为“－50 度”，缩放为“150%”，单击“确定”按钮，效果如图 8-1-2 所示。

12）选中图层 2，单击“图层蒙版缩略图”，使蒙版编辑为可用状态，选择“画笔”工具，设置大小为 50px，硬度为 0%。根据图像露白情况，切换前景色为黑色或白色，进行修改，图 8-1-12 所示为修改前后露白的对比。

13）选中图层 2，执行“图像”/“调整”/“色阶”命令，弹出“色阶”对话框，利用“色阶”工具进行色彩调整，设置输入色阶为 25，1，213，通道为“RGB”，效果如图 8-1-13 所示。

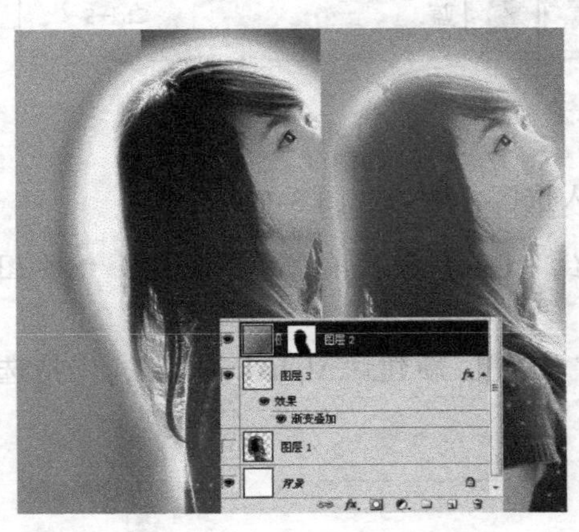

图 8-1-12 修改露白

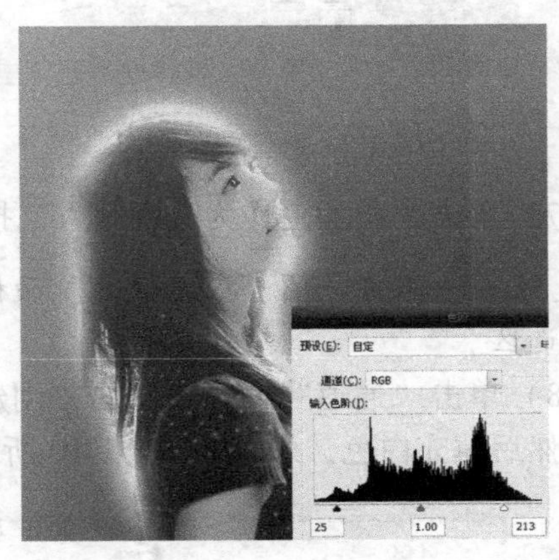

图 8-1-13 调整色阶

14）新建“图层 4”，隐藏图层 1，选择“画笔”工具，先载入“特殊效果画笔”，然后选择“杜鹃花串”样式，根据空间和美感进行随意的绘画，完成任务，效果如图 8-1-1 所示。

想一想 在本任务中，第 11 步应用图层样式时，设置“渐变叠加”的渐变为“橙黄橙”，效果会如何？勾选“反向”复选框和不勾选，效果会有什么不同？

检查评议

序　号	能力目标及评价项目	评价成绩
1	能正确应用“新建文件”命令	
2	能正确使用“套索”工具	
3	能正确使用“渐变”工具	
4	能正确使用“高斯模糊”滤镜	
5	能正确使用图层蒙版	
6	能正确使用 Alpha1 通道	
7	能正确应用“渐变叠加”图层样式	
8	能正确应用“色阶”命令	
9	能正确使用“特殊效果画笔”工具	
10	信息收集能力	
11	沟通能力	
12	团队合作能力	
13	综合评价	

问题及防治

1）颜色通道中所记录的信息，从严格意义上说不是整个文件的，而是来自于当前正在编辑的图层。当选中一个图层时，颜色通道中只有这一图层的内容，当选中多个图层时，颜色通道中显示的是多图层混合后的效果。因为每次仅能编辑一图层，所以颜色通道所做的变动只影响当前选取的图层。对于 8 位/通道的图像，在应用滤镜时，可以单独应用。

2）在“通道”面板中，单击某一个通道，默认预览显示为一幅灰度图像，虽然可以通过设置预览显示为一幅彩色图像，但是不建议更改此项设置，因为它会大大影响观察亮度对比度。

3）在通道中将编辑好的选区载入到图层中时，可能与通道中显示的不一样，这是“灰度”的问题。例如，大家可以做这样一个练习：新建“Alpha 1 通道”，在通道中作一个矩形选区，选择“渐变”工具，在“渐变编辑器”对话框中设置名称为：“线性渐变”，渐变类型为“前景色到背景色渐变”，从左到右作一个渐变，按“Ctrl + D”组合键取消选区，然后单击“将通道作为选区载入”按钮，观察选区状态，再回到“图层”面板，选中背景图层，按“Ctrl + J”组合键，隐藏背景图层，效果如何？明白了吧，这就是为什么前述选区在通道中和图层中不一样的原因。大于 50% 的灰度和小于 50% 的灰度在通道作为选区载入时是不一样的。

扩展知识

Photoshop CS5 新增功能——ACR（Adobe Camera Raw）

ACR 的功能为：使图片在无损编辑条件下，可得到更加优化的降噪和锐化处理效果；

应用镜头配置文件或使用手动功能进行自动镜头校正，处理图像的透视畸变。如图 8-1-14 所示，单击“迷你 Mb”按钮，定位到“素材图片 2”，单击右键，在弹出的快捷菜单中选择“在 Camera Raw 中打开”选项，打开“Camera Raw 6.0”窗口，在窗口右侧显示“基本页”，单击“自动”即可获得较好效果，如图 8-1-15 所示。也可根据图像数据手动设置和调整，获得最佳效果。调整页面有色调曲线、细节、HSL/灰度、分离色调、镜头校正效果、相机校准等。

图 8-1-14　打开“Camera Raw 6.0”

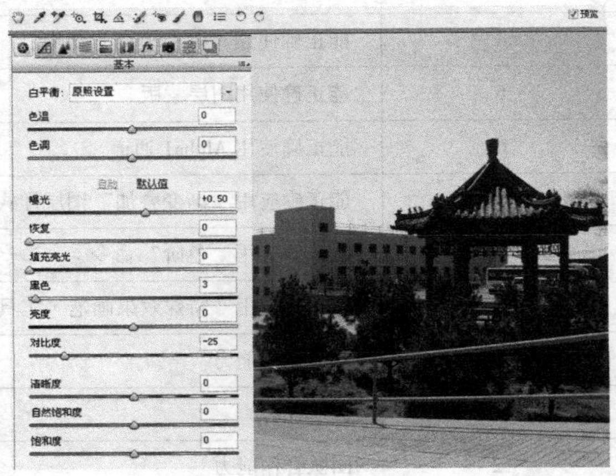

图 8-1-15　自动调整效果

考证要点

1. 下面对通道的描述哪些是正确的（　　）？

A. 色彩通道的数量由图像阶调，而不是因色彩模式的不同而不同

B. 当新建文件时，颜色信息通道已经自动建立了

C. 同一文件的所有通道都有相同数目的像素点和分辨率

D. 在图像中除了内定的颜色通道外，还可生成新的 Alpha 通道

2. 在有透明区域的图层上选中“保留透明区域”选项，然后进行填充的结果会怎样（　　）？

A. 只有有像素的部分被填充

B. 图层全部被填充

C. 图层没有任何变化

D. 图层变成完全透明

3. Photoshop 中最多可建立多少个通道（不考虑内存的限制）（　　）？

A. 没有限制　　B. 56 个　　C. 100 个　　D. 以上都不对

4. 自己用相机照一组建筑物照片，利用 ACR 功能进行相关参数的调整。

5. 自己构思设计一幅艺术照片。

任务2 设计制作电影海报

知识目标：

1. 掌握通道的概念。
2. 掌握抠图的基础知识。

技能目标：

1. 掌握编辑颜色通道和“特殊效果画笔”工具的使用方法。
2. 掌握通道的编辑、复制、删除、拆分与合并技巧。
3. 掌握图层混合模式以及图像色相、饱和度、色彩平衡的调整方法。

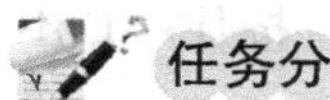

任务描述

本任务是为电影《让世界倾听我们的声音》制作宣传海报，要求画面精美细致，表现手法独特，文化内涵丰富，效果如图 8-2-1 所示。

图 8-2-1 电影海报效果

任务分析

本任务需要分两部分进行：应用颜色通道、Alpha 通道和“画笔”工具完成人物的抠出；应用“渐变”工具、“色相/饱和度”命令、图层混合模式、“色彩平衡”命令和“文字”工具完成对图像背景和图像色彩的编辑制作。

操作步骤：打开人物素材→编辑通道→抠出图像→打开背景素材→设置混合模式”→“色相/饱和度”命令→“色彩平衡”命令→“文字”工具→“特殊效果画笔”工具。

相关知识

1. 抠图

打开图片后先查看各通道，寻找通道中人体和大部分头发与背景反差大的通道，如发现头发色差较大，可采用不同通道抠取不同部位的头发，然后进行合并。在本任务中：红通道中的人体和大部分头发与背景反差大，可用红通道抠取人体和大部分头发，蓝通道中的头发与其相邻的背景反差大，可用蓝通道抠取白色头发加以补充。

2. 载入画笔形状

如图 8-2-2 所示，在弹出的下拉菜单中，选择各种画笔形状，如选择“特殊效果画笔”选项，会弹出如图 8-2-3 所示的提示对话框，单击“追加”按钮，完成在原有画笔基础上载入新选画笔形状。

图 8-2-2　载入画笔形状

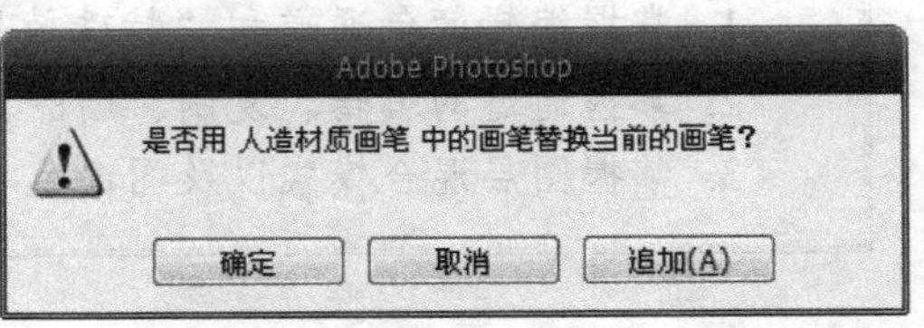

图 8-2-3　提示对话框

任务实施

1）打开“素材库”\“单元8”\“素材图片3”，进入“通道”面板，查看各通道颜色信息，根据颜色反差情况，复制红通道得到红副本通道，选中红副本通道，按住“Ctrl”键单击缩略图，载入选区，如图 8-2-4 所示。

2）选择“画笔”工具，设置硬度为100%，前景色为黑色。涂抹头发和身体以外的区域进行编辑，可按“Ctrl + D”组合键和按住“Ctrl”键单击红通道缩略图进行查看，通过多次“查看/编辑”获得人物选区最佳效果，效果如图 8-2-5 所示。

图 8-2-4　复制通道

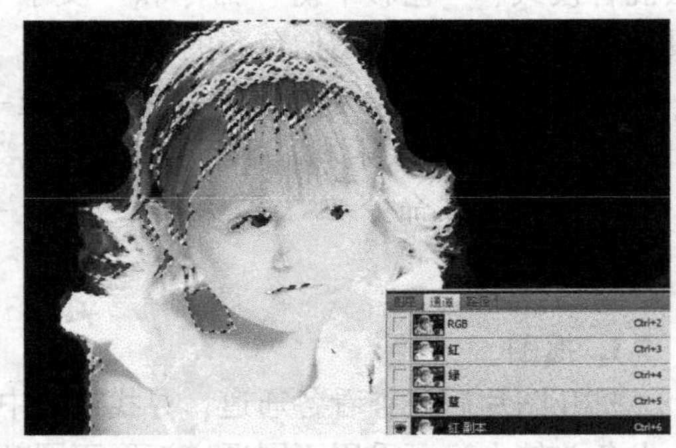

图 8-2-5　涂黑周边区域

教你一招　使用“画笔”工具时，按住“Shift”键，可将两次单击点以直线连接，即可以涂抹从起点到终点间的颜色。

3）继续使用“画笔”工具，将前景色改为白色，在人物选区内部进行涂抹操作，切记不可在超出选区和头发缝隙处进行涂抹，得到如图 8-2-6 所示效果。

4）在“通道”面板中，单击“将通道作为选区载入”按钮，回到“图层”面板中，按“Ctrl + J”组合键得到“新图层 1”。隐藏其他图层，查看效果，如不满意再回通道中进行修改，直到获得满意效果，效果如图 8-2-7 所示。

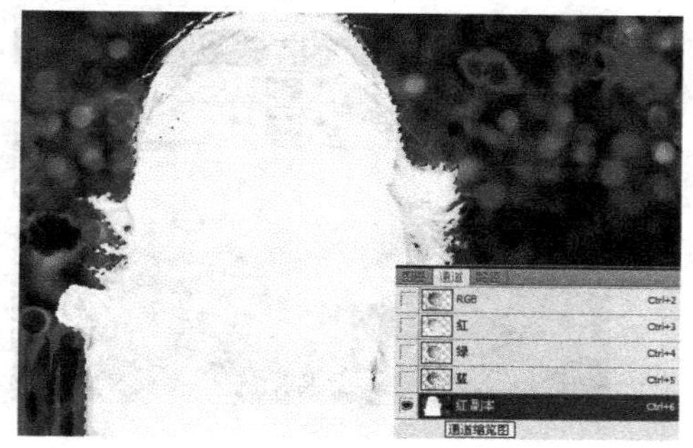

图 8-2-6　涂白人物内部

图 8-2-7　抠图效果（一）

教你一招　按“Tab”键，可以隐去所有面板工具，按“~”键可以显现彩色图像。

5）再次进入“通道”面板，选中绿通道，复制绿通道，得到绿副本通道。用黑色画笔涂抹，只保留头顶白发，效果如图 8-2-8 所示。

6）在“通道”面板中，单击“将通道作为选区载入”按钮，回到“图层”面板中，按“Ctrl + J”组合键得到“新图层 2”，效果如图 8-2-9 所示。

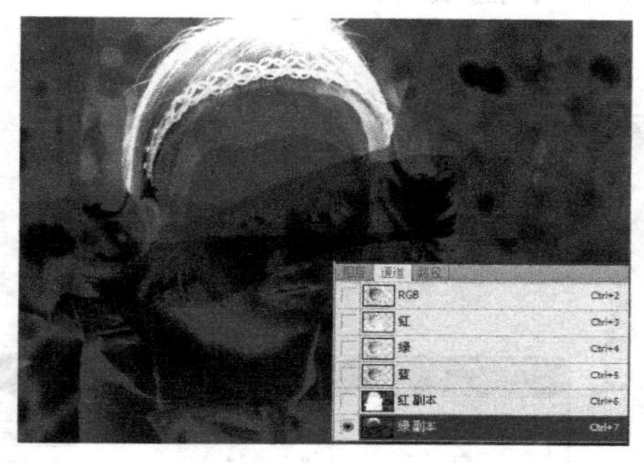

图 8-2-8　绿通道选区

图 8-2-9　抠图效果（二）

7）合并图层 1 和图层 2，得到图层 1。选中图层 1，按住“Ctrl”键单击缩略图，载入选区，如选区不集中，可选择“椭圆”工具，设置属性为“从选区减去”，将人物以外的零散小选区去掉，然后按“Ctrl + Shift + I”组合键反选，按“Delete”键清除图中淡淡的背影。

8）打开“素材库”\“单元 8”\“素材图片 4”，用鼠标拖曳“背景层”到“图层”面板底部的“创建新图层”按钮上，复制背景层得到背景副本图层，并将此图层的混合模式更改为“滤色”，效果如图 8-2-10 所示。

9）将从素材图片 3 中抠出的人物图像，用“移动”工具拖曳到素材图片 4 中，按“Ctrl + T”组合键进行自由变换，关闭素材图片 3，效果如图 8-2-11 所示。

图 8-2-10　滤色模式

图 8-2-11　导入抠出图像

10）选中图层 1，执行“图像”/“调整”/“色相/饱和度”命令，在“色相/饱和度”对话框中，编辑红色，用吸管吸取人物皮肤的颜色，将明度设为“+16”，效果如图 8-2-12 所示。

11）选中图层 1，执行“图像”/“调整”/“色彩平衡”命令，在“色彩平衡”对话框中选中“阴影”单击按钮，进行如图 8-2-13 所示的参数设置。执行“图像”/“调整”/“色彩平衡”命令，在“色彩平衡”选项卡中选中“高光”单选按钮，进行如图 8-2-14 所示的参数设置。新建图层 1 的复制图层“图层 1 副本”，隐藏以备后用。

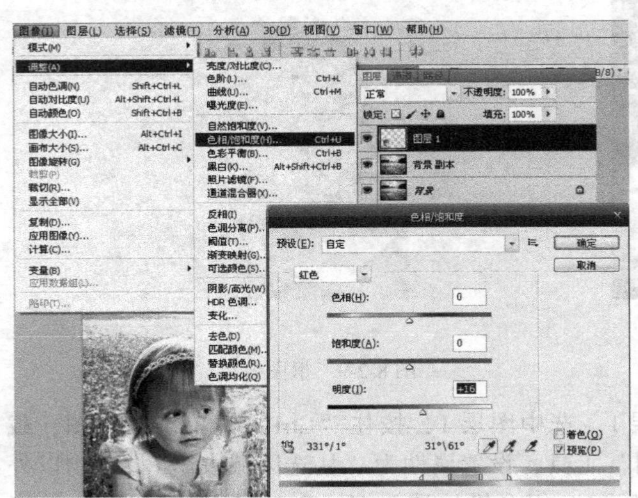

图 8-2-12　调整色相/饱和度

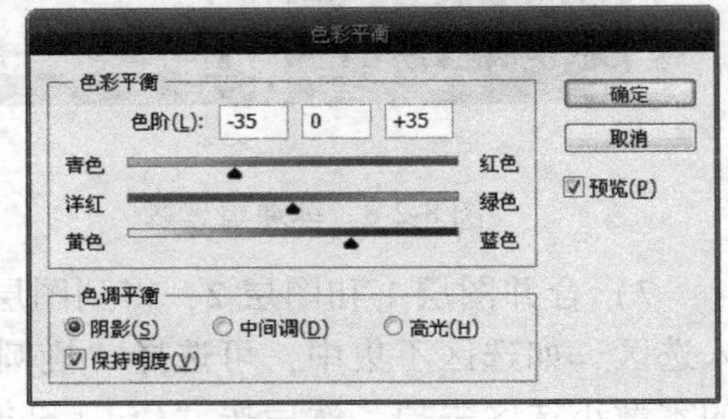

图 8-2-13　调整阴影

12）按“Shift + Ctrl + E”组合键，合并所有可见图层。新建“图层 1”，选择“自定形状”工具，设置为“填充像素”，形状选择“十六分音符”，在图层 1 中画出音符。使用“渐变”工具，选择“透明彩虹渐变”进行填充，效果如图 8-2-15 所示。

教你一招　如设置“自定形状”工具属性时在“形状”中没有发现“十六分音符”，可执行“形状右侧小三角”/“弹出窗口中右侧小三角”/“全部”命令，即可载入全部形状。

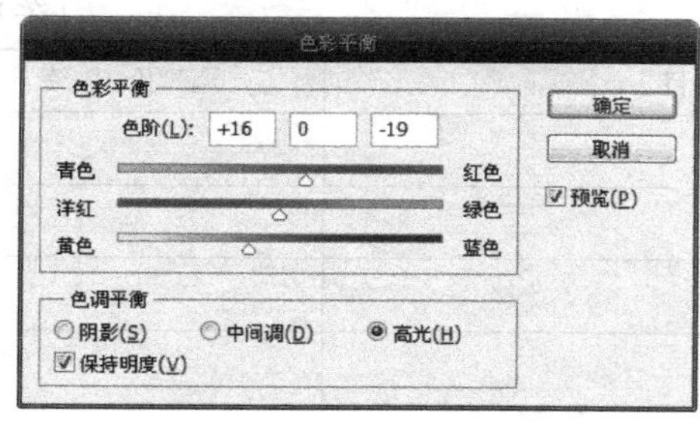

图 8-2-14　调整高光

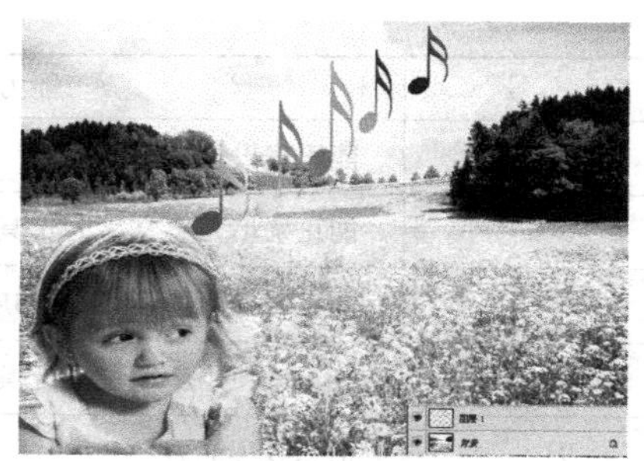
图 8-2-15　增加音符效果

13）选择“横排文字”工具，设置字体为隶书，字号为前大（48）后小（36），填充颜色为蓝色，文字为“让世界倾听我们的声音”，效果如图 8-2-16 所示。

14）新建“图层 2”，选择“自定形状”工具，设置为“路径”，形状选择“花形装饰 1”，在图层 2 中画出路径。转到“路径”面板中，单击面板底部的“将路径作为选区载入”按钮，回到“图层”面板中，选择“渐变”工具的“透明彩虹渐变”进行填充，并移动位置，将图层模式更改为“滤色”，效果如图 8-2-16 所示。

15）新建“图层 3”，选择“画笔”工具，设置不透明度为 87%，前景色为白色，样式为“喷溅 46 像素”，在图片四周适当画出不规则图案。然后将前面隐藏的图层 1 副本恢复显示，按“Ctrl + T”组合键缩放移位到合适位置，按“Enter”键，完成任务，效果如图 8-2-1 所示。

想一想　本任务中，选择“画笔”工具，载入各种形状，应用不同的形状时，会产生不同的效果，如图 8-2-17 所示为缤纷蝴蝶效果。

图 8-2-16　输入文字

图 8-2-17　缤纷蝴蝶效果

检查评议

序　号	能力目标及评价项目	评价成绩
1	能正确使用颜色通道	
2	能正确使用 Alpha 通道	
3	能正确使用“渐变”工具	
4	能正确使用“画笔”工具	

（续）

序　号	能力目标及评价项目	评价成绩
5	能正确设置“图层蒙版”	
6	能正确填充“文字”工具	
7	能正确应用“色相/饱和度”命令	
8	能正确使用“图层混合模式”	
9	信息收集能力	
10	沟通能力	
11	团队合作能力	
12	综合评价	

问题及防治

1）在操作第2步时，也可执行“图像”/“调整”/“色阶”命令，涂黑背景，但应具体问题具体分析，目的是使边缘头发变白，背景变黑，如仍不行，只能一笔一笔涂黑。

2）操作第12步时，执行“图像”/“调整”/“色彩平衡”命令，在“色调平衡”选项卡中选中“阴影”（“高光”）单选按钮，道理也一样，目的是使人物面部色彩自然，应具体问题具体分析。

扩展知识

Photoshop CS5 新增功能——操控变形工具

执行“编辑”/“操控变形”命令，将在图像的所选区域上自动建立一个布满三角形的网格，用鼠标在网格内单击形成黄点黑边的锚点，作用是固定特定的位置。当鼠标选择一个锚点时，此锚点会变为中间带黑点的控制点，拖动此控制点，就可改变物体的形状（包括人物和植物），好像操纵木偶一样，效果如图8-2-18～图8-2-20所示。

图8-2-18　原图

图8-2-19　操控变形过程

图8-2-20　调整效果

教你一招　应用操控变形工具时，第一是要对操控部分先建立选区，才能应用此工具，第二是要将选区在通道中备份储存，因为变形完成后，要应用此选区进行背景填充。

考证要点

1. 一幅 CMYK 图像，其通道名称分别为 CMYK、青色、洋红、黄色、黑色，当删除黄色通道后“通道”面板中的各通道名为（　　）。

A. CMYK、青色、洋红、黑色　　B. ~1、~2、~3、~4

C. 青色、洋红、黑色　　D. ~1、~2、~3

2. 如果想直接将 Alpha 通道中的选区载入，那么该按住（　　）键的同时单击 Alpha 通道。

A. “Alt”　　B. “Ctrl”　　C. “Shift”　　D. “Shift + Alt”

3. 下面是创建选区时常用的功能，哪些是正确的（　　）？

A. 按住“Alt”键的同时单击工具箱的选择工具，就会切换不同的选择工具

B. 按住“Alt”键的同时拖动鼠标可得到正方形的选区

C. 按住“Alt + Shift”键可以形成以鼠标落点为中心的正方形和正圆形的选区

D. 按住“Ctrl”键的同时拖动鼠标可得到正方形的选区

4. 自己用相机拍一张人物照片，要求人物张开两臂，利用通道功能进行抠图练习，将此照片抠出后，配以各种背景。

5. 应用操控变形工具，改变自拍照片中人物两臂的现有位置，并将变形后留的“空选区”进行完美填充，要求和原背景融于一体。

任务3　设计制作旅游创意广告

知识目标：

1. 掌握通道的概念。
2. 掌握图层合并的基本知识。
3. 掌握混合颜色带的基本知识。
4. 掌握 Lab 模式的基本知识。

技能目标：

1. 掌握通道的编辑、复制、删除、拆分与合并技巧。
2. 掌握“应用图像”命令和“变换选区”命令的应用方法。
3. 掌握图像色相/饱和度的调整方法。
4. 掌握“杂色”滤镜的应用方法。

任务描述

本任务是为旅游景地制作一份旅游创意广告，要求表现出冬日的严寒已慢慢褪去，绚丽的春天已悄然来临，让游客充分享受与大自然接近的快乐，效果如图 8-3-1 所示。其中，百花争艳背景象征生机、美好，花形翻页效果文字象征翻开新的一页，欣欣向荣，生气勃勃。

图 8-3-1　旅游创意广告效果

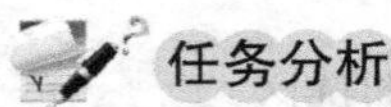

任务分析

本任务需要分两部分进行：应用“通道应用”命令、“应用图像”命令、“图层样式”命令和“色相/饱和度”命令完成背景的制作；应用Alpha通道、“变换选区”命令、“文字”工具、“添加杂色”滤镜、“画笔”工具和“填充”工具完成特效文字的制作。

操作步骤：打开素材→转换模式→编辑通道→“应用图像”命令→“图层样式”命令→“色相/饱和度”命令→Alpha通道→“变换选区”命令→“文字”工具→“添加杂色”滤镜→“特殊效果画笔”工具→“填充”工具。

相关知识

1. 图层合并

“向下合并”命令（快捷键为“Ctrl + E”）用于将当前所选图层与下一层图层合并为一个图层，当同时选择多个图层时，“向下合并”命令变为“合并图层”命令，用于将所选的所有图层合并为一个图层。“合并可见图层”命令（快捷键为“Shift + Ctrl + E”）用于将“图层”面板中所有可见的图层合并成同一图层，处于隐藏状态的图层将不会被合并。“拼合图像”命令用于将所有图层拼合为单一的背景图层，文件会因此缩小许多。如果有图层处于隐藏状态，系统将弹出提示对话框，单击“确定”按钮后，隐藏的图层将不会拼合到最后完成的图层中。

2. 混合颜色带

应用各图层颜色的显现与隐藏，用来混合上、下两个图层的内容。在本任务中其只对单图层操作，例如第7步，设置混合颜色带为“a”，主要是因为a通道包含了红色渐变到绿色，而本任务中正需要调整绿色，所以选择此通道。也可以这样理解，想调整哪种颜色，就选择相应的颜色带。调整时，在本图层调整带中用鼠标把黑色的小三角形滑块往中间慢慢地移动，同时注意观察画面，绿色亮度会逐渐降低，到了“36”位置后停止，按下“Alt”键不放，同时用鼠标单击小三角形滑块右边不放，分开小三角形滑块后继续向右移动，直到“75”位置停止，达到绿色色调融和而平滑，且不生硬的目的。这主要是分开小三角形滑块的作用，通过这个小技巧就可使画面产生颜色过渡均匀且不显生硬的效果。

任务实施

1）打开“素材库”\“单元8”\“素材图片5”，执行“图像”/“模式”/“Lab颜色”命令，将图像由RBG模式转换为Lab模式。进入“通道”面板，单击明度通道，按“Ctrl + A”（全选）和“Ctrl + C”（复制）组合键，效果如图8-3-2所示。

2）单击“Lab”通道，按“Ctrl + V”（粘贴）组合键，图像由彩色图像变成灰色图像，并观察直方图变化，起到平滑作用，效果如图8-3-3所示。

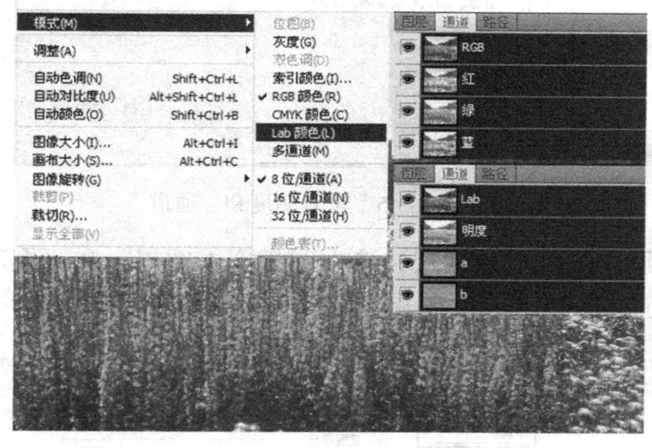

图8-3-2 转换为Lab模式

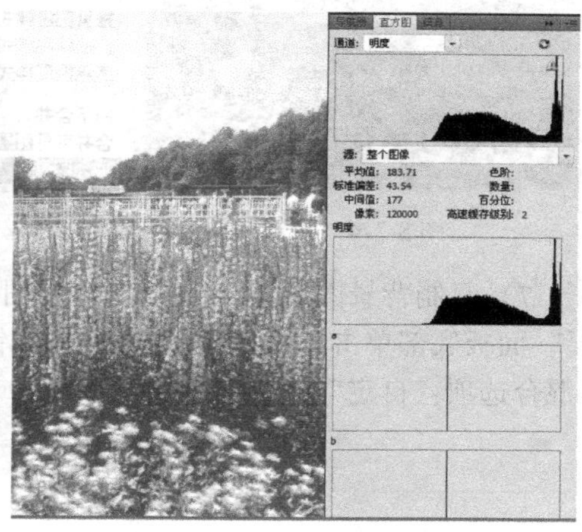

图8-3-3 转变成灰色图像

教你一招 Lab模式是Photoshop中最重要的模式，它既不依赖光线，也不依靠油墨，弥补了RGB与CMYK两种色彩的不足。它专门用于色彩调整和转换，在调整和转换过程中，不会造成任何色彩丢失。它不依赖于设备，所以在任何显示屏上都能够保持一致。其中，“L”代表明度，“a”代表颜色由红渐变到绿，“b”代表颜色由黄渐变到蓝。

3）回到“图层”面板，单击新增的图层1，将图层混合模式设置为“明度”。选中图层1，单击右键，在弹出的快捷菜单中选择“拼合图像”，将图层合并，如图8-3-4所示。

教你一招 应用此方法可将明度通道中的像素信息加到复合通道中，增加图片亮度，使色彩圆润，细节平滑。

4）将背景图层拖动到“图层”面板底部的“创建新图层”按钮上，得到背景副本图层。进入“通道”面板，单击选中明度通道（快捷键“Ctrl + 3”），执行“图像”/“应用图像”命令，弹出“应用图像”对话框，进行如图8-3-5所示的设置，完成后单击“确定”按钮。

5）按“Ctrl + 4”组合键选中a通道，执行“图像”/“应用图像”命令，弹出“应用图像”对话框，进行如图8-3-5所示的设置，完成后单击“确定”按钮。

6）按“Ctrl + 5”组合键选中b通道，执行“图像”/“应用图像”命令，弹出“应用图像”对话框，进行如图8-3-6所示的设置，完成后单击“确定”按钮。

图 8-3-4　设置图层混合模式

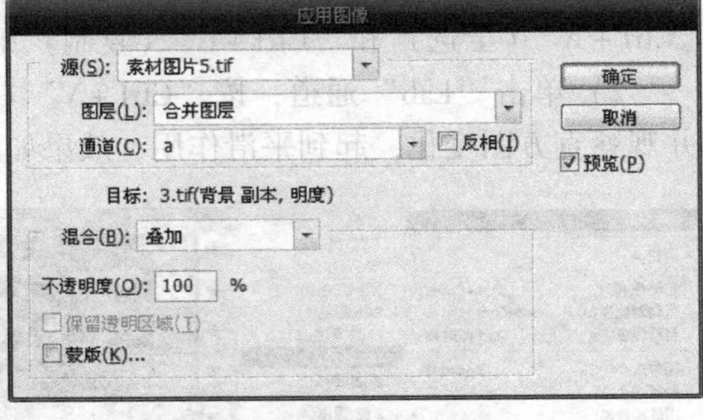

图 8-3-5　设置明度和 a 通道

7）复制背景图层得到背景副本 2 图层，隐藏背景图层，选中背景副本图层，在“图层”面板底部单击“添加图层样式”按钮，在弹出的“图层样式”对话框中，单击选择“混合选项：自定”，设置如图 8-3-7 所示。

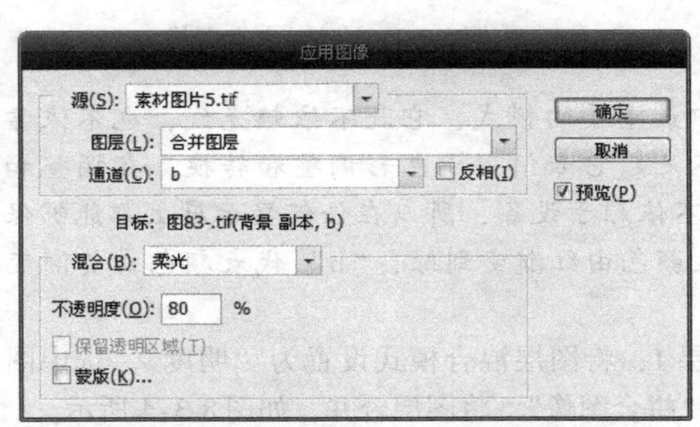

图 8-3-6　设置 b 通道

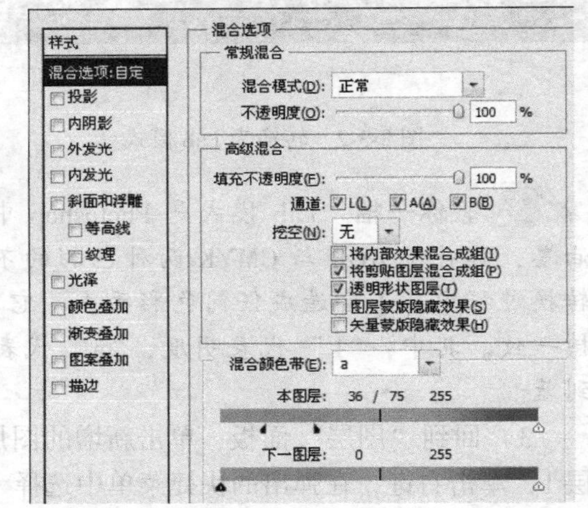

图 8-3-7　设置混合选项

8）合并所有图层，执行“图像”/“模式”/“RGB 颜色”命令，将图像转换成 RGB 模式。

9）执行“图像”/“调整”/“色相/饱和度”命令，根据情况调整红色（－25）和绿色（－8）的明度，目的是使色彩自然和谐，如图 8-3-8 所示。

10）单击“图层”面板底部的“创建新图层”按钮，新建“图层 1”。选择“矩形”工具，创建矩形选区，进入“通道”面板，单击底部的“创建新通道”按钮，新建“Alpha1”通道，填充白色。效果如图 8-3-9 所示。

11）执行“选择”/“变换选区”命令，同时按住“Alt + Shift”组合键用鼠标拖动选区，完成图 8-3-10 所示形状，填充黑色，按“Ctrl + D”组合键取消选区，如图 8-3-10 所示。

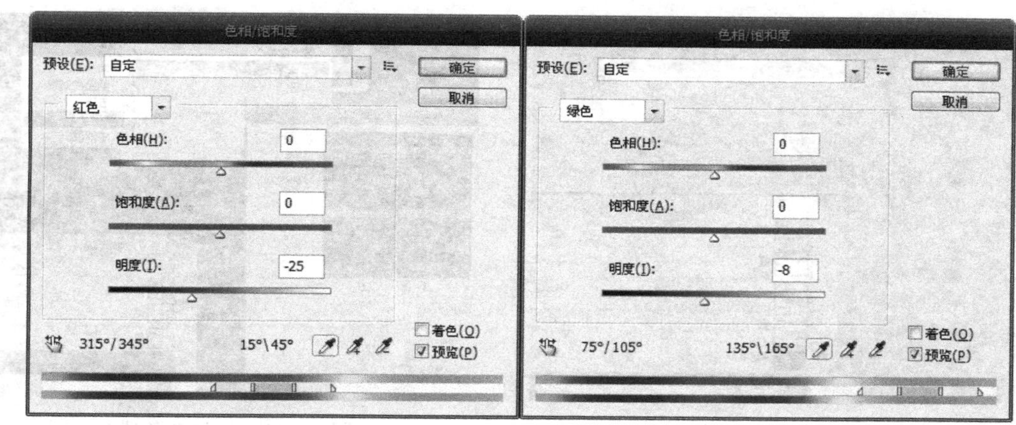

图 8-3-8 调整色相/饱和度

图 8-3-9 填充选区

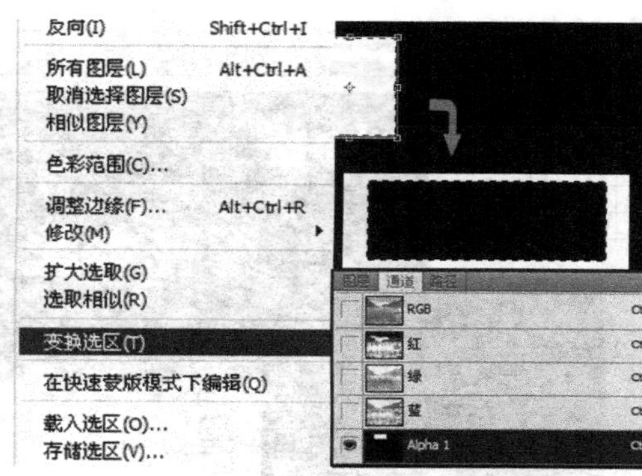

图 8-3-10 变换选区

12）新建“Alpha2”通道，选择“横排文字”工具，设置字体为“华文琥珀”，大小为“48 点”，输入文字为“百花争艳”。输入完成后，单击属性栏“提交当前所有编辑”。然后，选中 Alpha2 通道，使 Alpha1 通道可见，用“移动”工具调整文字和选框位置，如图 8-3-11 所示。

13）选中 Alpha1 通道，单击“通道”面板底部的“将通道作为选区载入”按钮。执行“菜单”/“滤镜”/“杂色”/“添加杂色”命令，在“添加杂色”对话框中将数量设为“400%”，分布选择“平均分布”，设置如图 8-3-12 所示。

14）选中 Alpha2 通道，单击“通道”面板底部的“将通道作为选区载入”按钮。选择“画笔”工具，导入并使用“特殊效果画笔”工具的“杜鹃花串”样式，从左到右进行绘画，按“Ctrl + D”组合键取消选区，效果如图 8-3-13 所示。

15）单击“通道面板”底部的“将通道作为选区载入”按钮，选中 RGB 通道，回到“图层”面板，选中图层 1，设置前景色（RGB 为 213，26，26）。填充前景色到当前选区，按“Ctrl + D”组合键取消选区，效果如图 8-3-14 所示。

16）进入“通道”面板，选中 Alpha1 通道，单击面板底部的“将通道作为选区载入”按钮。选中 RGB 通道，回到“图层”面板，新建“图层 2”并将其选中，填充前景色到当前选区，按“Ctrl + D”组合键取消选区，效果如图 8-3-14 所示。

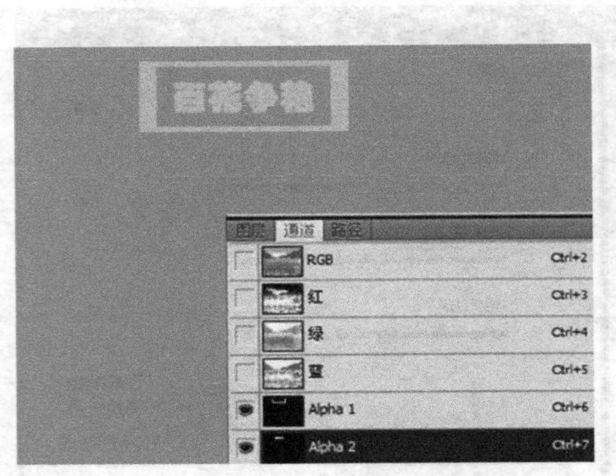

图 8-3-11　对齐文本框位置

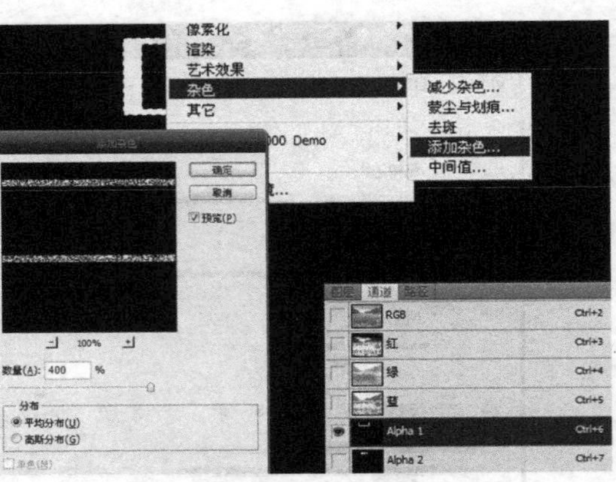

图 8-3-12　添加杂色滤镜

图 8-3-13　“特殊效果”画笔效果

图 8-3-14　填充前景色效果

17）合并图层 1 和图层 2，选中合并后的图层 1，按“Ctrl + T”组合键自由变换，单击右键，在弹出的快捷菜单中选择“变形”，用鼠标按住右下角点向左斜上方向进行翻页效果拖动，效果如图 8-3-15 所示。

图 8-3-15　变形翻页效果

**想一想** 本任务的第13步和第14步是对文字和文字边框制作样式。如果把样式互换，效果会变成什么样？

检查评议

序 号	能力目标及评价项目	评价成绩
1	能正确使用“Lab颜色”命令	
2	能正确将图层混合模式设置为“明度”	
3	能正确使用“图层合并”命令	
4	能正确使用“应用图像”命令	
5	能正确设置混合选项	
6	能正确使用“色相/饱和度”命令	
7	能正确使用“创建通道”命令	
8	能正确使用“变换选区”命令	
9	能正确使用“添加杂色”滤镜	
10	能正确使用“将通道作为选区载入”命令	
11	能正确使用“特殊效果画笔”工具	
12	能正确使用“自由变换”命令	
13	信息收集能力	
14	沟通能力	
15	团队合作能力	
16	综合评价	

问题及防治

1）执行：“图像”/“调整”/“色相/饱和度”命令，是为了调整图像的红色和绿色的明度，使色彩自然和谐。千万注意要灵活运用，不可死搬数据，否则将不会起到调整作用。

2）执行“图像”/“应用图像”命令，对明度通道a通道和b通道进行调节，但作用各有不同，即命令相同，作用不同，要学会举一反三。例如，本任务中具体设置和作用如下：

① 明度通道：将通道设置为“a”，将混合设置为“叠加”（见图8-3-5），作用是增加画面通透性。

② a通道：将通道设置为“a”，将混合设置为“叠加”（见图8-3-5），作用是对a通道的色彩进行100%叠加，由红渐变到绿的色彩信息量比原图增加了一倍，画面色彩具有灵动感。

③ b 通道：将通道设置为“b”，将混合设置为“柔光”（见图 8-3-6），作用是通过选择“柔光”和 80% 的不透明度，避免图像中因黄色增加过多而影响整幅图像效果。特别提醒：如果有人物时一定要注意人物的皮肤颜色问题。

扩展知识

（1）构图　即画面空间位置的安排。

（2）主体的线条和形态　线条可以引导视线，暗示动态，表现远近。形态则可以说明主体形状的关系、大小的比例、位置及重点。

（3）色彩　主要有对比、调和等，弱色或彩度低占大面积，强色或彩度高占小面积。

（4）明暗　明暗对比强烈者可吸引目光，上明下暗则稳重，上暗下明则有压迫感。

（5）构图基本原理　随创作理念而变化，给画面带来灵动性，带来深度内涵性，使受众在视觉上有舒畅的感觉。表现在以下几方面：

1）要有深度——有三度空间的感觉表现。

2）画面必须简洁有重点——去除杂乱的景物。

3）掌握趣味中心——依构图技巧，将主体放在视觉中心。

4）视觉上要平衡——宾主相衬，但不能喧宾夺主。

5）色调要和谐——和采光技巧有关，在色彩浓淡之间要有中间调为佳。

（6）均衡与对称　视觉上的均衡有轻重差异，表现在以下几方面：深色比浅色重，灰暗比明亮重，面积大比面积小重，粗线条比细线条重，密聚比疏散重，动体比静物重，清晰比模糊重，近景比远景重，山石比树木重，树木比水面重。

考证要点

1. 在 Photoshop 中，以下哪几种是通道（　　）？

A. RGB 通道　　B. Alpha 通道　　C. 专色通道　　D. 路径通道

2. 若想使各颜色通道以彩色显示，应选择哪个命令（　　）？

A. 用彩色显示通道　　B. 图像高速缓存　　C. 常规　　D. 储存文件

3. Alpha 通道最主要的用途是什么（　　）？

A. 保存图像色彩信息　　B. 创建新通道

C. 储存和建立选择范围　　D. 为路径提供通道

4. 自己用相机照一组照片，利用构图基础知识，分析比较照片中画面空间安排及色调等关系。

5. 利用所学通道和其他知识设计一幅作品，名称叫“凤舞九天”。

单元9　动作的应用

9

任务1　设计制作“水中倒影”动作

知识目标：

1. 掌握动作的概念。
2. 掌握“动作”面板中各命令的含义。
3. 掌握约束比例的基本知识。

技能目标：

1. 掌握动作的录制、播放和编辑方法。
2. 掌握“波纹”滤镜、“水波”滤镜和“动感模糊”滤镜的应用方法。

任务描述

在 Photoshop 处理图像的过程中，当多幅图像需要进行相同的效果处理时，可利用“动作”功能，录制第一次处理图像时的操作步骤，保存为“. ATN”扩展名的“动作”文件，然后对图像执行“动作”命令，即可完成相同效果的处理。本任务是制作“水中倒影”特效动作，效果如图 9-1-1 所示。

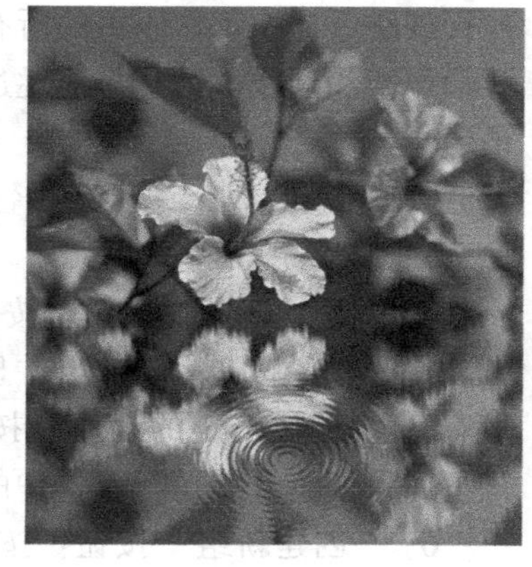

图 9-1-1　“水中倒影”动作效果

任务分析

完成本任务需要应用“开始记录”“停止播放/记录”“创建新组”“创建新动作”“删除”命令录制、编辑动作，应用“魔棒”工具、“垂直翻转”命令、“波纹”滤镜、“动感模糊”滤镜、“水波”滤镜完成对图像背景和图像特效的制作。

操作步骤：创建新组→创建新动作→开始记录→“魔棒”工具→“垂直翻转”命令→“波纹”滤镜→“动感模糊”滤镜→“水波”滤镜→停止播放/记录。

相关知识

Photoshop 中的动作是一组命令的集合体，利用动作可以记录 Photoshop 程序处理图像过程中执行过的操作及应用过的命令。当需要再次执行同样的或类似的操作或命令时，直接应用所录制的动作就可完成任务，在实际工作中应用动作能够提高设计者的工作效率。执行“窗口”/“动作”命令，即可调出“动作”面板，如图9-1-2所示。

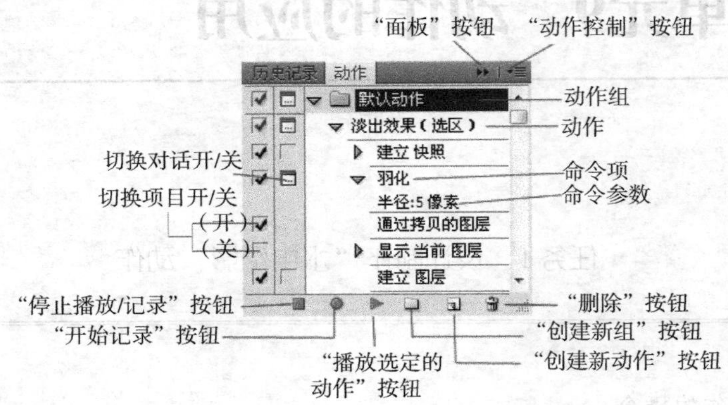

图9-1-2 “动作”面板

1）切换对话开/关：显示为方形小框，用于选择在执行动作（包括批处理程序调用动作）时是否弹出对话框或菜单，显示时，表示弹出对话框；隐藏时，表示忽略对话框，动作按先前设定的参数执行。在执行动作过程中需要临时调整一些设置时，可选择此开关。例如，动作中包含“图像大小”命令操作，选中此切换开关，当动作执行到调整图像大小这一步时，将暂时停止，弹出调整图像大小对话框，有机会重新输入一个新的图像大小数值，然后单击“确认”按钮，动作将会按新的数据执行，接着自动执行以后的步骤。

2）切换项目开/关：可选择要执行的动作，在一个动作组前面打钩或取消打钩，表示执行或跳过这个动作组中的所有动作；在一个动作序列前打钩或取消打钩，这个序列内的所有动作组和动作都被执行或跳过；只在一个或几个动作前打钩或取消打钩，则只执行或跳过该动作。

3）“停止播放/记录”按钮：当录制动作时按下此按钮，停止录制；当播放动作时按下此按钮，停止播放。

4）“开始记录”按钮：按下此按钮，进入录制动作状态，按钮显示为红色；当新建一个动作时，此按钮自动按下并显示红色，表示自动进入录制状态。

5）“播放选定的动作”按钮：首先选定要处理的新图像，接着选定已录制好的动作，按下此按钮将开始执行动作中的命令。

6）“创建新组”按钮：按下此按钮将新建一个动作组，可在弹出的对话框中输入动作组的名称，也可忽略使用默认名称。将已有的动作组选中并拖放到该按钮上，将复制该动作组。

7）“创建新动作”按钮：按下此按钮新建一个动作，录制按钮自动进入录制状态。将已有的动作选中拖放到该按钮上，将复制该动作。

8）“删除”按钮：按下此按钮将删除选中的动作组或动作；将一个动作组拖放到该按钮上，将删除整个动作组，将一个动作拖放到该按钮上，将删除这个动作；将一个展开命令拖放到该按钮上，将删除该命令。

9）“默认动作”：是 Photoshop 内建的动作组，包含多个动作，可以完成对照片的特效处理，可展开动作进行查看、修改。

任务实施

1）打开“素材库”\“单元9”\“素材图片6”，执行“窗口”/“动作”命令，弹出“动作”面板，单击“创建新组”按钮，在弹出的“新建组”对话框中，设置名称为“dz1”，单击“确定”按钮，如图9-1-3所示。

2）单击“创建新动作”按钮，在弹出的“新建动作”对话框中，设置名称为“水中倒影”，设置组为“dz1”，单击“记录”按钮，Photoshop 开始自动录制动作，如图9-1-4所示。

图9-1-3　新建动作组

图9-1-4　新建动作

3）执行“图像”/“图像大小”命令，打开“图像大小”对话框，勾选“约束比例”复选框，将高度设置为“600像素”，其他保持默认，单击“确定”按钮，如图9-1-5所示。

4）执行“图像”/“画布大小”命令，打开“画布大小”对话框，勾选“相对”复选框，将高度设置为“600像素”，“定位”为上半部，其他保持默认，单击“确定”按钮，如图9-1-6所示。

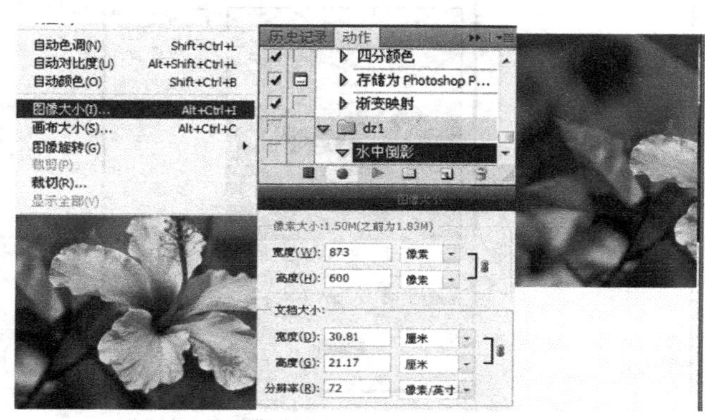

图9-1-5　设置图像大小

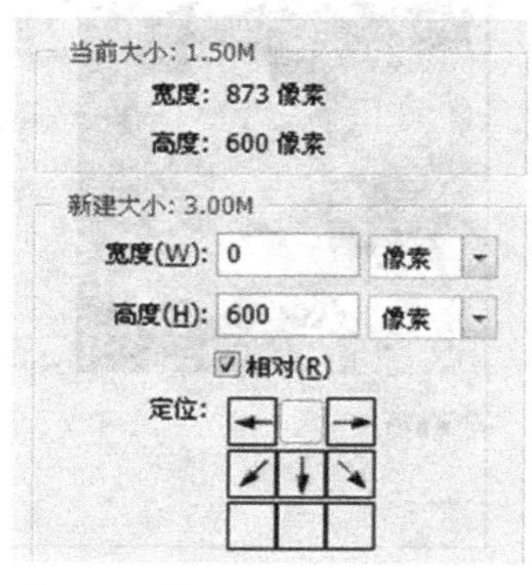

图9-1-6　设置画布大小

教你一招　一定要勾选“约束比例”复选框，这样可保证只填入“宽度”数值，即可改变图像大小而不改变图像的比例。执行动作时，若其他图像大小和原图像差距不大，此步还能起到调节的作用。

5）复制背景图层，得到背景副本图层，选中背景副本图层，隐藏背景图层，选择“魔棒”工具，单击白色，载入选区，按“Delete”键清除选区，如图9-1-7所示。

6）按“Ctrl + Shift + I”组合键反转选区，按“Ctrl + J”组合键复制并新建“图层1”。选中图层1，执行“编辑”/“变换”/“垂直翻转”命令，然后选择“移动”工具，将图像移动到底部，如图9-1-8所示。

图9-1-7　清除载入选区

图9-1-8　垂直翻转图像

教你一招　在使用“移动”工具时，按键盘上的方向键直接以1px的距离移动图层上的图像；如果先按住“Shift”键后再按方向键，则以每次10px的距离移动图像；而按“Alt”键拖动选区，将会移动选区的拷贝。

7）选中图层1，执行“滤镜”/“扭曲”/“波纹”命令，在打开的“波纹”对话框中设置数量为“376%”，大小为“中”，如图9-1-9所示。

8）选中图层1，执行“滤镜”/“模糊”/“动感模糊”命令，在打开的“动态模糊”对话框中设置角度为“90度”，距离为“18像素”，如图9-1-10所示。

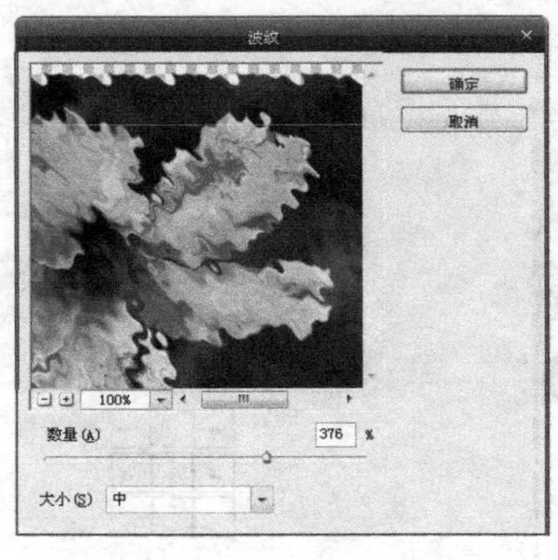

图9-1-9　“波纹”对话框

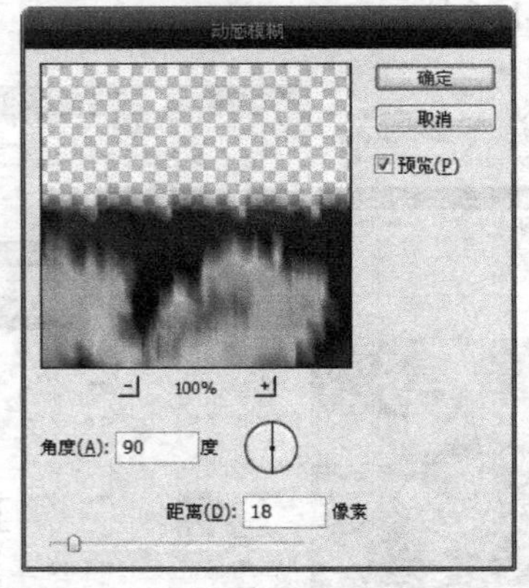

图9-1-10　“动感模糊”对话框

9）选中图层1，选择椭圆选框工具，设置羽化为5px，样式为正常，作一椭圆选区。执行“滤镜”/“扭曲”/“水波”命令，在打开的“水波”对话框中设置数量为“24”，起伏为“15”，样式为“水池波纹”，如图9-1-11所示。

10）按“Ctrl + D”组合键取消选区，显示背景图层，执行“拼合图像”命令，合并所有图层。

11）在“动作”面板中，单击“停止播放/记录”按钮，完成水池倒影动作的录制任务，如图 9-1-12 所示。

图 9-1-11　设置“水波”滤镜参数

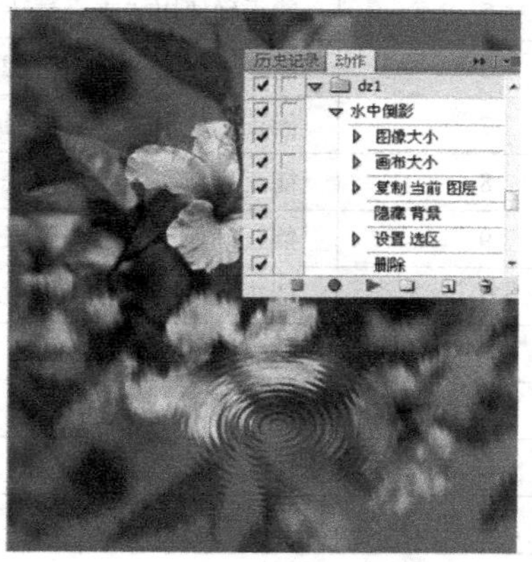

图 9-1-12　停止录制动作

12）打开“素材库”\“单元 9”\“素材图片 7”，在图 9-1-13 所示的“动作”面板中，选中“水中倒影”动作，单击“播放选定的动作”按钮，效果如图 9-1-14 所示。

图 9-1-13　选中“水中倒影”动作

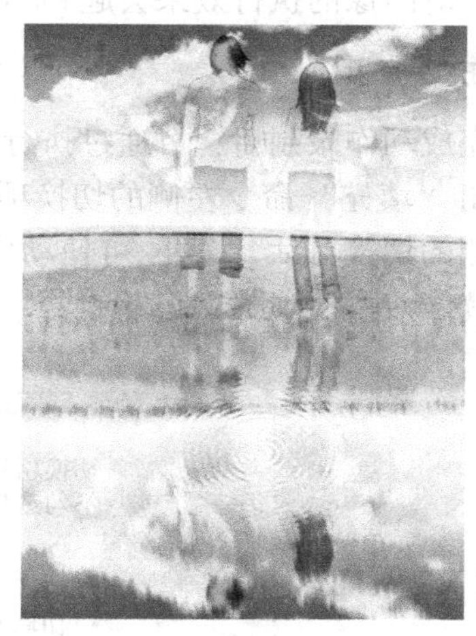

图 9-1-14　执行“水中倒影”动作效果

想一想　本案例中，第 9 步如果不做椭圆形选区，直接应用“水波”滤镜，效果会变成什么样？

检查评议

序　号	能力目标及评价项目	评价成绩
1	能正确使用“创建新组”命令	
2	能正确使用“创建新动作”命令	
3	能正确使用“开始记录”命令	

（续）

序　号	能力目标及评价项目	评价成绩
4	能正确使用“魔棒”工具	·
5	能正确使用“垂直翻转”命令	
6	能正确使用“波纹”滤镜	
7	能正确使用“动感模糊”滤镜	
8	能正确使用“水波”滤镜	
9	能正确使用“合并图层”命令	
10	能正确使用“停止播放/记录”命令	
11	信息收集能力	
12	沟通能力	
13	团队合作能力	
14	综合评价	

问题及防治

当执行动作中有涉及图像大小的命令时，可采用百分比作为单位，不要直接采用像素为单位，对图像的执行效果会起到不一样的作用。

扩展知识

完成动作录制后，可通过执行控制开/关（见图9-1-15）来编辑其中的命令设置或参数。如关闭“填充”命令左侧的切换项目开/关，即可使本条命令不执行。打开“波纹”滤镜命令左侧的切换对话开/关，可使动作播放到此命令时暂停，待重置参数后，单击“确定”按钮继续。双击“波纹”滤镜命令，可以在弹出的“波纹”对话框中重新设置参数。

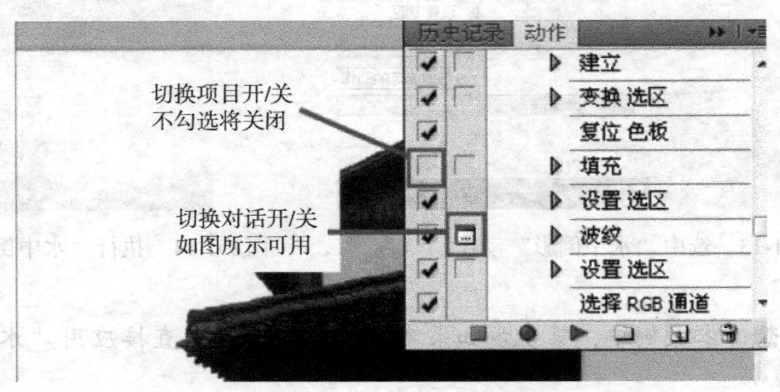

图9-1-15　执行控制开/关

考证要点

1. 下列关于动作的描述哪些是正确的（　　）？

A. 使用“动作”面板可以记录、播放、编辑或删除单个动作，还可以储存和载入动作文件

B. ImageReady 中不允许创建动作“序列”，但可以在 ImageReady Actions 文件夹中手工组织动作

C. Photoshop 和 ImageReady 附带了许多预定义的动作，不过 Photoshop 中的动作比 ImageReady 多很多。可以按原样使用这些预定义的动作，根据自己的需要对它们进行自定义，或者创建新的动作

D. 在 Photoshop 和 ImageReady 中，都可以创建新动作“序列”以便更好地组织动作

2. 下列关于动作的描述哪些是正确的（　　）？

A. 所谓“动作”就是对单个或一批文件回放一系列命令

B. 大多数命令和工具操作都可以记录在动作中，动作可以包含暂停，这样可以执行无法记录的任务（如使用绘画工具等）

C. 所有的操作都可以记录在“动作”面板中

D. 在播放动作的过程中，可在对话框中输入数值

3. 在 Photoshop 中，当在大小不同的文件上播放记录的动作时，可将标尺的单位设置为（　　）显示方式，动作就会始终在图像中的同一相对位置回放（例如，对不同尺寸的图像执行同样的裁切操作）。

A. 百分比　　　　B. 厘米　　　　C. 像素

4. 新建“文件 1”，写入文字“水中倒影”，练习执行“默认动作”/“水中文字”动作，试一试效果如何。

5. 自己用相机照一张照片，练习执行“默认动作”/“流星旋转”动作，试一试效果如何。

任务 2　设计制作“似水流年”动作

知识目标：

1. 掌握通道的概念。
2. 掌握“动作”面板上各命令的含义。

技能目标：

1. 掌握动作的录制、播放和编辑方法。
2. 掌握“羽化选区”命令和“黑白调整”命令的应用方法。
3. 掌握“云彩”滤镜和“自定形状”工具的应用方法。

任务描述

“转眸回首间，岁月已去，光阴不再，但不能忘却的是一种青春激扬如水的旋律。”本次任务是制作一个富有意境的黑白特效动作——“似水流年”，效果如图 9-2-1 所示。

任务分析

完成本任务需要应用“开始记录”“停止播放/记录”“创建新组”“创建新动作”“删除”命令来录制、编辑动作，应用“云彩”滤镜、“滤色混合模式”、“黑白调整”命令完

图 9-2-1 “似水流年”动作效果

成对背景的制作，应用“显示图层”“路径制作”“羽化选区”“变换选区”“清除选区”命令完成人物特效的制作。

操作步骤：创建新组→创建新动作→开始记录→“云彩”滤镜→“滤色”混合模式→黑白调整→显示图层→制作路径→羽化选区→变换选区→清除选区→停止播放/记录。

相关知识

单击“动作”面板右侧的小三角，即“动作控制”按钮，弹出下拉菜单，各菜单的使用方法及含义如下：

1）按钮模式：选择按钮模式后，所有动作设置为彩色按钮，单点“动作”按钮，该动作将被全部执行，中间无法进行控制。

2）开始记录：功能等同于面板上的“开始记录”按钮。

3）再次记录：不同于“开始记录”，为已录制的动作重新设置新参数，并存于原动作中。

4）插入停止：在任意一个动作之前或之后插入一个“停止”命令，在播放动作时，执行到该“停止”命令时将停止，在插入“停止”命令时，如勾选“允许继续”复选框，单击“继续”按钮将继续播放动作。

5）插入菜单项目：有些操作不能被录制为动作，如视图命令和窗口命令，这时可应用“插入菜单项目”命令，将许多不可记录的命令记录到动作中。在执行动作时，播放到此步时，将会显示对话框，并且暂停动作，直到单击“确定”或“取消”按钮才会继续进行。

6）动作选项：用于更改动作组或动作的名称。

7）回放选项：提供播放动作的加速、逐步、暂停（可设定暂停时间）三种速度，可以查询动作每一条命令的执行情况，主要用于当动作不能正确播放时，确定有问题的命令行，从而根据情况解决问题。

8）清除全部动作：将全部动作从“动作”面板上删除（程序内建动作文件和保存过的文件除外）。

9）复位动作：清除或删除动作之后，内建动作将被恢复，有替换和追加两种模式。

10）载入动作：载入内建或自建经保存的动作。

11）存储动作：将动作组储存在指定位置。最好是将该文件储存在 Photoshop 程序文件夹内的“Presets”\“Actions”文件夹中，在重新启动应用程序后，该组将显示在“动作”面板菜单的底部。

12）替换动作：载入一个新的动作替换当前面板中已经存在的一个动作。

13）命令：此菜单选项及其以下的选项为一组内建动作，单击可将其载入面板。

任务实施

1）打开“素材库”\“单元9”\“素材图片8”，执行“窗口”/“动作”命令，弹出“动作”面板，单击“创建新组”按钮，在弹出的“新建组”对话框中，设置名称为“dz1”，单击“确定”按钮继续。

教你一招 打开素材图片后，有两个图层，其中一个是背景图层，一个是人物图层（隐藏），在制作或运行动作时，可根据需要放置其他人物图层，但注意第一是要取消隐藏，第二是要命名此图层为“图层1”，并设置此图层图片大小和原图层图片大小相近。

2）选中“dz1”，在“动作”面板底部单击“创建新动作”按钮，在弹出的“新建动作”对话框中，设置名称为“似水流年”，组为“dz1”，单击“确定”按钮，Photoshop 开始自动录制动作。

3）新建“图层2”并将其选中，按“D”键复位色板，恢复前景色和背景色，执行“滤镜”/“渲染”/“云彩”命令，然后设置图层2的混合模式为“滤色”，如图9-2-2所示。

4）选中背景图层，单击“图层”面板底部的“创建新的填充或调整图层”按钮，在“调整”面板中选择“黑白”，单击“自动”按钮，效果如图9-2-3所示。

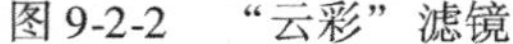

图9-2-2 “云彩”滤镜

图9-2-3 黑白调整效果

5）选中图层1，取消隐藏，选择“自定形状”工具，设置为“路径”，形状样式为“花6”，作出如图9-2-4所示路径，进入“路径”面板，单击“将路径作为选区载入”按钮。

6）回到“图层”面板，选择“矩形选框”工具，调整选区到合适位置，然后执行“选择”/“修改”/“羽化选区”命令，在弹出的“羽化选区”对话框中，设置羽化半径为“10像素”，单击“确定”按钮继续。

教你一招 在本步完成后，切记要进入“路径”面板中，删除当前工作路径，否则录制完成后，在对其他图片进行处理时，在反转选区后，按“Delete”键，不能完成清除选区内容任务，影响动作的完美执行。

7）执行“选择”/“变换选区”命令，再次微调花形选区的大小和位置，按“Enter”键确认后，再按“Ctrl + Shift + I”组合键反转选区，按“Delete”键清除选区，效果如图9-2-5所示。

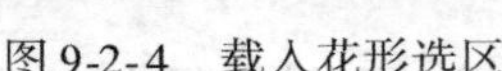

图9-2-4 载入花形选区

图9-2-5 变换选区

8）按“Ctrl + D”组合键取消选区，设置图层1的图层填充为“78%”。

9）在“动作”面板中，单击“停止播放/记录”按钮，完成“似水流年”动作的录制。

想一想 本任务中，第5、6步中使用了“自定形状”工具和“羽化选区”命令，如果将羽化值设置成不同数值，将形状样式设置成不同花形，效果会变成什么样？

检查评议

序号	能力目标及评价项目	评价成绩
1	能正确使用“创建新组”命令	
2	能正确使用“创建新动作”命令	
3	能正确使用“云彩”滤镜	
4	能正确使用滤色混合模式	
5	能正确使用“黑白调整”命令	
6	能正确使用“显示图层”命令	
7	能正确使用“路径制作”命令	
8	能正确使用“羽化选区”命令	
9	能正确使用“变换选区”命令	
10	能正确使用“清除选区”命令	
11	能正确使用“停止播放/记录”按钮	
12	信息收集能力	
13	沟通能力	
14	团队合作能力	
15	综合评价	

问题及防治

在使用“插入菜单项目”功能时，若遇到不会操作的问题，可按如下方法操作：执行“动作控制按钮”/“插入菜单项目”命令，弹出“插入菜单项目”对话框，把此对话框放置一边，暂不操作，回到Photoshop操作窗口中，用鼠标单击需要插入的“菜单”/“命令项”，选择完毕后，注意观察“插入菜单项目”对话框中，“菜单项”后面的文字已由“无选择”变为“菜单命令”，这时单击“插入菜单项目”对话框中的“确定”按钮，完成插入。

扩展知识

如动作录制已完成，在运行时却发现缺少了命令，可采用补录的方法。如图9-2-6所示，录制“似水流年”动作完成后，发现缺少了“储存”和“关闭”命令。这时先打开“似水流年”动作，定位到“设置当前层”命令，单击“开始记录”按钮，然后执行“文件”/“存储为”命令，定位到存储文件夹，设置存储文件名后，单击“确定”按钮继续。接着执行“文件”/“关闭”命令。回到“动作”面板，单击“停止播放/记录”按钮，完成补录，如图9-2-7所示。

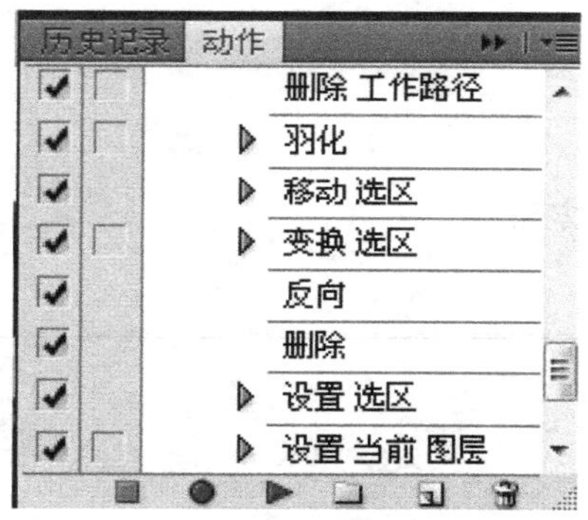

图9-2-6　动作原状态

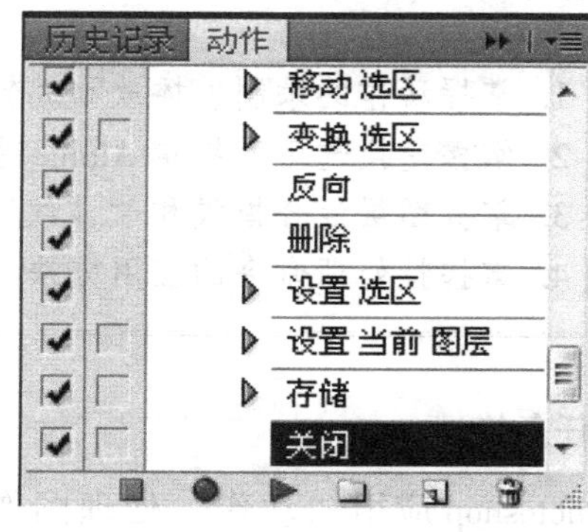

图9-2-7　动作编辑后

考证要点

1. 关于“动作”记录，以下说法正确的是（　　）。

A. “自由变换”命令的记录，可以通过“动作”面板右上角弹出菜单中的“插入菜单”命令实现

B. 用“钢笔”工具绘制的路径不能直接记录为动作，可以通过“动作”面板右上角弹出菜单中的“插入路径”命令实现

C. 选区转化为路径不能被记录为动作

D. 在“动作”面板右上角弹出的菜单中选择“插入停止”，当动作运行到此处时，会弹出下一步操作的参数对话框，让操作者自行操作，操作结束后会继续执行后续动作

2. 关于“动作”记录，以下说法正确的是（　　）。

A. “图像尺寸”的操作无法记录到动作中，但可以选择插入菜单命令记录

B. 播放其他动作的操作也可以被记录为动作中的一个命令

C. “对齐到参考线” 等开关命令，执行动作的结果取决于文件当时开或关的状态

D. 记录插入菜单的动作时，可以按菜单命令的快捷键来完成记录

3. 关于“动作”面板，以下说法正确的是（　　）。

A. 动作组左侧的两个方框中图标为红色，代表该组中包含被排除的命令和包含模态控制的命令

B. 若切换控制为关，执行到到该命令时将停止播放，弹出提示信息

C. 若切换控制为开，可使动作暂停，以便在对话框中指定填充命令的选项，然后可以继续

D. 双击命令可以让动作从该处开始播放

E. 双击命令可以修改其中的参数

任务3　设计制作“相框”动作

知识目标：

1. 掌握动作的概念。
2. 掌握批处理的概念。

技能目标：

1. 掌握动作的录制、播放和编辑方法。
2. 掌握变换选区和编辑 Alpha 通道的方法。
3. 掌握图层混合模式和“波纹”滤镜的应用方法。
4. 掌握批处理命令的应用方法。

任务描述

Photoshop 应用“动作”处理图像，会面临不同的处理要求，以达到不同特效。艺术照片都需要一个漂亮的相框来烘托，以得到一种协调的美感。本次任务是制作一个“相框”动作，为美丽如画的风景、如诗如画的青春、多彩壮美的人生，打造能够锁住美丽和青春的相框。“相框”动作效果如图 9-3-1 所示。

图 9-3-1　“相框”动作效果

任务分析

完成本任务需要应用“开始记录”“停止播放/记录”“创建新组”“创建新动作”“删除”命令来录制、编辑动作，应用 Alpha 通道、“变换选区”命令、填充前景色和背景色、“波纹”滤镜、“波浪”滤镜、滤色混合模式完成特效相框的制作。

操作步骤：创建新组→创建新动作→开始记录→Alpha 通道→变换选区→填充前景色、

背景色→“波纹”滤镜→“波浪”滤镜→滤色混合模式→停止播放/记录。

相关知识

1. 批处理的源和目标

（1）“批处理”命令　可以对指定文件夹中的多个文件执行指定动作，执行“文件”/“自动”/“批处理”命令，弹出如图9-3-2所示对话框。

（2）播放/组　指定用来处理文件的动作组。下拉菜单中会显示“动作”面板中可用的动作组。

（3）播放/动作　指定用来处理文件的动作。下拉菜单会显示“动作”面板中可用的动作，如果未显示所需的动作，可选取另一组或在面板中载入组。

（4）源　指定需要处理的文件。下拉菜单中有“文件夹”“导入”“打开的文件”“Bridge”四个可选项。

1）文件夹：处理指定文件夹中的文件。单击“选择”可以查找并选择文件夹。

2）导入：处理来自数码相机、扫描仪或PDF文档的图像。

3）打开的文件：处理所有打开的文件。

4）Bridge：处理Adobe Bridge中选定的文件。如果未选择任何文件，则处理当前Bridge文件夹中的文件。

（5）目标　指定处理完成后文件的处理。下拉菜单中有“无”“文件夹”“存储并关闭”三个可选项。

1）无：不指定存储位置，按照动作设置执行，如动作中没有设置“存储”命令，则使文件保持打开而不存储更改。

2）文件夹：将处理过的文件存储到另一位置。单击“选择”可指定目标文件夹。

3）存储并关闭：将文件存储在原位置，如果格式相同会覆盖原来的文件。

（6）覆盖动作中的“存储为”命令　将已处理的文件存储到在“批处理”命令中指定的目标文件夹中（如果已选取“存储并关闭”，则将这些文件存储到其原始文件夹），存储时采用其原始名称或在“批处理”对话框的“文件命名”部分中指定的名称。如果没有选择此选项并且动作中包含“存储为”命令，则将文件存储到由动作中的“存储为”命令指定的文件夹中，而不是存储到“批处理”命令指定的文件夹中。此外，如果没有选择此选项并且动作中的“存储为”命令指定了一个文件名，则在“批处理”命令每次处理图像时都会覆盖相同的文件（动作中指定的文件）。

2. 批处理的文件命名和错误处理（见图9-3-3）

（1）文件命名　指定文件命名约定。从下拉菜单中选择元素，或在字段中输入要组合为全部文件的默认名称的文本。可以通过这些字段，更改文件名各部分的顺序和格式。每个文件必须至少有一个唯一的字段（如文件名、序列号或连续字母）以防文件相互覆盖。起始序列号为所有序列号字段指定的序列号。第一个文件的连续字母字段总是从字母“A”开始。

（2）错误　指定处理运行“批处理”命令时出现错误的方法，可选项有“由于错误而停止”和“将错误记录到文件”两项。

1）由于错误而停止：出现错误停止“批处理”命令，直到确认错误信息为止。

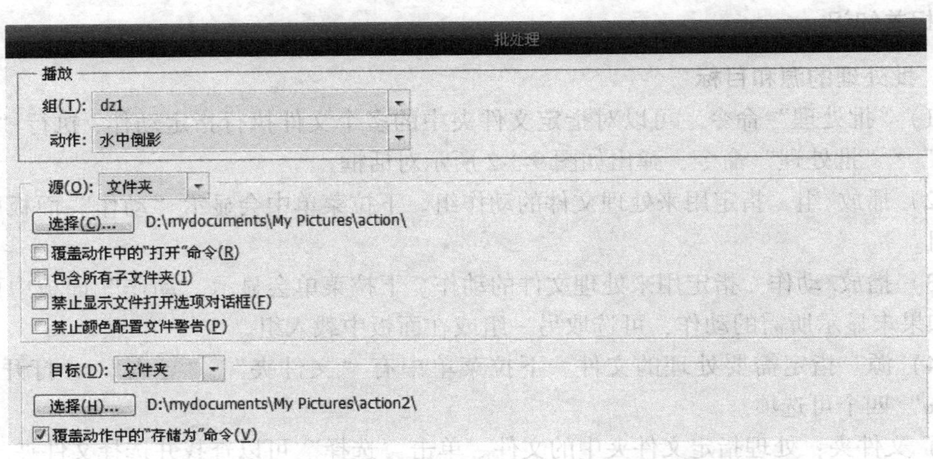

图 9-3-2　批处理的源和目标

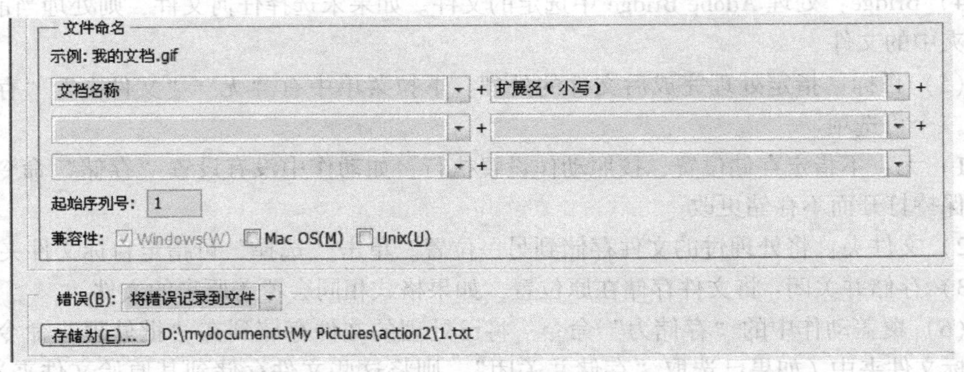

图 9-3-3　批处理的文件命名和错误处理

2）将错误记录到文件：出现错误不停止“批处理”命令，将每个错误记录在文件中，在处理完毕后将出现一条提示信息，要求查看错误文件，可在指定文件夹中打开并阅读。

 任务实施

1）打开“素材库”\“单元9”\“素材图片9”，执行“窗口”/“动作”命令，弹出“动作”面板，单击“创建新组”按钮，在弹出的“新建组”对话框中，设置名称为“dz1”，单击“确定”按钮继续。

2）选中“dz1”，在“动作”面板底部，单击“创建新动作”按钮，在弹出的“新建动作”对话框中，设置名称为“相框”，组为“dz1”，单击“确定”按钮，开始自动录制动作。

3）按“Ctrl + A”组合键，全部选择，载入选区，进入“通道”面板，单击“创建新通道”按钮，得到“Alpha1”通道，执行“选择”/“变换选区”命令，变换选区形状（见图 9-3-4），按“Enter”键确认。

教你一招 按住“Alt + Shift”组合键，拖动鼠标变换选区形状，则以选区中心为中心进行等比例缩放。

4）按“D”键复位色板，按“Alt + Delete”组合键填充前景色，如图9-3-5所示。

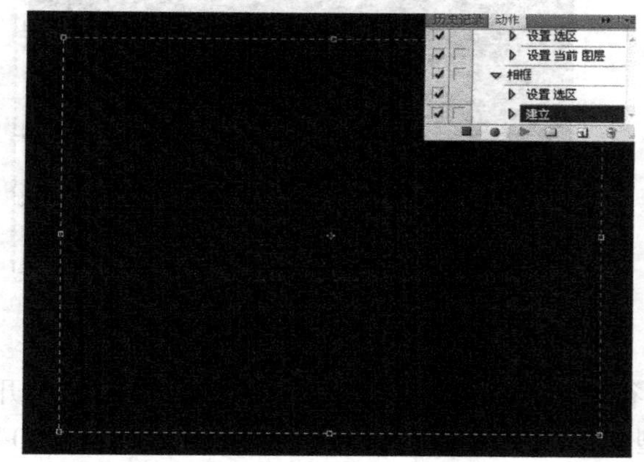

图9-3-4 变换选区

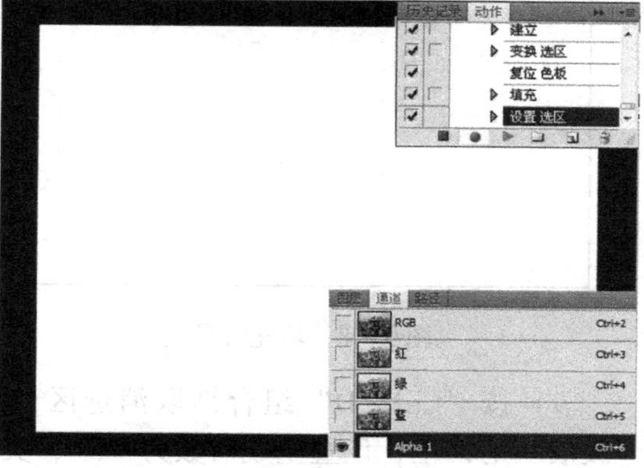

图9-3-5 填充前景色

5）按“Ctrl + D”组合键取消选区，执行“滤镜”/“扭曲”/“波纹”命令，打开“波纹”对话框，设置数量为“680%”，大小为“中”，效果如图9-3-6所示。

6）单击“将通道作为选区载入”按钮，单击“RGB复合通道”，回到“图层”面板，按“Ctrl + Shift + I”组合键反转选区，设置前景色（RGB为178，245，195），按“Alt + Delete”组合键填充前景色，按“Ctrl + D”组合键取消选区，效果如图9-3-7所示。

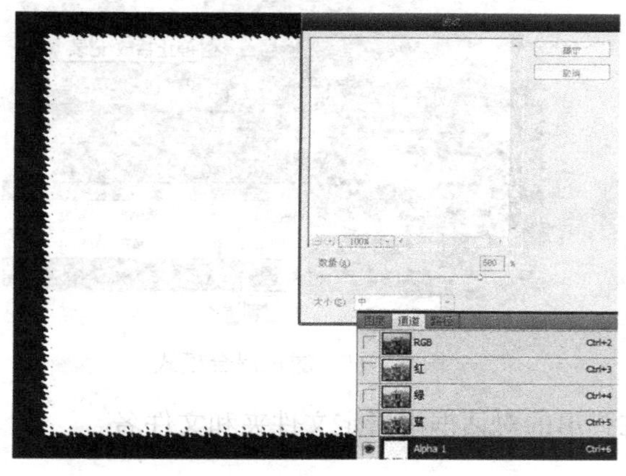

图9-3-6 “波纹”滤镜效果

图9-3-7 填充前景色

7）选中背景图层，将此图层拖曳到“图层”面板底部的“创建新图层”按钮上，新建“背景副本”图层并将其选中，按“D”键复位色板，按“Ctrl + Delete”组合键填充背景色，效果如图9-3-8所示。

8）选中背景副本图层，按住“Ctrl”键单击背景副本图层，载入选区，执行“选择”/“变换选区”命令，按住“Alt + Shift”组合键，变换选区（由外圈选区变换到内圈选区），按“Enter”键确认，填充为黑色，如图9-3-9所示。

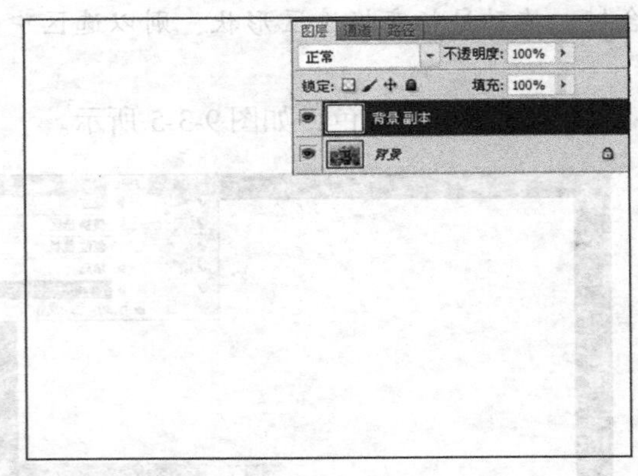

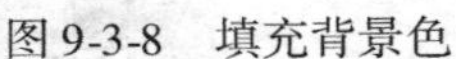
图 9-3-8　填充背景色

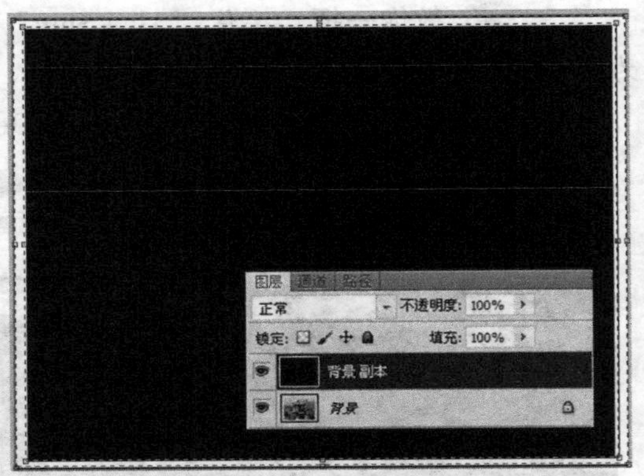

图 9-3-9　变换选区并填充黑色

9）按“Ctrl + D”组合键取消选区，执行“滤镜”/“扭曲”/“波浪”命令，打开“波浪”对话框，设置生成器数为“5”，类型为“三角形”，波长最大和最小分别为“120”和“10”，波幅最大和最小分别为“35”和“5”，比例水平和垂直均为100%，未定义区域为“重复边缘像素”，然后单击“随机化”按钮，获得最佳波浪效果，单击“确定”按钮完成设置，效果如图 9-3-10 所示。

10）选中图层副本图层，设置图层混合模式为“滤色”，效果如图 9-3-11 所示。

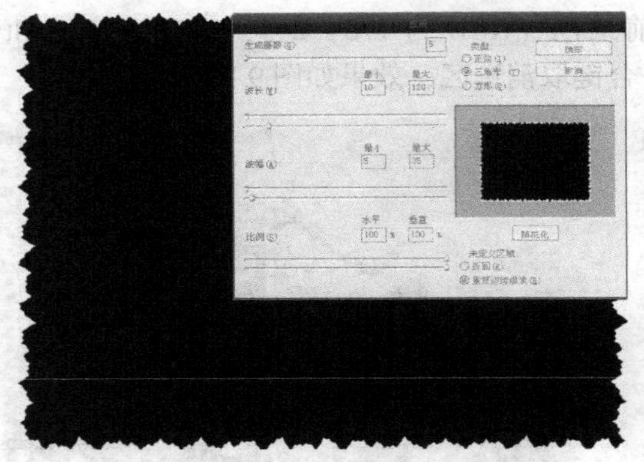

图 9-3-10　“波浪”滤镜效果

图 9-3-11　滤色混合模式

11）执行“文件”/“另存为”命令，在弹出的对话框中指定文件夹和文件名。

12）执行“文件”/“关闭”命令。

13）在“动作”面板中，单击“停止播放/记录”按钮，完成“相框”动作的录制。

14）执行“文件”/“自动”/“批处理”命令，在弹出的“批处理”对话框中，设置“播放”/“组”为“dz1”，“播放”/“动作”为“相框”，“源”/“文件夹”为“D：\ mydocuments \ My Pictures \ action”，“目标”/“文件夹”为“D：\ mydocuments \ My Pictures \ action2”，勾选“覆盖动作中的‘存储为’命令”复选框，“文件命名”为“文档名称 + 扩展名（小写）+ 起始序列号 1”，“错误”为“将错误记录到文件”，“存储为”为“D：\ mydocuments \ My Pictures \ action2 \ 1. txt”，单击“确定”按钮，开始执行批处理命令。

15）执行动作前和后的 action 和 action2 文件夹的比较如图 9-3-12 和图 9-3-13 所示。

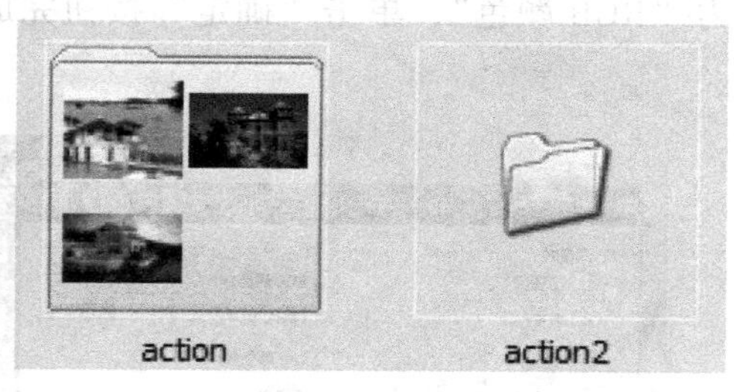

图 9-3-12　执行动作前

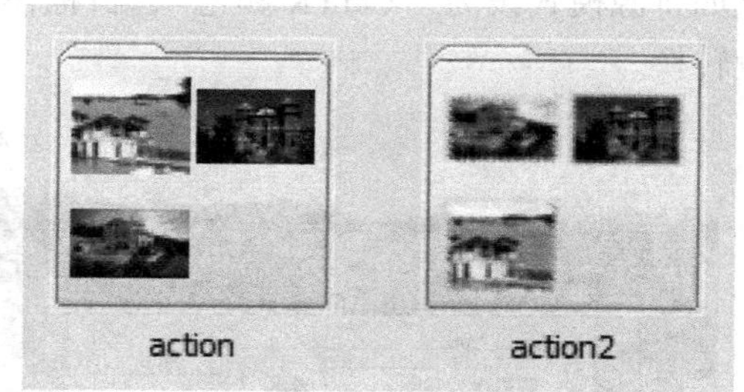

图 9-3-13　执行动作后

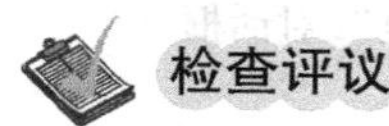

想一想　本任务的第 11 步和 12 步是对文件进行存储和关闭，如果取消这两步，效果会变成什么样？

检查评议

序　　号	能力目标及评价项目	评 价 成 绩
1	能正确使用“创建新组”命令	
2	能正确使用“创建新动作”命令	
3	能正确使用 Alpha 通道	
4	能正确使用“变换选区”命令	
5	能正确填充前景色、背景色	
6	能正确使用“波纹”滤镜	
7	能正确使用“波浪”滤镜	
8	能正确使用滤色混合模式	
9	能正确使用“另存为”命令	
10	能正确使用“关闭”命令	
11	能正确使用“停止播放/记录”命令	
12	能正确使用“批处理”命令	
13	信息收集能力	
14	沟通能力	
15	团队合作能力	
16	综合评价	

问题及防治

1）执行“批处理”命令前应先做好准备工作，把所有待处理的图片放到同一个文件夹里，另外再新建一个文件夹用来放置处理过的图片。

2）为执行“批处理”命令时方便，可提前做限制图像大小的工作，执行“文件”/“自动”/“限制图像”命令，打开如图 9-3-14 所示的对话框，根据需要设置好参数后，比如设置宽为“600 像素”，高为“400 像素”，单击“确定”按钮完成图像大小的变换。

3）为执行“批处理”命令时方便，还可提前做条件模式更改的工作，执行“文件”/

“自动”/“条件模式更改”命令，打开如图 9-3-15 所示的对话框，根据需要设置好参数后，比如将源模式设为“CMYK 颜色”，目标模式设为“RGB 颜色”，单击“确定”按钮完成颜色转换。

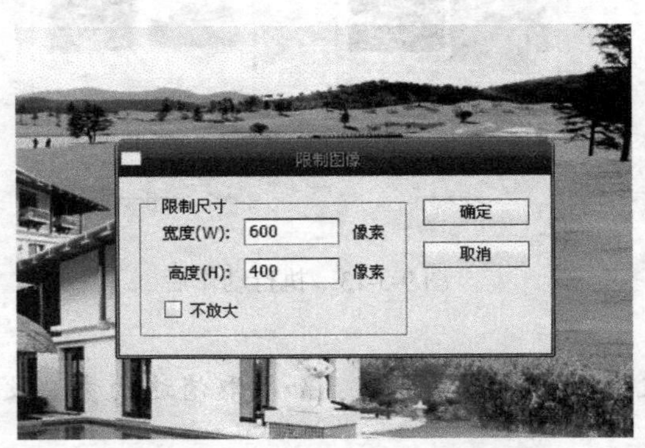

图 9-3-14 “限制图像”对话框

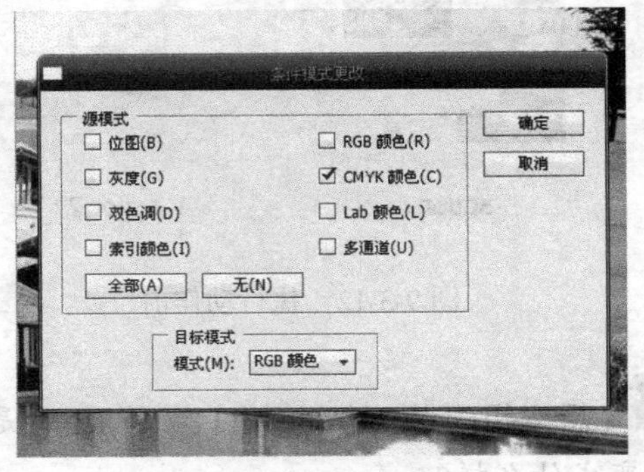

图 9-3-15 “条件模式更改”对话框

扩展知识

批处理快捷方式是指从动作创建“快捷批处理”，“快捷批处理”将动作应用于一个或多个图像。将文件夹或图像拖到“快捷批处理”图标上，即可执行“动作”命令。具体创建方法如下：

1）首先在“动作”面板中创建所需的动作，如本任务创建的“相框”动作。

2）执行“文件”/“自动”/“创建快捷批处理”命令，弹出“创建快捷批处理”对话框，如图 9-3-16 所示。

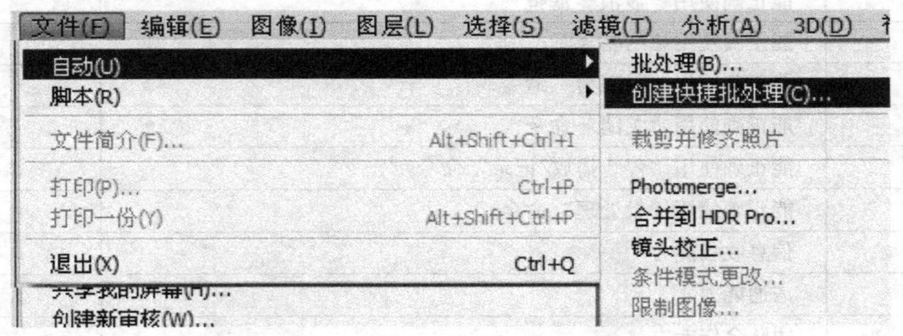

图 9-3-16 执行“创建快捷批处理”命令

3）单击“将快捷批处理存储为”下的“选择”按钮，指定快捷批处理的存储位置为“D：\ mydocuments \ My Pictures \ action2 \ lrfxk. exe”，如图 9-3-17 所示。

4）选择动作组为“dz1”，动作为“相框”，设置处理、存储和文件命名选项，如图 9-3-17 所示。

考证要点

1. 关于文件批处理的源，以下说法不正确的是（　　）。

A.“文件夹”选项用于对已存储在计算机中的文件播放动作。单击“选取”可以查找并选择文件夹

图 9-3-17 “创建快捷批处理”对话框

B. “打开的文件”选项用于对所有已打开的文件播放动作

C. “文件浏览器”选项用于对在文件浏览器中选定的文件播放动作

D. “输入”选项用于对来自不同的多个文件夹的图像导入和播放动作

E. 只有选中“文件夹”模式才能选择“包含所有子文件夹”选项

2. 对一定数量的文件，用同样的动作进行操作，以下方法中效率最高的是（　　）。

A. 将该动作的播放设置快捷键，对于每一个打开的文件按一键即可以完成操作

B. 选择菜单“文件”/“自动”/“批处理”命令，对文件进行处理

C. 将动作存储为“样式”，将每一个打开的文件拖放到图像内即可完成操作

D. 在文件浏览器中选中所有需要处理的文件，单击鼠标右键，在弹出的菜单中选择“应用动作”命令

3. 关于文件批处理播放的动作，以下说法正确的是（　　）。

A. 只有显示在“动作”面板中的动作组合和动作才能被应用

B. 应用动作的文件夹中如果包含子文件夹，对其中的文件只能再运行“批处理”命令来处理

C. 在设置好批处理的选项，单击“确定”按钮后，还需要打开要应用动作的文件

D. 对于运行命令中出现的错误，可以设置让批处理继续，最后将所有错误记录到文件中

4. 自己用相机照一组照片，利用“相框”动作和“批处理”功能进行批量特效处理。

5. 自己设计制作一个“相框”特效动作。

单元10　综合实例

10

任务1　设计制作“保护地球”公益广告

知识目标：

1. 掌握矢量蒙版的基本知识。
2. 掌握三基色原理的基本知识。

技能目标：

1. 掌握“渐变”工具和“画笔”工具的应用及选项设置。
2. 掌握图层样式的选项设置和应用技巧。
3. 掌握“文字”工具和“栅格化文字”命令的应用及技巧。

任务描述

本任务是设计一则“保护地球”公益广告，表现节约资源和保护环境的主题，重点突出当前人类的问题和未来面临的严峻形势，与受众在思想上产生共鸣。主打标题：不要让最后一滴水 变成你我的眼泪。效果如图10-1-1所示。

图10-1-1　“保护地球”公益广告效果

任务分析

完成本任务需要应用“图层复制”、“自由变形”制作干涸土地背景，应用“自由变形”“矢量蒙版”“渐变”工具制作眼睛，应用“画笔”工具、图层样式的混合选项“投影”“内阴影”“内发光”“斜面和浮雕”“样式”面板制作泪珠，应用“文字”工具、“栅格化文字”命令、“样式”面板和“图层填充”工具制作“文字”。

操作步骤：制作干涸土地背景→制作眼睛→制作泪珠→制作文字。

相关知识

矢量蒙版：蒙版也叫遮片（在Adobe的视频编辑软件PR及后期特效制作软件AE中

就把蒙版叫做遮片，二者的名字虽然不同，但本质上是相同的），其基本作用在于遮挡，即通过蒙版的遮挡，将目标对象（在 Photoshop 中指图层，在 PR 和 AE 中指视频轨中的素材）的某一部分隐藏，另一部分显示，以此实现不同图层之间的混合，达到图像合成的目的。

蒙版从大的方面可分为三类：图层蒙版、通道蒙版和路径蒙版。矢量蒙版属于图层蒙版。图层类蒙版实质上就是作为蒙版的图层，根据本身的不透明度控制其他图层的显隐。从广义的角度来讲，任何一个图层都可以视为其下所有图层的蒙版，该图层的不透明度将直接影响其下图层的显隐。

任务实施

1）新建图像文件，设置名称为“保护地球”，宽度为“600 像素”，高度为“800 像素”，分辨率为“96 像素/英寸”，颜色模式为“RGB”，其他默认，单击“确定”按钮。

2）打开“素材库”＼“单元 10”＼“素材图片 10”，将其拖入“保护地球”文件中，成为图层 1，按“Ctrl＋T”组合键，设置大小和位置，如图 10-1-2 所示。

3）复制图层 1 得到图层 1 副本，选中图层 1 副本，按“Ctrl＋T”组合键，按住“Shift”键进行缩放，变换选区如图 10-1-3 所示，按“Enter”键确认。

图 10-1-2　变换形状 1

图 10-1-3　变换形状 2

4）打开“素材库”＼“单元 10”＼“素材图片 11”，载入“保护地球”文件，形成图层 2，按“Ctrl＋T”组合键自由变形到合适位置。选中图层 2，单击“图层”面板底部的“添加矢量蒙版”按钮。按“D”键复位色板，将前景色设为黑色。选择“渐变”工具，设置为“前景色到透明渐变”，从左向右拖动得到渐变效果，图层不透明度根据需要设置为 80%～100%，效果如图 10-1-4 所示。

5）新建“图层 3”并将其选中，按“D”键，选择“画笔”工具，设置大小为“18px”，硬度为“100%”，画出如图 10-1-5 所示黑色不规则形状。

6）选中图层3，单击“添加图层样式”按钮，选择“混合选项”，弹出“图层样式”对话框，在左侧选择“混合选项：默认”，在右侧将“高级混合”下的“填充不透明度”设为“3%”。

7）单击“图层样式”对话框，在左侧选择“投影”，在右侧将“投影”/“结构”下的“不透明度”设为“100%”，“距离”为“1像素”，“大小”为“1像素”，“投影”/“品质”下的“等高线”为“高斯曲线”。

教你一招 设置“等高线”可通过单击“等高线”曲线缩览图右侧的小箭头，弹出“下展”对话框，选择需要的曲线，比如“高斯曲线”。选择完成后，回到主界面中，可直接单击“曲线缩览图”，在弹出的“等高线编辑器”对话框中，进行修改编辑。

8）在左侧选择“内阴影”，在右侧将“内阴影”/“结构”下的“混合模式”设为“颜色加深”，“不透明度”设为“40%”，“大小”设为“10”。

9）在左侧选择“内发光”，在右侧将“内发光”/“结构”下的“混合模式”设为“叠加”，“不透明度”为“30%”，“颜色色板”为（RGB为0，0，0）。

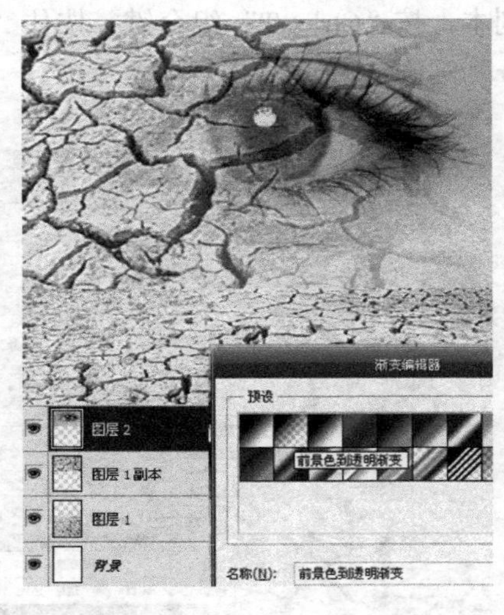

图10-1-4　渐变效果

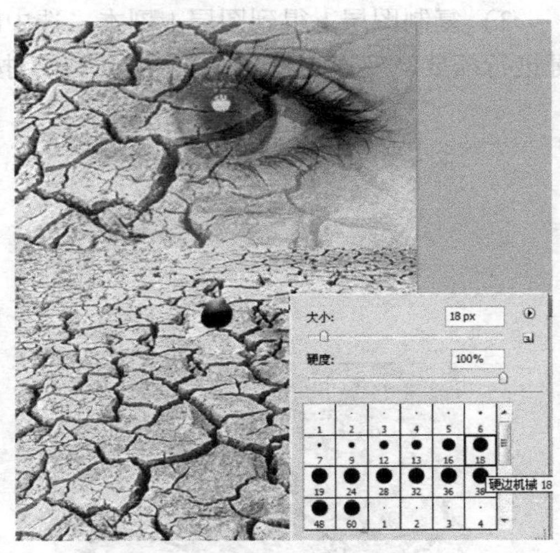

图10-1-5　画不规则形状

10）在左侧选择“斜面和浮雕”，在右侧将“斜面和浮雕”中“结构”下的“方法”设为“雕刻清晰”，“深度”设为“230%”，“大小”设为“15像素”，“软化”设为“10像素”。“斜面和浮雕”中“阴影”下的“角度”设为“90度”，“高度”设为“30度”，“高光模式”设为“滤色”，“不透明度”设为“100%”，“阴影模式”设为“颜色减淡”，“颜色色板”设为（RGB为255，255，255），“不透明度”设为“30%”，效果如图10-1-6所示。

11）单击“新建样式”按钮，弹出“新建样式”对话框，设置名称为“泪珠”，单击“确定”按钮，如图10-1-7所示。

图 10-1-6 泪珠效果

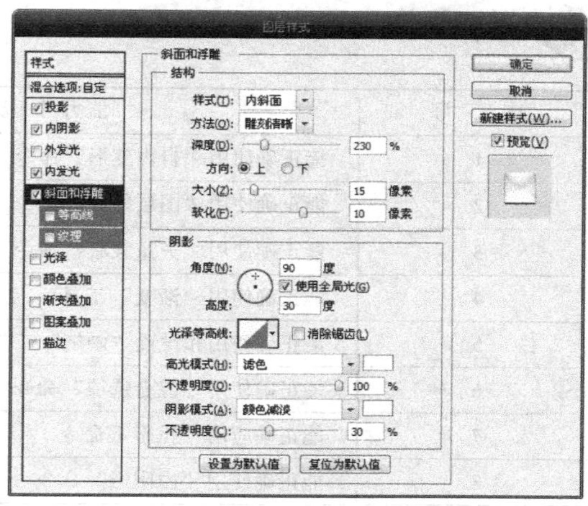

图 10-1-7 “图层样式”对话框

12）新建“图层 4”，选择“画笔”工具，设置同第 5 步，画出泪珠外形，执行“窗口”/“样式”命令，进入“样式”面板，应用前面新建的“泪珠”样式，并调整泪珠位置，效果如图 10-1-8 所示。

13）选择“横排文字”工具，设置字体为“华文行楷”，将“大小”设为“48”，输入“不要让最后一滴水变成你我的眼泪”，效果如图 10-1-8 所示。

14）右键单击文字图层，在快捷菜单中选择“栅格化文字”，按“Ctrl + T”组合键，自由变换到如图 10-1-9 所示位置，按“Enter”键确认。选中文字图层，应用“样式”面板中的“泪珠”样式。

15）在文字图层下方新建“图层 5”，选中图层 5，按住“Ctrl”键，单击文字图层，载入其选区，填充白色，设置图层“填充”为“73%”，效果如图 10-1-9 所示。

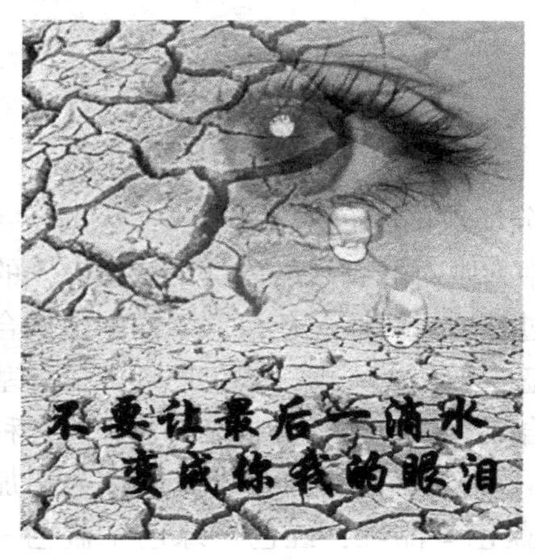

图 10-1-8 泪珠和文字

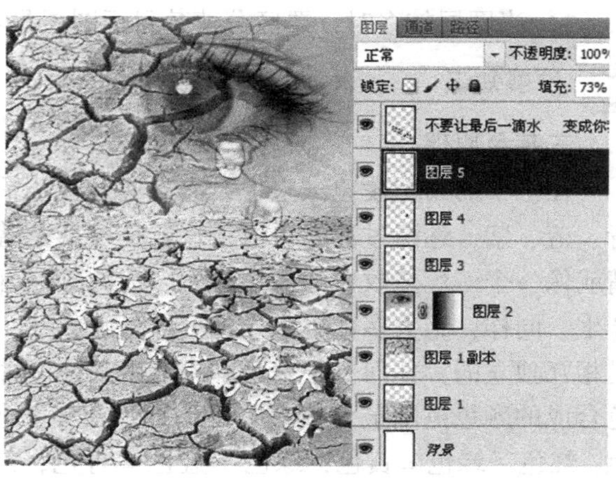

图 10-1-9 应用“泪珠”样式

想一想 在应用各种图层样式制作“泪珠”时，试一试其他设置，看看效果会变成什么样。

检查评议

序　号	能力目标及评价项目	评价成绩
1	能正确使用“自由变形”命令	
2	能正确使用“图层复制”命令	
3	能正确使用“矢量蒙版”命令	
4	能正确使用“渐变”工具	
5	能正确使用和设置“画笔”工具	
6	能正确使用“混合选项”命令	
7	能正确应用“投影”命令	
8	能正确使用“内阴影”命令	
9	能正确使用“内发光”命令	
10	能正确使用“斜面和浮雕”命令	
11	能正确使用“文字”工具	
12	能正确使用“栅格化文字”命令	
13	信息收集能力	
14	沟通能力	
15	团队合作能力	
16	综合评价	

问题及防治

1）编辑图层蒙版时要确认该图层白色蒙版缩略图为选中状态，可用鼠标单击蒙版缩略图，否则单击图层缩略图时，编辑的将不是蒙版而是图层，切记区分清楚。

2）当图层较多时，要区分清楚目标图层是哪一个。

扩展知识

三基色原理

在中学的物理棱镜试验中，白光通过棱镜后，被分解成的颜色依次为红、橙、黄、绿、青、蓝、紫，逐渐过渡的色谱，这就是可见光谱。其中人眼对红、绿、蓝最为敏感，人的眼睛就像一个三色接收器的体系，大多数的颜色可以通过红、绿、蓝三色按照不同的比例合成产生。同样，绝大多数单色光也可以分解成红、绿、蓝三种色光，即三基色原理。三种基色是相互独立的，任何一种基色都不能由其他两种颜色合成。红、绿、蓝是三基色，这三种颜色合成的颜色范围最为广泛。红、绿、蓝三基色按照不同的比例相加合成混色称为相加混色。红色＋绿色＝黄色，绿色＋蓝色＝青色，红色＋蓝色＝品红，红色＋绿色＋蓝色＝白色。黄色、青色、品红都是由两种颜色相混合而成的，所以它们又称相加二次色。另外，红色＋青色＝白色，绿色＋品红＝白色，蓝色＋黄色＝白色，所以青色、黄色、品红分别又是红色、蓝色、绿色的补色。由于每个人的眼睛对相同的单色的感受有不同，所以，如果用相同强度的三基色混合，假设得到白光的强度为100%，这时候人的主观感受是，绿光最亮，红光次之，蓝光最弱。除了相加混色法之外，还有相减混色法。在白光照射下，青色颜料能吸收红色而反射青色，黄色颜料吸收蓝色而反射黄色，品红颜料吸收绿色而反射品红。也就是说，白色－红色＝青色，白色－绿色＝品红，白色－蓝色＝黄色。另外，如果把青色和黄色两种颜料混合，在白光照射下，由于颜料吸收了红色和蓝色，而反射了绿色。对于颜料的混合，表示如下：颜料（黄色＋青色）＝白色－红色－蓝色＝绿色，颜料（品红＋青色）＝白色－红色－绿色＝蓝色，颜料（黄色＋品红）＝白色－绿色－蓝色＝红色。以上的都是相减混色。相减混色是以吸收不同比例的三基色而形成不同的颜色，所以又把青色、品红、黄色称为颜料三基色。颜料三基色的混色在绘画、印刷中得到广泛应用。在颜料三基色中，红、绿、蓝三色被称为相减二次色或颜料二次色。在相减二次色中有：青色＋黄色＋品红＝白色－红色－蓝色－绿色＝黑色。用以上的相加混色三基色所表示的颜色模式称为RGB模式，而用相减混色三基色原理所表示的颜色模式称为CMYK模式。它们广泛运用于绘画和印刷领域。例如，显示器采用RGB模式，就是因为显示器是电子光束轰击荧光屏上的荧光材料发出亮光从而产生颜色的，当没有光的时候为黑色，光线加到最大时为白色。而打印机呢？它的油墨不会自己发出光线，因而只有采用吸收特定光波而反射其他光的颜色，所以需要用减色法来解决。

考证要点

1. 下列关于RGB颜色模式描述正确的是（　　）。

A. 相同尺寸的文件，RGB模式的要比CMYK模式的文件小

B. RGB是一种常用的颜色模式，无论是印刷还是制作网页，都可以用RGB模式

C. 在Photoshop中，RGB模式包含的颜色信息最多，多达1670万个

D. 尽管RGB是标准颜色模型，但是所表示的实际颜色范围仍因应用程序或显示设备而异

2. 下列描述哪些是正确的（　　）？

A. 内存的多少直接影响软件处理图像的速度

B. 虚拟内存是将硬盘空间作为内存使用，会大大降低软件处理图像的速度

C. Photoshop可以设定4个暂存盘，虚拟内存通常是优先使用空间最大的暂存盘上的空间

D. 暂存盘和虚拟内存一样，完全受操作系统的控制

3. 当选择“文件”/“新建”命令时，在弹出的“新建”对话框中可设定下列哪些选项（　　）？

A. 图像的高度和宽度

B. 图像的分辨率

C. 图像的色彩模式

D. 图像的标尺单位

4. 在Photoshop中做RGB、CMYK颜色叠加试验。

5. 举一反三，应用本任务知识自行设计制作一幅同类作品，名字可自定，如“世界和平”。

任务2　设计制作“再别母校”招贴海报

知识目标：

1. 掌握招贴设计的基本知识。
2. 掌握路径的基本知识。

技能目标：

1. 掌握“渐变”工具和Alpha通道编辑的应用技巧。
2. 掌握“马赛克拼贴”滤镜和“高斯模糊”滤镜的应用方法。
3. 掌握“图层样式”和“色阶”命令的应用技巧。
4. 掌握“橡皮擦”工具和“铅笔”工具的应用技巧。
5. 掌握“描边路径”命令和“文字设计”工具的应用技巧。

任务描述

本任务是设计一张“再别母校”招贴海报，主题是对自己即将结束的学习生活充满依恋与不舍，要求采用新颖的设计和唯美的创意。设计作品通过绿色渐变背景表现生机勃勃的绿色校园，通过“五线谱”表现学校的多彩课外活动，通过“电影胶片”表现过去的一幕幕学习和生活，通过“邮票”表达分别时常联系的同学深情，通过多层次叠加组合创造出多维空间，表现出强烈的感受和丰富的联想。主打标题：“轻轻地我走了，说不出的喜悦和忧伤”，效果如图10-2-1所示。

图10-2-1　“再别母校”招贴海报效果

任务分析

本任务需要应用Alpha通道“渐变”工具“马赛克拼贴”滤镜制作绿色渐变背景，应用“渐变”工具、“高斯模糊”滤镜、“渐变叠加”图层样式和“色阶”工具制作“五线谱”，应用“渐变”工具、“高斯模糊”滤镜、“渐变叠加”图层样式和“色阶”工具制作“电影胶片”，应用“橡皮擦”工具、“描边路径”命令、“图层样式”命令和“矩形”工具制作“邮票”。

操作步骤：制作绿色渐变背景→制作“五线谱”→制作“电影胶片”→制作人物→制作“邮票”→文字设计。

相关知识

1. 广告

广告（Advertising）是为了某种特定的需要，通过一定形式的媒体，公开而广泛地向公众传递信息的宣传手段。广告有广义和狭义之分，广义上的广告包括非经济广告和经济广告。非经济广告指不以盈利为目的的广告，又称效应广告，如政府行政部门、社会事业单位乃至个人的各种公告、启事、声明等，主要目的是推广。狭义广告仅指经济广告，又称商业广告，是指以盈利为目的的广告，通常是商品生产者、经营者和消费者之间沟通信息的重要手段，或企业占领市场、推销产品、提供劳务的重要形式，主要目的是扩大经济效益。广告的本质是传播，灵魂是创意。

2. 招贴

“招”是指吸引注意，“贴”是张贴，即为招引注意而进行张贴。招贴的英文名字叫“Poster”，在牛津英语词典里意指展示于公共场所的告示（Placard displayed in a public place）。在一些广告词典里，Poster 意指张贴于纸板、墙、大木板或车辆上的印刷广告，或以其他方式展示的印刷广告，它是户外广告的主要形式，是广告的最古老形式之一。

招贴是现代广告中使用最频繁、最广泛、最便利、最快捷和最经济的传播手段之一。随着世界经济的飞速发展，商界和企业界对自身形象宣传越来越重视，同时创意设计也越来越受到艺术界的重视，使现代的招贴设计不但具有实用的传播价值，而且具有极高的艺术欣赏性和收藏性。招贴是向大众传递信息的一种常用方式，可用于商业、影视、文艺、活动、运动会或报告会的宣传。

任务实施

1）打开“素材库”\“单元10”\“图片素材12”，另存为“再别母校.psd”。进入“通道”面板，在“通道”面板底部单击“创建新通道”按钮，新建 Alpha1 通道。

2）选择“渐变”工具，设置为“黑白渐变”，“线性渐变”。选中 Alpha1 通道，从左上角到右下角拖动鼠标，绘制从黑色到白色过渡的渐变。

3）在“通道”面板底部单击“将通道作为选区载入”按钮。选择 RGB 通道，进入“图层”面板，选中背景图层，按“D”键复位色板，确认选区在左上角，否则按“Ctrl + Shift + I”组合键反选选区，按“Delete”键，在弹出的“填充”对话框中，设置“内容”下的“使用”为“背景色”，单击“确定”按钮，效果如图 10-2-2 所示。

教你一招 直接在背景图层上按“Delete”键不会清除选区而形成透明区域，而是会填充选择的颜色，因为背景图层被锁定。如果想形成透明区域，则可采用把背景图层复制一层得到背景图层副本，或双击背景图层使之成为普通图层 0 的方法，再应用“Delete”键清除选区。

4）按“Ctrl + D”组合键取消选区，执行“滤镜”/“纹理”/“马赛克拼贴”命令，在打开的对话框中设置拼贴大小为“12”，缝隙宽度为“3”，加亮缝隙为“9”，单击“确定”按钮，效果如图 10-2-3 所示。

5）按“D”和“X”键，复位色板并切换前景色和背景色，设置前景色为白色，选择“矩形”工具，设置为“形状图层”。绘制一个矩形，宽度为 1024px、高度为 412px，垂直并居中，并设置此图层的不透明度为“46%”。

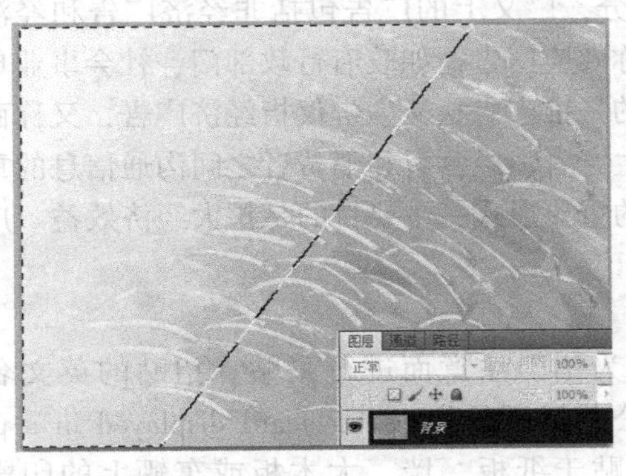

图 10-2-2　渐变填充

图 10-2-3　马赛克拼贴

6）新建“图层 1”，选择“钢笔”工具，设置为“路径”，绘制如图 10-2-4 所示的路径。

7）选择“转换点”工具，通过拖动节点编辑曲线，最终曲线形状如图 10-2-5 所示。

8）选择“画笔”工具，设置画笔大小为 5px，硬度为 100%，进入“路径”面板，单击面板底部的“用画笔描边路径”按钮。回到“图层”面板，选中图层 1，在“图层样式”对话框中应用“样式”/“雕刻天空”样式，效果如图 10-2-5 所示。

9）进入“路径”面板，单击面板底部的“删除当前路径”按钮，在弹出的“删除路径”对话框中单击“确定”按钮，删除当前工作路径。

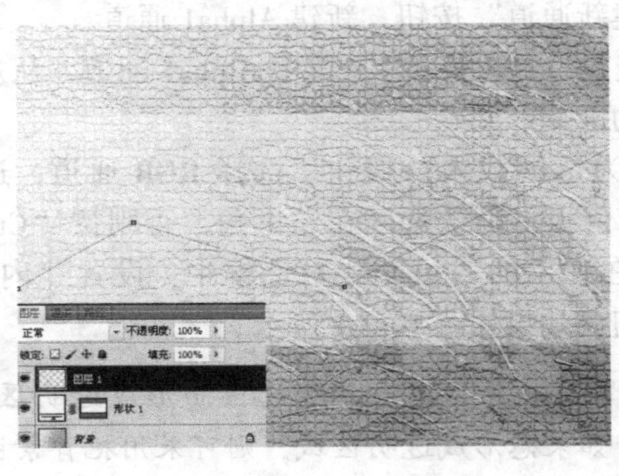

图 10-2-4　绘制路径

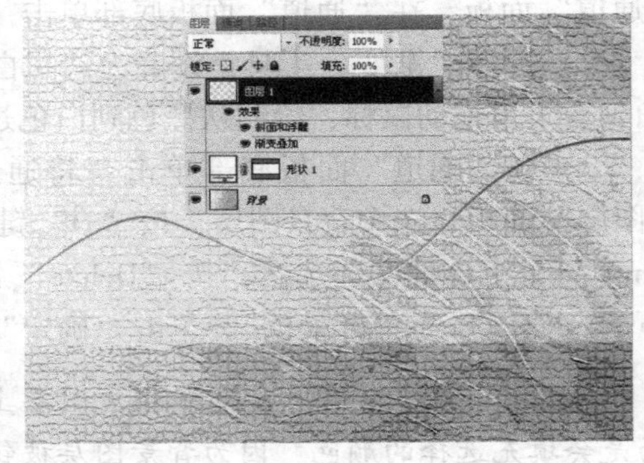

图 10-2-5　雕刻天空样式

10）回到“图层”面板，选中图层 1，按“Ctrl + J”组合键复制出 3 个副本，分别调整移动至如图 10-2-6 所示位置。然后按住“Shift”键选中图层 1 和其副本图层，单击右键，在弹出的快捷菜单中选择“链接图层”选项，将这些图层进行链接。

11）按“Ctrl + T”组合键进入自由变换状态，单击右键，在弹出的快捷菜单选择“透视”选项。对自由编辑框四周的节点进行变换操作，让“五线谱”产生透视效果，如图 10-2-7 所示。

12）选择“自定形状”工具，设置为“形状图层”，“形状”为“八分音符”。在“五线谱”中绘制音乐符号，选中形状 2 图层，应用“样式”/“蓝色玻璃”样式。同理绘制并

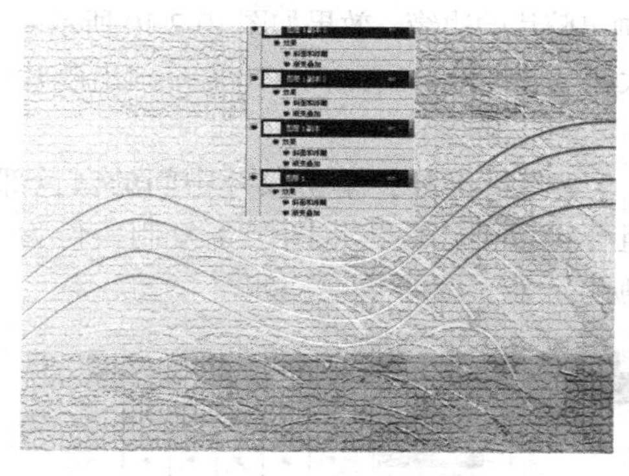

图 10-2-6　链接图层

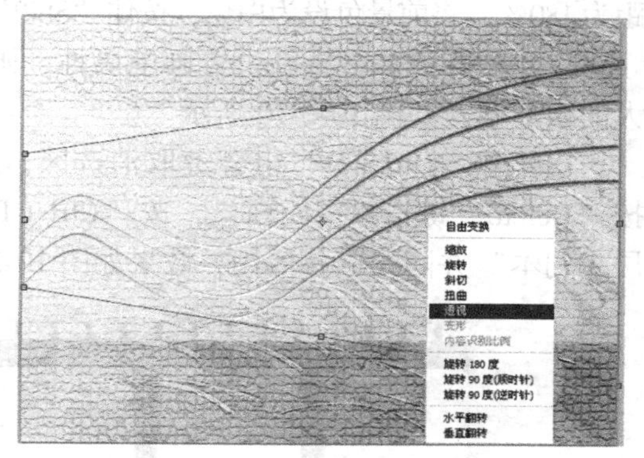

图 10-2-7　增加透视效果

选择其他形状图层的音符形状，在“样式”面板中，应用各种样式，还可设置不同的图层透明度，效果如图 10-2-8 所示。

教你一招　在“形状”中如没有发现“八分音符”，可执行“形状”/“自动形状”/“全部”选项，在弹出的“替换当前形状”对话框中单击“确定”按钮，导入全部符号。

13）单击“创建新组”按钮，新建“组 1”，双击文字“组 1”，修改为“胶片”。选中“胶片”组，单击“创建新图层”按钮，新建“图层 2”。选择“矩形选框”工具，设置样式为“固定大小”，宽为 130px，长为 90px，画出一个矩形，填充黑色。不要取消选区，执行“选择”/“修改”/“平滑”命令，设置取样半径为“5 像素”，单击“确定”按钮。按“Ctrl + Shift + I”组合键，反转选区，效果如图 10-2-9 所示。

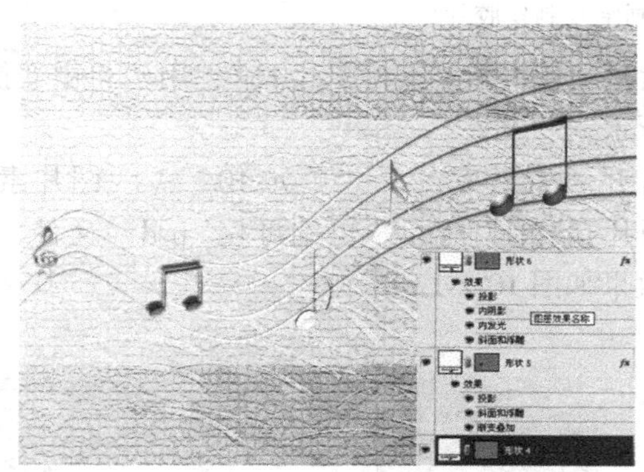

图 10-2-8　制作音符

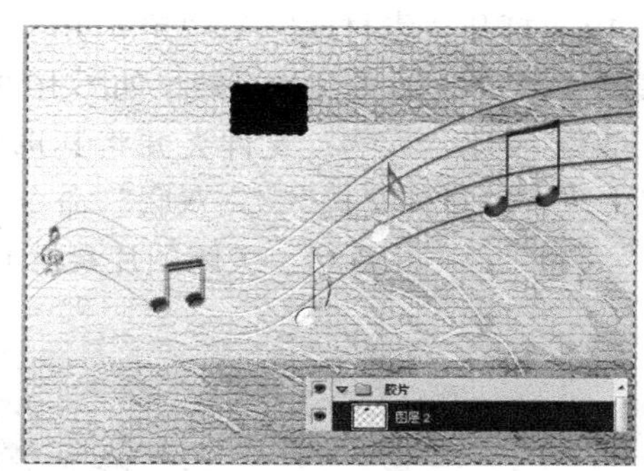

图 10-2-9　制作小黑色矩形块

14）选中图层 2，按“Delete”键清除选区，矩形四角变圆滑，按“Ctrl + D”组合键取消选区。按“Ctrl”键，单击图层 2 缩略图载入选区，执行“编辑”/“定义画笔预设”命令，在弹出的“画笔名称”对话框中，设置名称为“胶片画笔”。按“Ctrl + D”组合键取消选区，隐藏图层 2。

15）新建“图层 3”，选择“矩形选框”工具，画出矩形选区（宽 700px，长 200px），填充黑色，效果如图 10-2-10 所示。

16）选择“画笔”工具，设置画笔笔尖形状为前面自定义的“胶片画笔”，大小为 30px，间距为180%，将前景色设为白色，按住“Shift”键画出胶片的边缘，效果如图10-2-10所示。

17）同样方法，重新设置画笔属性，画笔大小为156px，间距为170%，画出胶片中间大的矩形框，如图10-2-10所示。

18）按“Ctrl + D”组合键取消选区，选择“魔棒”工具，单击胶片中间的白色部分，按“Delete”键清除中间白色，按“Ctrl + D”组合键取消选区，将图层3复制一份为“图层3副本”并隐藏以备后用，效果如图10-2-10所示。

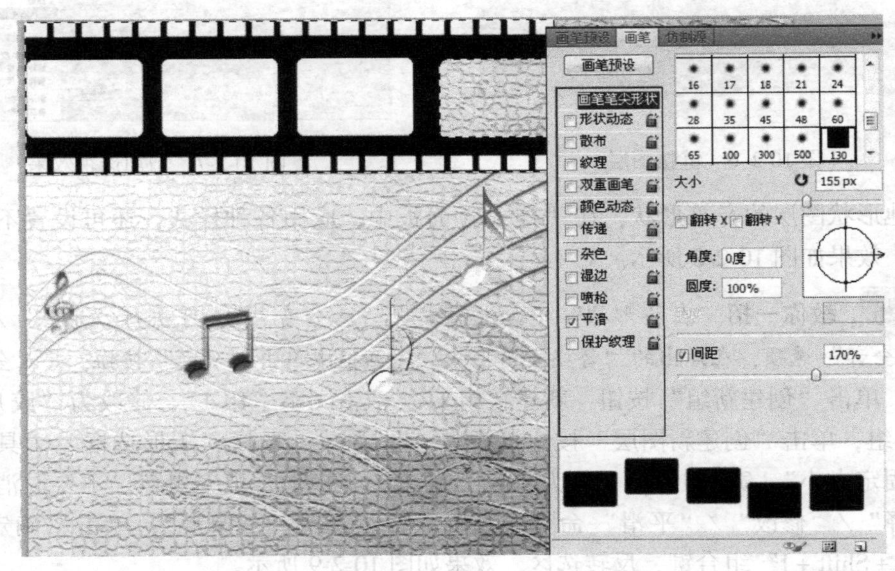

图10-2-10　设置画笔及制作胶片

19）打开“素材库”\“单元10”\“素材图片13”“素材图片16”，用“自由变换”工具调整大小，放置到位，效果如图10-2-11所示。

20）新建“人物”文件夹并将其选中，打开“素材库”\“单元10”\“图片素材17”，执行“排列文档”/“双联”命令，将图片素材17拖入“再别母校.psd”文件，得到“人物”/“图层8”，关闭图片素材17，效果如图10-2-12所示。

图10-2-11　胶片效果

图10-2-12　双联显示效果

21）选择“快速选择”工具，按如图10-2-13所示获得人物选区。单击“调整边缘”按钮，弹出“调整边缘”对话框，设置“视图”为黑底，勾选“智能半径”复选框，将“半径”设为“9.2像素”，“平滑”设为17，“输出到”选择“新建带有图层蒙版的图层”，其他默认（见图10-2-13），单击“确定”按钮。

教你一招　使用“快速选择”工具时，按住“Alt”键配合鼠标可以减去选区。设置半径和平滑参数时，切记不可照搬，应具体问题具体对待，设置最佳参数，获得最佳人物选区。

22）新建“邮票”文件夹并将其选中，选择“矩形框选”工具，在图像上绘制一个矩形选区，如图10-2-14所示。进入“路径”面板，单击“从选区生成工作路径”按钮，然后双击工作路径，弹出“存储路径”对话框，输入“jc”，单击“确定”按钮，保存选取路径，以备后用。

23）单击“将路径作为选区载入”按钮，回到“图层”面板，新建“图层9”，按快捷键“Shift + Ctrl + N”，按“D”键，复位色板，按“Alt + Delete”键，用前景色白色填充，如图10-2-14所示。

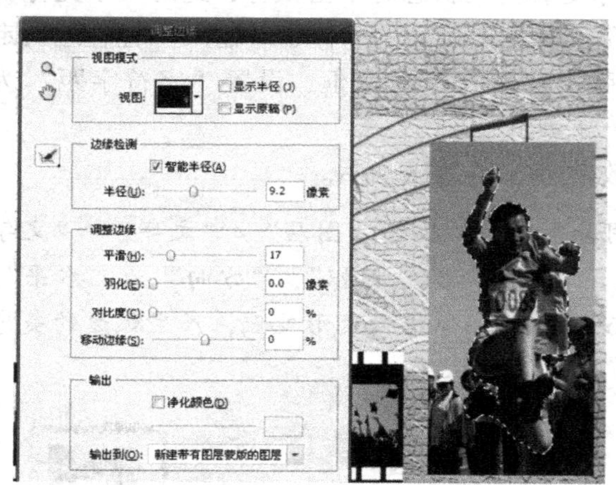

图10-2-13　调整边缘

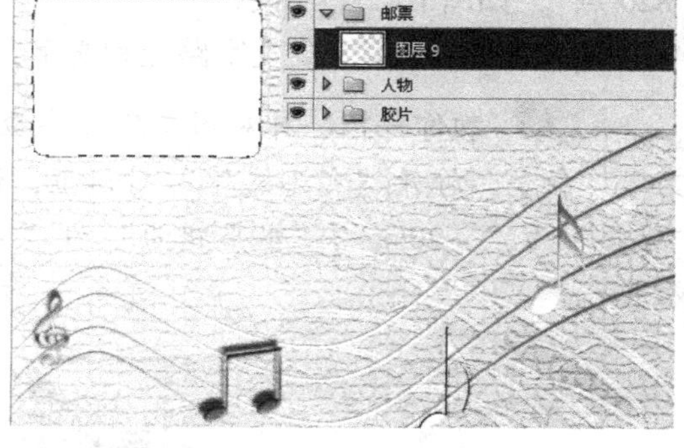

图10-2-14　填充路径

24）选择“橡皮擦”工具，在属性栏打开“画笔”设置页面，单击“画笔笔尖形状”，设置大小为12px，间距为140%。

25）进入“路径”面板，选中“jc路径”，右键单击，在弹出的快捷菜单中选择“描边路径”选项，在“描边路径”对话框中选择“橡皮擦”，单击“确定”按钮，橡皮擦按照路径进行擦除，产生了邮票锯齿效果，如图10-2-15所示。

26）选择“矩形选框”工具，在邮票的内部制作选区，按“Delete”键清除选区，并移至合适位置，如图10-2-15所示。

27）新建“图层10”并将其选中，打开“素材图片18”，选择“矩形选框”工具，根据需要在图像内作一选区，按“Ctrl + C”组合键复制。回到“再别母校.psd”中，按“Ctrl + shift + V”组合键原位粘贴。按“Ctrl + T”组合键进入自由变换状态，编辑缩放到合适位置，将图层10放到图层9下面，如图10-2-16所示。

28）合并图层9和图层10，执行“图层”/“图层样式”/“投影”命令，设置角度为

“-47度”，距离为“13像素”，扩展为“2%”，大小为“5像素”，给邮票添加投影效果。将邮票文件夹放到图层1的下方，位置处于五线谱的下方。

图10-2-15　邮票外形

图10-2-16　邮票效果

29）新建“文字”文件夹并将其选中。选择“钢笔”工具，制作第一条文字路径。选择“横排文字”工具，在路径上看到鼠标光标变成输入状态时单击鼠标，此时文字光标就会在路径的端点处闪烁，输入文字即可得到随路径方向旋转的字体了。输入“轻轻地我走了”，单击“切换字符和段落面板”按钮，弹出“字符”对话框，设置“字符字距”为“820点”，如图10-2-17所示。

30）同理制作第二条文字路径和文字，效果如图10-2-18所示。

教你一招　可对第二段文字应用如下效果：执行“图层”/“文字”/“文字变形”命令，打开“变形文字”对话框，设置“样式”为“旗帜”，“方向”为“水平”，“弯曲”为“-20%”，“水平扭曲”为“+6%”，对字体进行变形处理，产生飘逸的美感效果。

图10-2-17　路径文字

图10-2-18　变形文字效果

31）新建“图层11”并将其选中，打开“素材库”\“单元10”\“素材图片19”。根据对图像内容使用需要，用“矩形选框”工具作一选区，按“Ctrl+C”组合键复制，回到“再别母校.psd”中，按“Ctrl+shift+V”组合键原位粘贴。按“Ctrl+T”组合键进入自由变换状态，编辑缩放到合适位置。复制图层11得到图层11副本，然后移动图层11到文字文件夹下方，移动图层11副本到图层1下方，效果如图10-2-19所示。

图 10-2-19 完成效果及图层分布

**想一想** 第 19 步时，合并图层3到图层7，先执行“编辑”/“变换”/“旋转90度（顺时针）”命令，再执行“滤镜”/“扭曲”/“切变”命令，设置形状，然后执行“编辑”/“变换”/“旋转90度（逆时针）”命令，试一试，效果如何。

检查评议

序　号	能力目标及评价项目	评价成绩
1	能正确使用 Alpha 通道	
2	能正确使用“渐变”工具	
3	能正确使用“马赛克拼贴”滤镜	
4	能正确使用“高斯模糊”滤镜	
5	能正确设置应用“渐变叠加”图层样式	
6	能正确设置应用“文字变形”工具	
7	能正确设置应用“钢笔”工具	
8	能正确设置应用“橡皮擦”工具	
9	能正确设置应用“调整边缘”命令	
10	能正确设置应用“画笔”工具	
11	能正确设置应用“路径”面板	
12	能正确设置应用“双联显示”命令	

（续）

序　号	能力目标及评价项目	评价成绩
13	能正确设置应用“路径文字”	
14	能正确使用“色阶”命令	
15	信息收集能力	
16	沟通能力	
17	团队合作能力	
18	综合评价	

扩展知识

画笔笔尖形状

通过设置“画笔笔尖形状”选项，可以对画笔的“直径”“角度”“圆度”等基本属性进行设置，如图10-2-10所示，其中的重要参数含义如下。

（1）大小　在该文本框中输入数值，或调节滑块，可以设置笔刷大小。数值越大，笔刷的直径越大。

（2）翻转X　勾选该复选框后，画笔方向将水平翻转。

（3）翻转Y　勾选该复选框后，画笔方向将垂直翻转。

（4）角度　对于圆形画笔，在圆度小于100%时，在该文本框中直接输入数值，则可以设置笔刷旋转的角度。对于非圆形画笔，在该文本框中直接输入数值，则可以设置画笔旋转的角度。

（5）圆度　在该文本框中输入数值，可以设置笔刷的圆度。数值越大，笔刷越趋向于正圆，或设置画笔在定义时所具有的比例。

（6）硬度　在该文本框中输入数值，或拖动滑块，可以设置笔刷边缘的硬度。数值越大，笔刷的边缘越清晰，反之越柔和。

（7）间距　在该文本框中输入数值，或调节滑块，可以设置绘图时组成线段的两点间的距离。数值越大，间距越大。

考证要点

1. 如果要使从标尺处拖拉出的参考线和标尺上的刻度相对应，需要在按住下列哪个键的同时拖拉参考线（　　）？

A. Shift　　B. Option（Mac）/Alt（Win）

C. Command（Mac）/Ctrl（Win）　　D. Tab

2. 关于参考线的使用，以下说法正确的是（　　）。

A. 将鼠标放在标尺的位置向图形中拖动，就会拉出参考线

B. 要恢复标尺原点的位置，用鼠标双击左上角的横纵坐标相交处即可

C. 将一条参考线拖动到标尺上，参考线就会被删除掉

D. 需要用“路径选择”工具来移动参考线

3. 在使用“画笔”工具进行绘图的情况下，可以通过哪种组合键快速控制画笔笔尖的大小（　　）？

A. “<”和“>”　　B. “－”和“＋”

C. “［”和“］”　　D. “Page Up”和“Page Down”

4. 练习“画笔”工具的设置应用。

5. 举一反三，应用本任务知识自行设计制作一幅同类作品，名字可自定，如“再别康桥”。

任务3　设计制作“梦”招贴海报

知识目标：

掌握智能对象的基本知识。

技能目标：

1. 掌握图层混合模式和图层不透明度的应用技巧。
2. 掌握“铅笔”工具和“画笔”工具的应用技巧。
3. 掌握“镜头光晕”滤镜、“添加杂色”滤镜、“旋转扭曲”滤镜和“极坐标”滤镜的应用及选项设置。
4. 掌握“水平翻转”命令、复制变换和“渐变”工具的应用技巧。
5. 掌握“图层样式”命令和“文字”工具的应用技巧。

任务描述

本任务是设计一张“梦”招贴海报，主题是对美好未来的向往和憧憬，是一幅抽象作品。要求采用独特的设计和朦胧的创意，表现出自己的愿望和理想。设计作品通过蓝色梦幻背景表现未来美好的理想、青春的青涩，通过梦幻眩光球表现美丽迷离却阳光灿烂的青春，通过立体幻影字表达浪漫、优雅的遐想。主打标题：“梦的世界（Dream world）。”效果如图10-3-1所示。

图10-3-1　“梦”招贴海报效果

任务分析

完成本任务需要应用“正片叠底”图层混合模式、“钢笔”工具制作蓝色梦幻背景，应用“自由变换”工具、“画笔”工具、图层不透明度制作人物，应用“镜头光晕”滤镜、“旋转扭曲”滤镜、“极坐标”滤镜、“水平翻转”命令、复制变换和“渐变”工具制作梦幻眩光球，应用“添加杂色”滤镜、“渐变叠加”工具、“文字”工具、“自定形状”工具、“转换为智能对象”命令、“图层样式”命令和“镜头光晕”滤镜制作立体幻影字。

操作步骤：制作蓝色梦幻背景→制作人物→制作梦幻眩光球→制作立体幻影字。

相关知识

智能对象

智能对象的作用是保留原始信息，对图层执行非破坏性编辑，在进行图像调整和应用滤镜的时候不会影响到原始图片，对文字图层的编辑用处很大。例如，处理一个多图层的图像时，先把其中一层中的图像缩小，单击“确定”按钮以后，再把图像放大，会发现该图像不能恢复到以前的效果，原因是在把该图像缩小并确认后，它的分辨率已经降低，再放大就会产生马赛克现象。通过转换智能对象就可以解决此问题，可以把智能对象任意地放大与缩小多次，它的分辨率也不会有损失。

任务实施

1）打开“素材库”\“单元10”\“素材图片20”，按“Ctrl + J”组合键复制一次，得到图层1。设置图层1的混合模式为“正片叠底”，另存为文件“梦.psd”，效果如图10-3-2所示。

2）打开“素材库”\“单元10”\“素材图片21”，拖入“梦”文件中，得到图层2，按“Ctrl + T”组合键，使用“自由变换”工具进行调整，使之符合画布大小。然后设置图层2的混合模式为“亮光”，效果如图10-3-3所示。

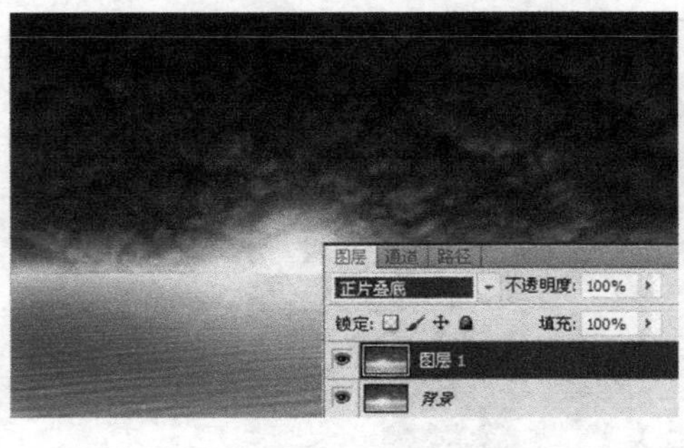

图10-3-2 “正片叠底”混合模式

图10-3-3 “亮光”混合模式

3）打开“素材库”\“单元10”\“图片素材22”，拖入到“梦”文件中，得到图层3，按“Ctrl + T”组合键，使用“自由变换”工具进行调整，使之符合画布大小。然后选择“钢笔”工具，画出楼房的外观路径。进入“路径”面板，单击“将路径作为选区载入”按钮，获得选区。回到“图层”面板，按“Ctrl + Shift + I”组合键反选，按“Delete”键清除，获得楼房的形状，按“Ctrl + D”组合键取消选区，效果如图 10-3-4 所示。

教你一招　制作路径时，可通过更改图像比例，放大图像，画出精确的路径。

4）选中图层 3，设置图层混合模式为“叠加”，效果如图 10-3-5 所示。

图 10-3-4　抠图效果

图 10-3-5　“叠加”混合模式

教你一招　要使图像具有动态和深度，在设置“叠加”混合模式后，可以复制图层 3 多次，调整大小和位置，得到如图 10-3-6 所示效果。

5）打开“素材库”\“单元 10”\“图片素材 23”，拖入到“梦”文件中，得到图层 4，按“Ctrl + T”组合键使用“自由变换”工具进行调整，使之符合画布大小。设置“图层 4”的图层混合模式为“强光”，效果如图 10-3-6 所示。

6）选中图层 4，选择“画笔”工具，设置大小为“43px”，硬度为“0%”，模式为“清除”，根据美感随机擦除天空，效果如图 10-3-7 所示。

7）选中图层 2，设置图层不透明度为“45%”，图层填充为“91%”，效果如图 10-3-7 所示。

图 10-3-6　“强光”混合模式

图 10-3-7　设置图层不透明度

8）新建“梦幻球”文件夹，并新建“图层 5”，选择“矩形选框”工具，设置样式为“固定大小”，宽为“900px”，高为“900px”，画一正方形，填充黑色，如图 10-3-8 所示。

9）执行“滤镜”/“渲染”/“镜头光晕”命令，设置“亮度”为“108%”，“镜头类型”为“电影镜头”，连续做 5 次“镜头光晕”滤镜，用鼠标选择“电影镜头”，将光点设置在如图 10-3-9 所示位置。

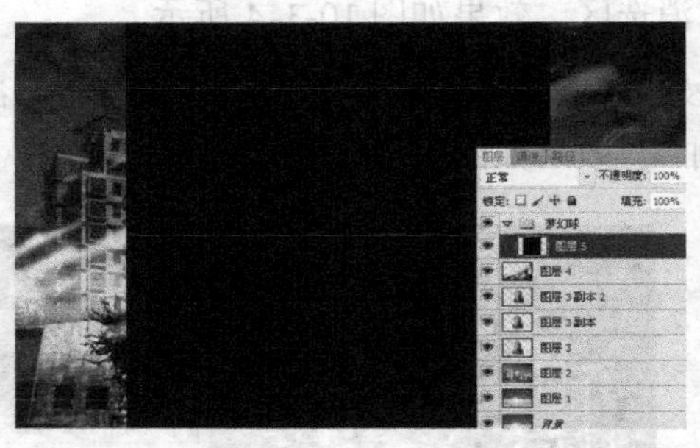

图 10-3-8　画正方形

图 10-3-9　“镜头光晕”滤镜

教你一招　此滤镜不可用“Ctrl + F”组合键（使用上一次滤镜）连续做 5 次，应使用“Ctrl + Alt + F”组合键，每次按照新数据应用滤镜。为保证光晕位置精确，可在执行滤镜时弹出的“镜头光晕”对话框中，按住“Alt”键，用鼠标单击光晕中心，弹出“精确光晕中心”对话框，设置 X 和 Y 的坐标，五次分别为（150，150），（300，300），（450，450），（600，600），（750，750），也可自行调整。

10）选中图层 5，按住“Ctrl”键单击缩略图，载入正方形选区，执行“滤镜”/“扭曲”/“旋转扭曲”命令，设置角度为最大值，效果如图 10-3-10 所示。

11）选中图层 5，依旧在正方形选区内，执行“滤镜”/“扭曲”/“极坐标”命令，设置参数为“平面坐标到极坐标”，效果如图 10-3-11 所示。

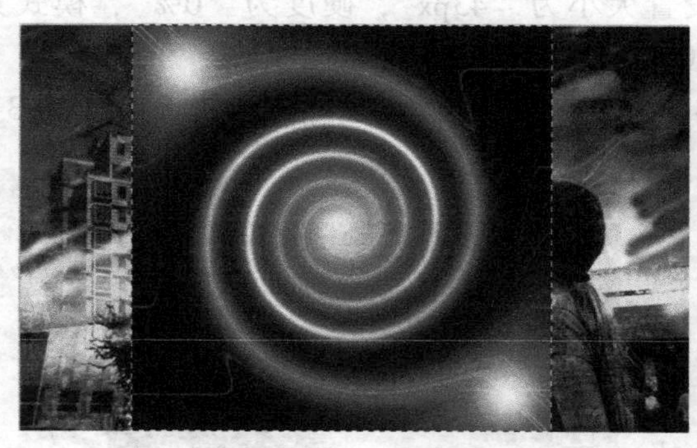

图 10-3-10　旋转扭曲效果

图 10-3-11　“极坐标”滤镜

12）复制图层 5 得到图层 5 副本，设置图层混合模式为“滤色”，效果如图 10-3-12 所示。

13）选中图层 5 副本，执行“编辑”/“变换”/“水平翻转”命令。

14）合并图层 5 和图层 5 副本，得到图层 5，再复制得到图层 5 副本，设置图层混合模式为“滤色”，效果如图 10-3-13 所示。

15）选中图层 5 副本，按“Ctrl + T”组合键进行自由变换，按住“Shift + Alt”组合键，用鼠标拖动角上的变换点，使图像按照同心圆缩小一些（见图 10-3-14），然后按“Enter”键。按住“Shift + Ctrl + Alt”组合键，按“T”键 6 次以上，连续进行复制变换，效果如图 10-3-15 所示。

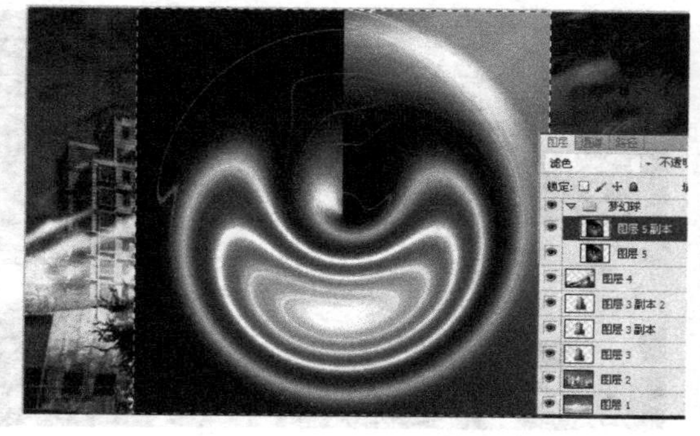

图 10-3-12 “滤色”混合模式（一）

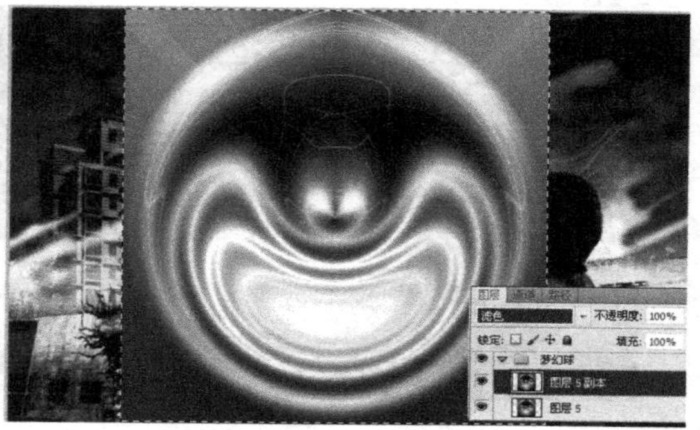

图 10-3-13 水平翻转效果

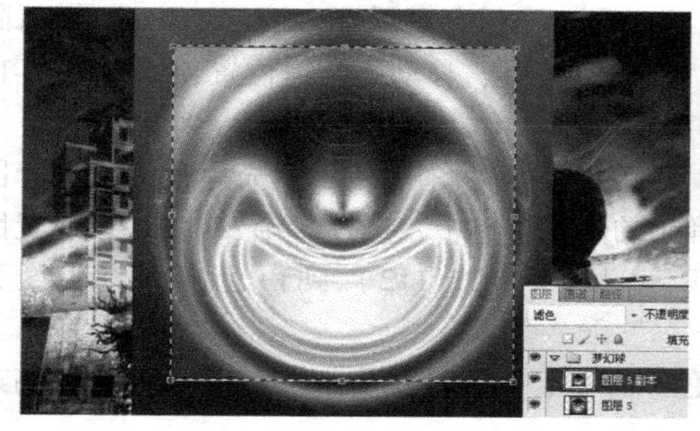

图 10-3-14 自由变换效果

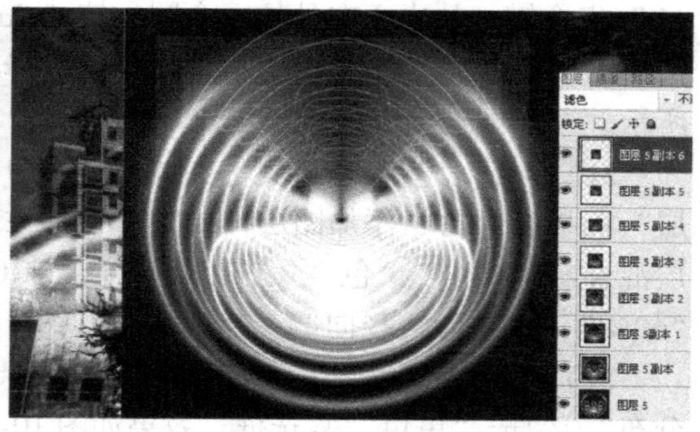

图 10-3-15 顺序变换效果

教你一招 复制变换是指把一个图层中的图像先进行第一次的复制并自由变换，称为设置变换规律，然后按照上次设置的变换规律多次地复制和进行自由变换，就可以得到顺序渐变的优美图形。在使用“自由变换”工具时，按“Ctrl + Alt + T”组合键是先复制原图层后在复制层上进行手动变换，按“Ctrl + Shift + T”组合键为再次执行上次的变换，按“Ctrl + Alt + Shift + T”组合键为复制原图后再自动执行变换。

16）合并“梦幻球”文件夹内所有图层，复制图层 5 得到图层 5 副本，设置图层混合模式为“叠加”。

17）选中图层副本 5，选择“渐变”工具，设置属性为“透明彩虹”“菱形渐变”，不勾选“反向”复选框，从图像中心往右下角拉，作出菱形渐变，效果如图 10-3-16 所示。

18）再次复制图层 5 得到“图层 5 副本 2”，设置混合模式为“叠加”。选择“渐变”工具，设置为“透明彩虹”“菱形渐变”，勾选“反向”复选框，从图像中心往右下角拉，作出菱形渐变。

19）合并“梦幻球”文件内所有图层，得到图层 5，设置图层混合模式为“滤色”，效果如图 10-3-17 所示。

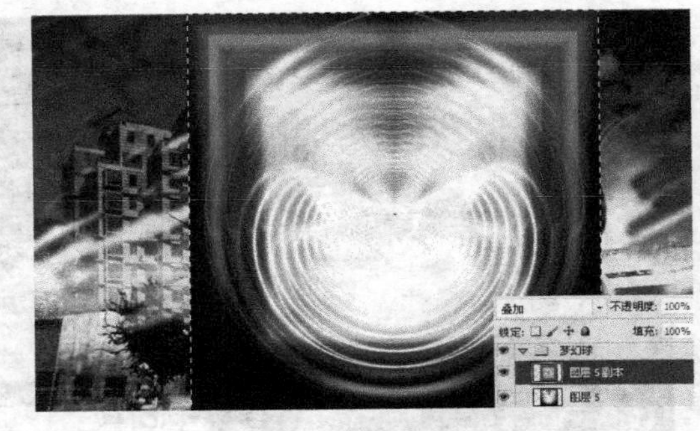

图 10-3-16　菱形渐变效果

图 10-3-17　“滤色”混合模式（二）

20）选择“椭圆选框”工具，设置样式为“固定比例”，宽高比为 1:1，按住“Shift + Alt”组合键，从中心向外拉一个圆。按“Ctrl + Shift + I”组合键反选，按“Delete”键清除选区，按“Ctrl + D”组合键取消选区。选择“移动”工具，移动到合适位置，如图 10-3-18 所示。

21）新建“艺术字”文件夹并将其选中，新建并选中“图层 6”，填充黑色。单击“图层”面板底部的“添加图层样式”按钮，在弹出的快捷菜单中，选择“渐变叠加”，设置图层混合模式为“滤色”，渐变为灰色（RGB 为 112，112，112）到白色，不透明度为“60%”，样式为“径向”。

22）执行“滤镜”/“杂色”/“添加杂色”命令，设置数量为“8%”，分布为“高斯分布”，勾选“单色”复选框，效果如图 10-3-19 所示。

图 10-3-18　梦幻球

图 10-3-19　渐变叠加应用“添加杂色”滤镜

23）选择“横排文字”工具，按“D”键，再按“X”键，复位色板，交换前景色、背景色，设置字体为“Edwardian Script ITC”，大小为“200 点”，输入文字“Dream”和“world”，各占一层，效果如图 10-3-20 所示。

24）进入“路径”面板，选择“自定形状”工具，设置形状为“花形装饰 2”“花形装饰 3”“常春藤 3”，分别画出四条路径。依次选中路径，单击“路径”面板底部的“将路径作为选区载入”按钮。回到“图层”面板中，分别为每条路径建一图层，执行“编辑”/“描边”命令，在弹出的描边对话框中，设置描边宽度为“5px”，其他默认，单击“确定”按钮，效果如图 10-3-20 所示。

教你一招　一定要分别为每条路径和文字新建一个图层，以方便在最后调整整体美感效果时，可单独对每个效果包括文字进行编辑调整，这也是一种好的习惯。另外，编辑图像时，不应直接对背景图层进行修改，应作此背景图层的副本，隐藏原背景图层后，对副本进行编辑，有问题时可方便恢复。

25）合并“艺术字”文件夹内除图层6以外的所有图层，得到“Dream”图层，单击右键弹出快捷菜单，选择“转换为智能对象”选项，如图10-3-21所示。

图10-3-20　输入艺术字

图10-3-21　转换为智能对象

26）选中Dream图层，单击“图层”面板底部的“添加图层样式”按钮，在弹出的快捷菜单中选择“渐变叠加”，将右侧的“混合模式”设置为“正常”，“渐变”设置为粉色（RGB为237，92，133）到蓝色（RGB为0，0，255），“不透明度”设置为“100%”，“样式”设置为“线性”，角度设置为“90”。

27）在左侧单击“投影”，在右侧将“混合模式”设置为“正片叠底”，“角度”设置为“145”，“距离”设置为“5”，“大小”设置为“18”，“不透明度”设置为“75”。

28）在左侧单击“斜面和浮雕”，在右侧设置“结构”部分中的“样式”为“内斜面”，“方法”为“平滑”，“深度”为“200%”，“方向”为“上”，“大小”为“5像素”，“软化”为“8像素”。“阴影”部分，“角度”为“145度”，“高度”为“25度”，“高光模式”为“颜色减淡（颜色白色）”，“不透明度”为“75%”，“阴影模式”为“正片叠底（颜色黑色）”，“不透明度”为“60%”。

29）复制Dream图层，得到Dream副本，设置图层填充为“0%”。双击Dream副本图层右半部分无字区域，弹出“图层样式”对话框，禁用渐变叠加效果（在左侧单击去掉复选框的勾）。在左侧单击“斜面和浮雕”，右侧设置“结构”部分的“方向”为“下”，“深度”为“360%”，“大小”为“3像素”，“软化”为“8像素”。“阴影”部分中“角度”为“145度”，“高度”为“25度”，“高光模式”为“滤色（颜色白色）”，“不透明度”为“100%”，阴影模式的“不透明度”为“0%”，效果如图10-3-22所示。

教你一招　设置图层填充为“0%”，这样就不会有任何的颜色，但图层样式仍然能在这个透明图层上工作。

30）新建“图层7”，填充黑色，设置图层混合模式为“滤色”，执行“滤镜”/“渲染”/“镜头光晕”命令，设置亮度为“62”，镜头类型为“105毫米聚焦”，单击“确定”按钮，为梦幻艺术字添加发光效果。

按“Ctrl + T”组合键进行自由变换，调整到位，然后复制5次，分别放到合适位置，合并图层7及其副本图层，效果如图10-3-23所示。

图10-3-22 斜面和浮雕效果

图10-3-23 镜头光晕效果

31）选中图层6，设置图层混合模式为“滤色”，任务完成，效果如图10-3-1所示。

想一想 在设置图层混合模式时可大胆试一试各种效果，发挥自己的想象力，创作出艺术作品。特别是设置图层填充为“0%”，它的作用如何理解？

检查评议

序　号	能力目标及评价项目	评价成绩
1	能正确使用“正片叠底”混合模式	
2	能正确使用图层混合模式	
3	能正确使用“钢笔”工具	
4	能正确使用“自由变换”命令	
5	能正确设置应用“画笔”工具	
6	能正确设置图层不透明度	
7	能正确设置应用“镜头光晕”滤镜	
8	能正确设置应用“旋转扭曲”滤镜	
9	能正确设置应用“极坐标”滤镜	
10	能正确应用“水平翻转”命令	
11	能正确进行图层的复制变换	
12	能正确设置应用“渐变”工具	
13	能正确设置应用“添加杂色”滤镜	
14	能正确设置应用“渐变叠加”工具	
15	能正确设置应用“文字”工具	
16	能正确设置应用“自定形状”工具	

（续）

序　　号	能力目标及评价项目	评价成绩
17	能正确设置应用“转换为智能对象”命令	
18	能正确使用“图层样式”命令	
19	信息收集能力	
20	沟通能力	
21	团队合作能力	
22	综合评价	

扩展知识

画笔形状动态

如图 10-3-24 所示，通过设置画笔形状动态选项，可以在“画笔”面板中控制“大小抖动”“角度抖动”“圆度抖动”，并为这些抖动参数选择相应的方式，其中的重要参数含义如下：

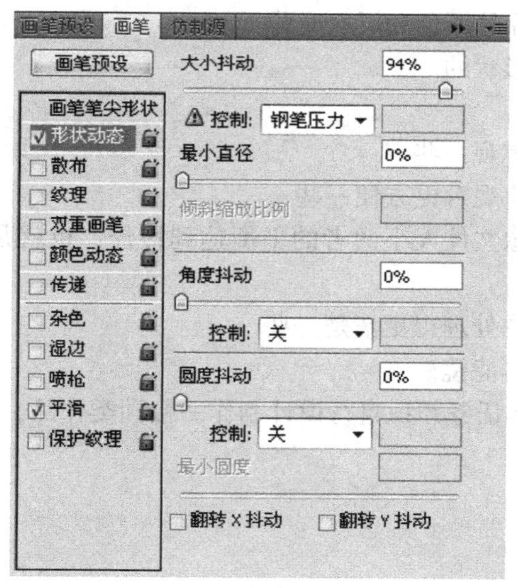

图 10-3-24　画笔形状动态

（1）大小抖动　此参数控制画笔在绘制过程中尺寸的波动幅度。百分数越大，波动的幅度越大。设置“大小抖动”参数时，画笔绘制的每一个对象大小相等。设置“大小抖动”参数为“70%”时，其大小将随即缩小。缩小程度也与“最小直径”中的数值有关。

（2）控制　在该下拉菜单中包括关、渐隐、钢笔压力、钢笔斜度以及光笔轮 5 个选项，它们可以控制画笔波动的方式，在文本框中输入不同数值时得到不同的绘画效果。由于钢笔压力、钢笔斜度及光笔轮 3 种方式都需要有压感笔的支持，如果没有安装此硬件，在“控制”选项的左侧将显示一个叹号。

（3）最小直径　此参数控制在尺寸发生波动时画笔的最小尺寸。百分数越大，发生波动的范围越小，波动的幅度也会相应变小。

（4）角度抖动　此参数控制画笔在角度上的波动幅度。数值越大波动的幅度也越大，画笔显得越紊乱。未设置“角度抖动”参数时，画笔绘制的每一个对象的旋转角度是相同的。

（5）圆度抖动　此参数控制画笔在圆度上的波动幅度。

（6）最小圆度　此参数控制画笔在圆度发生波动时，画笔的最小圆度尺寸。

考证要点

1. 下面有关改变文本图层颜色的方法中，可行的是（　　）。

A. 选中文本直接修改属性栏中的颜色

B. 对当前文本图层执行“色相/饱和度”命令

C. 在当前文本图层上方添加一个调整图层，进行颜色调整

D. 使用图层样式中的颜色叠加

2. 关于“切片”工具，以下说法正确的是（　　）。

A. 使用“切片”工具将图像划分成不同的区域，可以加速图像在网页浏览时的速度

B. 将切片以后的图像输出时，可以针对每个切片设置不同的网上链接

C. 可以调节不同切片的颜色和层次变化

D. 切片可以是任意形状的

3. 图像优化是指（　　）。

A. 把图像处理得更美观一些

B. 把图像尺寸放大使观看更方便一些

C. 使图像质量和图像文件大小两者的平衡达到最佳，也就是说在保证图像质量的情况下使图像文件达到最小

D. 把原来模糊的图像处理得更清楚一些

4. 练习使用“智能”滤镜。

5. 举一反三，应用本任务知识自行设计制作一幅同类作品，名字可自定，如“心”。

参考文献

[1] 李金明，李金荣. 中文版 Photoshop CS5 完全自学教程［M］. 北京：人民邮电出版社，2010.
[2] 李万军. 中文版 Photoshop CS5 完全自学一本通［M］. 北京：电子工业出版社，2010.
[3] 郭万军. 计算机图形图像处理 Photoshop CS3 中文版［M］. 北京：人民邮电出版社，2008.
[4] 关秀英，唐有明. 创意+：Photoshop CS4 中文版数码照片处理技术精粹［M］. 北京：清华大学出版社，2009.
[5] 王雁南，关方，罗春燕. 中文版 Photoshop CS3 版图像处理实训教程［M］. 北京：航空工业出版社，2009.

机械工业出版社

教师服务信息表

尊敬的老师：

您好！感谢您多年来对机械工业出版社的支持与厚爱！为了进一步提高我社教材的出版质量，更好地为职业教育的发展服务，欢迎您对我社的教材多提宝贵意见和建议。另外，如果您在教学中选用了《Photoshop 平面设计实例教程（任务驱动模式）》（凌韧方　主编）一书，我们将为您免费提供与本书配套的电子课件。

一、基本信息

姓名：__________ 性别：__________ 职称：__________ 职务：__________

学校：________________________________ 系部：__________

地址：________________________________ 邮编：__________

任教课程：__________ 电话：__________ 手机：__________

电子邮件：__________ QQ：__________ MSN：__________

二、您对本书的意见及建议（欢迎您指出本书的疏漏之处）

三、您近期的著书计划

请与我们联系：

北京市西城区百万庄大街 22 号（100037）机械工业出版社·技能教育分社　郎峰（收）

Tel：010-88379761

Fax：010-68329397

E-mail：langfeng0930@126.com